数学建模通识教程

金　中　主编

上海浦江教育出版社

图书在版编目(CIP)数据

数学建模通识教程/金中主编. —上海：上海浦江教育出版社有限公司,2021.12

ISBN 978-7-81121-747-6

Ⅰ.①数… Ⅱ.①金… Ⅲ.①数学模型—教材 Ⅳ.①O141.4

中国版本图书馆 CIP 数据核字(2021)第 272773 号

SHUXUE JIANMO TONGSHI JIAOCHENG

数学建模通识教程

上海浦江教育出版社出版发行

社址：上海海港大道 1550 号上海海事大学校内　邮政编码：201306

电话：(021)38284910(12)(发行)　38284923(总编室)　38284910(传真)

E-mail：cbs@shmtu.edu.cn　URL：http://www.pujiangpress.com

上海商务联西印刷有限公司印装

幅面尺寸：185 mm×260 mm　印张：15.25　字数：325 千字

2021 年 12 月第 1 版　2023 年 5 月第 1 次印刷

责任编辑：周　悦　封面设计：彼美有薇

定价：58.00 元

“天下事莫不成于才”。习近平总书记指出,“要择天下英才而用之”“要在全社会大兴识才、爱才、敬才、用才之风”。在今天大众创业、万众创新的高科技时代,科技的腾飞和社会的发展更离不开高素质人才。为加快建设人才强国,作为高校,如何才能培养对国家、社会有用的优秀人才呢？当今社会对人的知识、能力和文化素质要求日益提升,个体要成功参与社会生活,须具备更高的综合素质和多项才能。但在大学教育中,如果过分强调专业划分,把学生的学习限制在一个狭窄知识领域,将不利于学生的全面发展,而开展通识教育是解决这一问题的有效途径之一。

通识教育是指非职业性和非专业性的教育,可以分解成人文与历史类、科学与技术类、美学与艺术修养类、创新与实践类等模块。面对信息化时代的挑战,新知识、新理念层出不穷,各学科既高度分化又日趋综合,大学教育更应注重通识基础,融合不同学科文化,才能培养出高素质、创新型人才。通识教育通过增加学生知识的广度与深度,拓宽学生视野,培养学生独立思考与创新精神,可使学生兼备人文素养与科学素养,让学生得到全面发展,成长为具有创新意识和理论联系实际能力的优秀人才,更加适应这个科技快速进步的新时代。

众所周知,数学是一切自然科学的基础,也是科技进步的强大引擎。随着科技发展和社会进步,数学知识越来越深入和广泛地应用在自然科学、工程技术和社会科学的各个领域,并在某些领域里发挥了关键的作用,例如:华为5G标准源自土耳其数学家的一篇数学论文;数学模型和数理统计在2020年新冠病毒感染疫情的预测、预警、风险分析以及决策依据等诸多方面发挥了重要作用;云计算、人工智能、芯片、量子计算等前沿技术的研究也都离不开数学;等等。在运用数学方法解决科技和生产中的实际问题时,人们往往需要先深入调查研究相关信息,在合理假设下分析其内在规律,用数学符号和语言建立它的数学形式,从而得出研究对象的数学模型,接着人们对该模型进行计算求解,用得到的结果来解释原实际问题,并接受检验,这个过程就叫作数学建模。数学建模能力的培养对学生素质的提高具有重要意义,它需要打破学科间的壁垒,不仅涉及数学各分支,还需要合理有效地整合物理、化学、生物、计算机等学科的核心原理和方法,着力培养学生对跨学科问题的解决能力。我国的全国大学生数学建模竞赛创办于1992年,每年一届,由中国工业与应用数学学会主办。随着我国高等教育的发展,参加竞赛的高校逐年增多,学生规模也随之不断扩大(年增长率超过20%),目前全国大学生数学建模竞赛已发展为全国高校规模最大的基础性学科竞赛活动。因此,为了提高学生的建模能力,除专题讲座和课外培训外,开设数学建模通识课程是非常必要的。该课程强调数学理论与实际应用并重,属于通识教育的创新与实践类范畴。这门课程的开设,既可以满足学生学习数学建模知识的需求,也有助于发现和引导一批对数学建模有兴趣的学生,为后续竞赛与创新活动集聚人才。

数学建模通识课程既是通识教育,又是技能训练课程,应尽可能扩大其受益面。作为一门选修课,选修数学建模通识课程的学生既有理工科类专业的学生,也有外语、法学等文科类专业的学生。鉴于有的文科类专业只开设了很少的数学课程,所以数学建模通识课程的教学内容要进行精心安排,要能够让更多不同学科的学生从中受益。我们既要面对全体学生,也要关注个体差异,更要强调学生之间的合作关系,不但要培养学生独立研究的素质,还要培养学生合作交流的能力,以激发学生的学习兴趣,促进思维发展和拓展知识面。鼓励学生创新与实践,支持学生参与各类数学建模竞赛活动,让学生更多地理解和掌握数学建模的思想和方法,学习计算机求解模型的过程和数学实验方法,提高他们对数学理论和数学模型的认知能力。

本书适用于对数学建模感兴趣的各学科学生,因此书中用到的数学知识都是学生们比较熟悉的内容,主要包括中学的初等数学知识和部分大学数学知识等。全书以案例为依托,展示解决实际问题时数学建模的强大能力,通过数学模型应用实例使学生了解数学知识在实际中重要的应用价值,主要内容包括数学建模概论和初等模型、高等数学建模案例、方程模型及解法、线性代数建模案例、概率论与数理统计模型、优化模型等,并对常用的数学建模软件安排实验进行学习。全书分为八章,第一、二、三章由金中编写,第四章由沈志军编写,第五章和第八章由朱小林编写,第六章由邓伟编写,另外第七章包含五次实验,其中实验一由朱小林编写,实验二和实验五由金中编写,实验三由邓伟编写,实验四由沈志军编写。

在本书的编写过程中,我们借鉴、参考了国内外书籍等相关资料;上海海事大学数学系主任吴志雄老师在百忙中审阅了书稿,并提出了宝贵的经验;上海浦江教育出版社在出版过程中做了大量的工作,在此一并致以诚挚的谢意!由于编者水平有限,书中有些方面挖掘得不够深入,疏漏纰缪之处在所难免,敬请同行和广大读者朋友们批评指正。

编者

目录
CONTENTS

数学模型概论和初等模型

1.1 数学模型概论

1.1.1 原型和模型

原型指人们在社会实践中所关心和研究的现实世界中的事物或对象，如经济系统、管理系统、电力系统、通信系统、生态系统、生产销售过程、计划决策过程、化学反应过程、污染扩散过程等。

模型指为了某个特定目的，将原型所具有的本质属性的某一部分信息经过简化、提炼而构造的原型替代物，如飞机模型、水坝模型、人造卫星模型、大型水电站模型，这些模型都是实物模型；也有用文字、符号、图表、公式、框图等描述客观事物的某些特征和内在联系的抽象模型，如模拟模型、数学模型等。

模型不是原型原封不动的复制品，它既简单于原型，又高于原型。原型有各个方面和各种层次的特征，而模型只要求反映与某种目的有关的那些方面和层次的特征。

例如，一个城市的交通图是该城市(原型)的模型，看模型比看原型清楚得多，此时城市的人口、道路、车辆、建筑物的形状等都不重要，但是城市的街道、交通线路和各单位的位置等信息必须一目了然。

对同一个原型，为了不同的目的，可以建立多种不同的模型。比如：作为玩具的飞机模型，在外形上与飞机相似，但不会飞；而参加航模竞赛的模型飞机就必须能够飞行，对外观则不必苛求；对于供飞机设计、研制用的飞机数学模型，则主要是在数量规律上要反映飞机的飞行动态特征，而不涉及飞机的实体。又如：为了制订某大型企业的生产管理计划，模型就必须反映产品的产量、销售量和库存原料量等变化情况，不必反映各生产装置的动态特性；相反，为了实现各生产装置的最佳运行，模型就必须详细地描述各装置内部状态变化的生产过程动态特性。

模型可以分为实物模型和抽象模型,其中抽象模型又可以分为模拟模型和数学模型,以下重点介绍数学模型。

- 模型
  - 实物模型
    - 直观模型：玩具、照片
    - 物理模型：风洞中的飞机模型、地震模拟装置
  - 抽象模型
    - 模拟模型
      - 思维模型：汽车司机对方向盘的操纵、某些领导凭经验作决策
      - 符号模型：地图、电路图、化学结构式
    - 数学模型

1.1.2 数学模型的概念

广义地说,数学本身就是刻画现实世界的模型。数学的研究既不像物理学、化学、生物学那样以自然界的具体运动形态为对象,也不像经济学、社会学、政治学那样以社会的具体运动形态为对象。数学研究的是形式化、数量化的思想材料。思想只能来源于现实世界,但不是原原本本地复制现实世界,需要经过一定的加工、抽象。也就是说,在现实世界中大量的数学问题往往并不是自然地以现成数学问题的形式出现。首先,我们需要对要解决的实际问题进行分析研究,经过简化、提炼、归结为一个能够求解的数学问题,即建立该问题的数学模型,这是运用数学的理论与方法解决问题关键的第一步;然后,才能应用数学理论、方法进行分析和求解,进而为解决现实问题提供数量支持与指导。由此可见数学建模的重要性。

现实世界的问题往往比较复杂,在从实际中抽象出数学问题的过程中,我们必须抓住主要因素,忽略一些次要因素,作出必要的简化,使抽象所得的数学问题能用适当的方法进行求解,例如火箭在作短程飞行时,要研究其运动轨迹,可以不考虑地球自转的影响,但若火箭作洲际飞行,就要考虑地球自转的影响了。又比如同是一次火箭飞行实验,在研究其射程时可不考虑某些段空气阻力的影响,但在研究其命中精度时就必须考虑这些因素。

以解决某个现实问题为目的,经过分析简化,从中抽象、归纳出来的数学问题就是该问题的数学模型,这个过程称为数学建模。

一般地说,数学模型可以这样来描述：对于现实世界的一个特定对象,为了一个特定目的,根据特有的内在规律,作出一些必要的简化假设,运用适当的数学工具得到的一个数学结构,这个数学结构就是数学建模。这里的特定对象是指我们所要研究解决的某个具体问题。这里的特定目的是指当研究一个特定对象时所要达到的特定目的,如分析、预测、控制、决策等。这里的数学工具是指数学各分支的理论和方法及数学的某些软件系统。这里的数学结构包括各种数学方程、表格、图形等,如我们今天熟悉的微积分基本上可以视为是17世纪对力学、天文学问题的数学建模。

1.1.3　数学模型的分类

（1）按照建立模型所用的数学方法的不同,可分为

数学模型
- 初等模型
- 几何模型
- 运筹学模型
- 微分方程模型
- 概率统计模型
- 统计回归模型
- 数学规划模型

（2）按照数学模型的应用领域的不同,可分为

数学模型
- 人口模型
- 交通模型
- 环境模型
- 污染模型
- 生态模型
- 金融模型
- 水资源模型
- 企业管理模型
- 经济预测模型
- 城镇规划模型
- 再生资源利用模型

（3）按照模型的表现特征可分为

数学模型
- 确定性模型
- 随机模型

数学模型
- 静态模型
- 动态模型

数学模型
- 线性模型
- 非线性模型

数学模型
- 离散模型
- 连续模型

(4) 按照建模目的可分为

数学模型 { 描述模型、预报模型、优化模型、决策模型、控制模型 }

- 描述模型
- 预报模型
- 优化模型
- 决策模型
- 控制模型

(5) 按照对模型结构的了解程度的不同,可分为

数学模型

- 白箱模型:如力学、热学、电学
- 灰箱模型:如生态气象、经济交通
- 黑箱模型:如生命科学、社会科学

1.1.4 数学模型与数学的区别

数学模型与数学是不完全相同的,主要体现在3个方面。

(1) 研究内容不同。数学主要是研究对象的共性和一般规律,而数学模型主要是研究对象的个性(针对性)和特殊规律。

(2) 研究方法不同。数学的主要研究方法是归纳加演绎,而数学模型是将现实对象的信息加以翻译、归纳,经过求解、演绎,得到数学上的解答,再经过翻译回到现实对象,给出分析、预报、决策、控制的结果。

(3) 研究结果不同。数学的研究结果被证明了就一定是正确的,而数学模型的研究结果被证明了未必一定正确,因为数学模型的研究结果与模型的简化和模型的假设有关,因此,数学模型的研究结果必须接受实际的检验。

鉴于数学模型与数学的关系和区别,我们评价一个数学模型优劣的标准是:模型是否有一定的实际背景、假设是否合理、推理是否正确、方法是否简单、论述是否深刻等。

1.1.5 对数学模型的一般要求

(1) 要有足够的精确度,就是要把本质的性质和关系反映进去,把非本质的东西去掉,而又不影响反映现实本质的真实程度。

(2) 模型既要精确,又要尽可能简单。如果一个简单的模型已经可以使某些实际问题得到满意的解决,那就没有必要建立一个复杂的模型。因为太复杂的模型难以求解。

(3) 要尽量借鉴已有的标准形式的模型。

(4) 构造模型的依据要充分,就是说要依据科学规律、经济规律来建立有关的公式和图表,并要注意使用这些规律的条件。

1.2 商人过河问题

三名商人各带一个随从乘船渡河。现此岸有一小船只能容纳两人,由他们自己划行。若在河的任一岸随从人数比商人多,他们就可能杀害商人。不过如何乘船渡河的大权由商人们掌握。商人们怎样才能安全过河呢?

1.2.1 问题分析

安全渡河问题可以视为一个多步决策过程。每一步,即船由此岸驶向彼岸或从彼岸驶回此岸,都要对船上的人员(商人、随从各几人)作出决策,在保证安全的前提下(两岸的随从数都不比商人数多),在有限步内使全部人员过河。用状态(变量)表示某一岸的人员状况,决策(变量)表示船上的人员状况,可以找出状态随决策变化的规律。

问题转化为在状态允许变化的范围内(即安全渡河条件),确定每一步的决策,达到安全渡河的目的。

1.2.2 模型建立

记第 k 次渡河前此岸的商人数为 x_k,随从数为 y_k;将二维向量 $\boldsymbol{s}_k=(x_k,y_k)$ 定义为状态,$x_k,y_k=0,1,2,3$。安全渡河条件下的状态集合成为允许状态集合,记作 S。

$$S=\left\{(x,y)\left|\begin{array}{l}x=0,y=0,1,2,3;\\x=3,y=0,1,2,3;\\x=y=1,2\end{array}\right.\right\}$$

记第 k 次渡河渡船上的商人数为 u_k,随从数为 v_k;将二维向量 $\boldsymbol{d}_k=(u_k,v_k)$ 定义为决策;允许状态集合,记做 D。由小船的容量可知

$$D=\{(u,v)\mid 1\leqslant u+v\leqslant 2(u,v=0,1,2)\}$$

因为 k 为奇数时船从此岸驶向彼岸,k 为偶数时船由彼岸驶回此岸,所以状态 $\boldsymbol{s}_k$ 随决策 $\boldsymbol{d}_k$ 变化的规律是

$$\boldsymbol{s}_{k+1}=\boldsymbol{s}_k+(-1)^k\boldsymbol{d}_k$$

这就是本问题的状态转移方程,也表明了本问题的状态递归关系。这样,制定安全渡河方案可归结为如下多步决策问题:

求决策 $\boldsymbol{d}_k\in D(k=1,2,\cdots,n)$,使状态 $\boldsymbol{s}_k\in S$ 按照转移律,由初始状态 $\boldsymbol{s}_1=(3,3)$ 经有限步 n 到达状态 $\boldsymbol{s}_{n+1}=(0,0)$。

1.2.3 模型求解

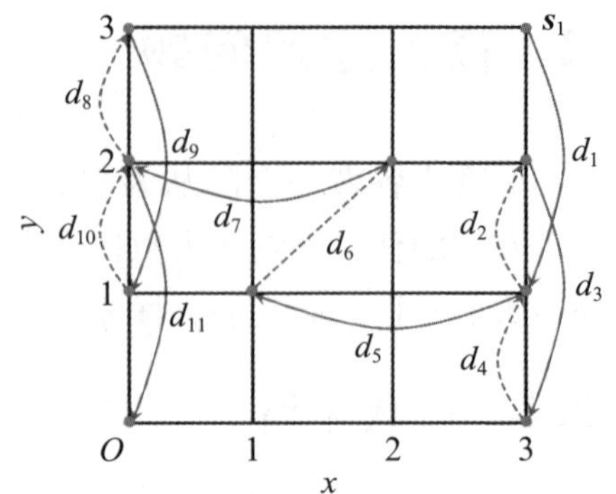

图 1.1　商人过河问题的图解法

根据状态转移过程,我们可以编写一段程序得出问题解答。不过在商人和随从人数不大的简单情况下,用图解法比较简便。在 xOy 平面中作图,用方格点表示状态 $s_k=(x_k,y_k)$,状态转移过程如图 1.1 所示。

这里讲述的是一种规格化的方法,所建立的多步决策模型可以用计算机求解,从而具有推广意义。当商人和随从人数增加或小船的容量加大时,靠逻辑思考就比较困难,而用这种模型则仍可方便地求解。适当地设置状态和决策,确定状态转移律,建立多步决策模型,能有效解决很多类似问题。

1.3 小兔繁殖问题

1.3.1 问题分析

假设一对小兔经过两个月的生长就可以繁殖一对小兔,那么从第一个月的一对小兔开始,将每个月兔子的总对数依次排列起来就应该是

$$1,1,2,3,5,8,13,21,\cdots$$

这就是大家熟知的斐波那契数列,从第三项开始,这个数列的每一项都等于前两项之和。若记

$$F_0=1,F_1=1,F_2=2,F_3=3,F_4=5,F_5=8,\cdots$$

则有递推公式

$$F_{n+2}=F_{n+1}+F_n \qquad (n=0,1,2,\cdots) \tag{1.3.1}$$

1.3.2 模型建立

根据递推公式求这个数列的某一项,必须要知道它的前两项,这是很不方便的。而利用通项公式就没有这个约束。注意到递推公式(1.3.1)也可以看作一个差分方程,因此,只要解这个差分方程,就能求出它的通项公式。

由递推公式(1.3.1)可得

$$F_{n+2}-F_{n+1}-F_n=0 \tag{1.3.2}$$

1.3.3 模型求解

式(1.3.2)是一个二阶常系数线性齐次差分方程,其特征方程为

$$r^2 - r - 1 = 0$$

从而特征根为

$$r_1 = \frac{1+\sqrt{5}}{2}, r_2 = \frac{1-\sqrt{5}}{2}$$

故该差分方程的通解为

$$F_n = C_1 \cdot \left(\frac{1+\sqrt{5}}{2}\right)^n + C_2 \cdot \left(\frac{1-\sqrt{5}}{2}\right)^n$$

将初始条件 $F_0=1, F_1=1$ 代入上式,易求得

$$C_1 = \frac{1}{\sqrt{5}}\left(\frac{1+\sqrt{5}}{2}\right), C_2 = -\frac{1}{\sqrt{5}}\left(\frac{1-\sqrt{5}}{2}\right)$$

故

$$F_n = \frac{1}{\sqrt{5}}\left[\left(\frac{1+\sqrt{5}}{2}\right)^{n+1} - \left(\frac{1-\sqrt{5}}{2}\right)^{n+1}\right] \quad (n=0,1,2,\cdots) \tag{1.3.3}$$

这就是斐波那契数列的通项公式。为了方便计算,还可以进一步对该通项公式进行整理化简。事实上,由于

$$\left(\frac{1+\sqrt{5}}{2}\right)^{n+1} = \frac{1}{2^{n+1}}[C_{n+1}^0 + C_{n+1}^1\sqrt{5} + C_{n+1}^2(\sqrt{5})^2 + \cdots + C_{n+1}^{n+1}(\sqrt{5})^{n+1}]$$

$$\left(\frac{1-\sqrt{5}}{2}\right)^{n+1} = \frac{1}{2^{n+1}}[C_{n+1}^0 - C_{n+1}^1\sqrt{5} + C_{n+1}^2(\sqrt{5})^2 - \cdots + C_{n+1}^{n+1}(-1)^{n+1}(\sqrt{5})^{n+1}]$$

代入式(1.3.3),即得

$$\begin{aligned} F_n &= \frac{1}{2^n\sqrt{5}}[C_{n+1}^1\sqrt{5} + C_{n+1}^3(\sqrt{5})^3 + \cdots + C_{n+1}^{n+1}(\sqrt{5})^{n+1}] \\ &= \frac{1}{2^n}[C_{n+1}^1 + C_{n+1}^3 \cdot 5 + \cdots + C_{n+1}^{n+1} \cdot 5^{\frac{n}{2}}] \\ &= \begin{cases} \frac{1}{2^n}[C_{n+1}^1 + 5 \cdot C_{n+1}^3 + \cdots + 5^{\frac{n}{2}} \cdot C_{n+1}^{n+1}], & n \text{ 为偶数} \\ \frac{1}{2^n}[C_{n+1}^1 + 5 \cdot C_{n+1}^3 + \cdots + 5^{\frac{n-1}{2}} \cdot C_{n+1}^{n}], & n \text{ 为奇数} \end{cases} \end{aligned} \tag{1.3.4}$$

利用式(1.3.4)可以比较方便地求出斐波那契数列的每一项。

例如,该数列的第 7 项(此时 $n=6$)为

$$F_6=\frac{1}{2^6}[C_7^1+5\cdot C_7^3+5^2\cdot C_7^5+5^3\cdot C_7^7]=\frac{1}{64}[7+5\cdot\frac{7!}{3!\ 4!}+5^2\cdot\frac{7!}{5!\ 2!}+5^3]$$

$$=\frac{1}{64}(7+175+525+125)=13$$

该数列的第 10 项(此时 $n=9$)为

$$F_9=\frac{1}{2^9}[C_{10}^1+5\cdot C_{10}^3+5^2\cdot C_{10}^5+5^3\cdot C_{10}^7+5^4\cdot C_{10}^9]$$

$$=\frac{1}{512}[10+5\cdot\frac{10!}{3!\ 7!}+5^2\cdot\frac{10!}{5!\ 5!}+5^3\cdot\frac{10!}{7!\ 3!}+5^4\cdot 10]$$

$$=\frac{1}{512}(10+600+6\,300+15\,000+6\,250)=55$$

由于斐波那契数都是整数,且相邻两个斐波那契数的比值是随序号的增加而逐渐趋于黄金分割比,即 $f(n)/f(n-1)\to 0.618$,因而斐波那契数的应用不仅仅体现在诸如绘画、雕塑、音乐、建筑、艺术等领域,而且在管理、工程设计等方面也有着不可忽视的作用。在资本市场的技术分析中,所谓的“神奇数字”“时间周期”“时间之窗”,往往都是斐波那契数。

1.4 公平的席位分配

席位分配在社会活动中经常遇到,如人大代表或职工学生代表的名额分配和其他物质资料的分配等。通常分配结果的公平与否以每个代表席位所代表的人数相等或接近来衡量。

1.4.1 问题分析

目前沿用的惯例分配方法为按比例分配方法,即

某单位席位分配数 = 某单位总人数比例×总席位

如果按上述公式参与分配的一些单位席位分配数出现小数,则先按席位分配数的整数分配席位,余下席位按所有参与席位分配单位中小数的大小依次分配之。这种分配方法公平吗?下面来看一个学院在分配学生代表席位中遇到的问题:某学院有甲、乙、丙 3 个系,并设 20 个学生代表席位。其最初学生人数及学生代表席位见表 1.1。

表 1.1 按照比例并参照惯例的席位分配

系名	甲	乙	丙
学生人数/人	100	60	40
学生人数比例	100/200	60/200	40/200
分配席位/个	10	6	4

后来由于一些原因,出现学生转系情况,各系学生人数及学生代表席位发生变化,具体见表 1.2。

表 1.2 有学生转系后按照比例并参照惯例的席位分配

系名	甲	乙	丙
学生人数/人	103	63	34
学生人数比例	103/200	63/200	34/200
按比例分配席位/个	10.3	6.3	3.4
按惯例分配席位/个	10	6	4

由于总代表席位为偶数,使得在解决问题的表决中有时出现表决平局现象而达不成一致意见。为改变这一情况,学院决定再增加一个代表席位,总代表席位变为 21 个。重新按惯例分配席位,详见表 1.3。

表 1.3 增加一个代表席位后按照比例并参照惯例的席位分配

系名	甲	乙	丙
学生人数/人	103	63	34
学生人数比例	103/200	63/200	34/200
按比例分配席位/个	10.815	6.615	3.570
按惯例分配席位/个	11	7	3

增加一席后,出现了丙系比增加席位前少一席的情况,这使人觉得席位分配明显不公平。这个结果也说明按惯例分配席位的方法有缺陷,需要建立更合理的分配席位方法解决上面代表席位分配中出现的不公平问题。

1.4.2 模型建立

寻求公平分配席位方法的关键,是建立衡量公平程度的既简单又简明的数量指标。

模型公式为

$$Q_k = \frac{p_k^2}{n_k(n_k + 1)}$$

式中: p_k 表示人数, n_k 表示占有席位。

于是知道增加的席位分配可以由 Q_k 的最大值决定,且它可以推广到多个组的一般情况。用 Q_k 的最大值决定席位分配的方法称为 Q 值法。

对多个组(m 个组)的席位分配 Q 值法可以描述为:

(1) 先计算每个组的 Q 值:

$$Q_k, \quad k = 1, 2, \cdots, m$$

(2) 求出其中最大的 Q 值 Q_i(若有多个最大值任选其中一个即可)。

(3) 将席位分配给最大的 Q 值 Q_i 对应的第 i 组。

1.4.3 模型求解①

先按应分配的整数部分分配,余下的部分按 Q 值分配。本问题的整数名额共分配了 19 席,具体为

甲	10.815	$n_1 = 10$
乙	6.615	$n_2 = 6$
丙	3.570	$n_3 = 3$

对第 20 席的分配,计算 Q 值:

$$Q_1 = \frac{103^2}{10 \times 11} = 96.45; \quad Q_2 = \frac{63^2}{6 \times 7} = 94.50; \quad Q_3 = \frac{34^2}{3 \times 4} = 96.33$$

因为 Q_1 最大,因此第 20 席应该给甲系。

对第 21 席的分配,计算 Q 值:

$$Q_1 = \frac{103^2}{11 \times 12} = 80.37; \quad Q_2 = \frac{63^2}{6 \times 7} = 94.50; \quad Q_3 = \frac{34^2}{3 \times 4} = 96.33$$

因为 Q_3 最大,因此第 21 席应该给丙系。

最后的席位分配为

甲　11 席　　　乙　6 席　　　丙　4 席

1.5 双层玻璃窗的功效

北方城镇有些建筑物的窗户是双层的,即窗户上装两层厚度为 d 的玻璃夹着一层厚度为 l 的空气,如图 1.2 所示,据说这样做是为了保暖,即减少室内向室外的热量流失。

我们要建立一个模型来描述热量通过窗户的热传导(即流失)过程,并将双层玻璃窗

① 本模型提出的指标是相对不公平度,在这个前提下得到的 Q 值方法应该是公平的。但是如果跳出这个前提,公平席位问题还远未解决。

与用同样多材料做成的单层玻璃窗(如图 1.3,玻璃厚度为 $2d$)的热量传导进行对比,对双层玻璃窗能够减少多少热量损失给出定量分析结果。

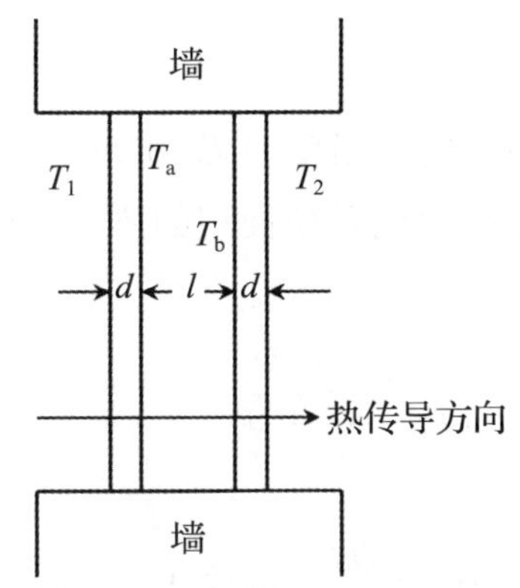

图 1.2　双层玻璃窗热传导示意

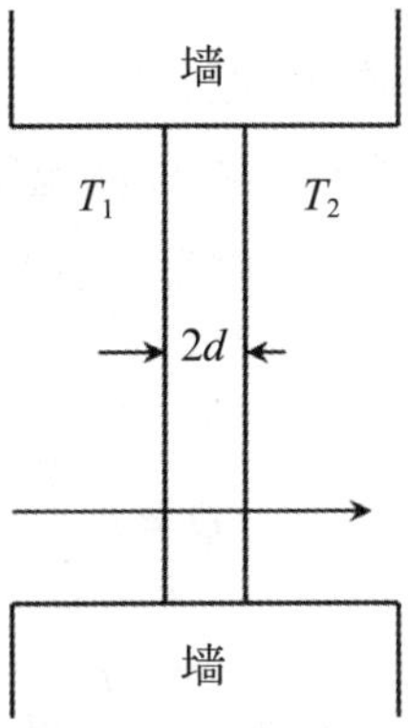

墙
T_1　T_2
$2d$
墙

图 1.3　厚度为 $2d$ 的单层玻璃窗热传导示意

1.5.1　模型假设

(1) 热量的传播过程只有传导,没有对流,即假定窗户的密封性能很好,两层玻璃之间的空气是不流动的。

(2) 室内温度 T_1 和室外温度 T_2 保持不变,热传导过程已处于稳定状态,即沿热传导方向,单位时间通过单位面积的热量是常数。

(3) 玻璃材料均匀,热传导系数是常数。

1.5.2　符号说明

T_1: 室内温度;

T_2: 室外温度;

d: 单层玻璃厚度;

l: 两层玻璃之间的空气厚度;

T_a: 内层玻璃的外侧温度;

T_b: 外层玻璃的内侧温度;

k: 热传导系数;

Q: 热量损失。

1.5.3　模型建立与求解

由物理学知道,在上述假设下,热传导过程遵从下面的物理规律:

厚度为 d 的均匀介质,两侧温度差为 ΔT,则单位时间由温度高的一侧向温度低的一侧通过单位面积的热量为 Q,Q 与 ΔT 成正比,与 d 成反比,即

$$Q = k\frac{\Delta T}{d} \tag{1.5.1}$$

式中：k 为热传导系数。

1）双层玻璃的热量流失

记双层窗内窗玻璃的外侧温度为 T_a，外层玻璃的内侧温度为 T_b，玻璃的热传导系数为 k_1，空气的热传导系数为 k_2，由式(1.5.1)知道单位时间单位面积的热量传导(热量流失)为

$$Q = k_1\frac{T_1 - T_a}{d} = k_2\frac{T_a - T_b}{d} = k_1\frac{T_b - T_2}{d} \tag{1.5.2}$$

由 $Q=k_1\frac{T_1-T_a}{d}$ 及 $Q=k_1\frac{T_b-T_2}{d}$ 可得 $T_a-T_b=(T_1-T_2)-2\frac{Qd}{k_1}$。再代入 $Q=k_2\frac{T_a-T_b}{d}$ 就将式(1.5.2)中 T_a、T_b 消去，变形可得

$$Q = \frac{k_1(T_1 - T_2)}{d(s + 2)}, s = h\frac{k_1}{k_2}, h = \frac{l}{d} \tag{1.5.3}$$

2）单层玻璃的热量流失

对于厚度为 $2d$ 的单层玻璃窗，容易得出热量流失为

$$Q' = k_1\frac{T_1 - T_2}{2d} \tag{1.5.4}$$

3）单层玻璃窗和双层玻璃窗热量流失比较

比较式(1.5.3)和式(1.5.4)有

$$\frac{Q}{Q'} = \frac{2}{s + 2} \tag{1.5.5}$$

显然，$Q<Q'$。

为了获得更具体的结果，我们需要 k_1、k_2 的数据。从有关资料可知，不流通、干燥空气的热传导系数 $k_2=0.025$ W/(m·K)，常用玻璃的热传导系数 $k_1\in[0.4,0.8]$ W/(m·K)，于是

$$\frac{k_1}{k_2} \in [16,32]$$

在分析双层玻璃窗比单层玻璃窗可减少多少热量损失时，我们作最保守的估计，即取 $\frac{k_1}{k_2}=16$，由式(1.5.3)和式(1.5.5)可得

$$\frac{Q}{Q'}=\frac{1}{8h+1},h=\frac{l}{d} \tag{1.5.6}$$

1.5.4　模型讨论

Q/Q'反映了双层玻璃窗在减少热量损失上的功效，它只与 $h=l/d$ 有关。图 1.4 给出了 Q/Q'与 h 的关系曲线，当 h 由 0 增加时，Q/Q'迅速下降，而当 h 超过一定值（比如 $h>4$）后 Q/Q'下降缓慢，可见 h 不宜选得过大。

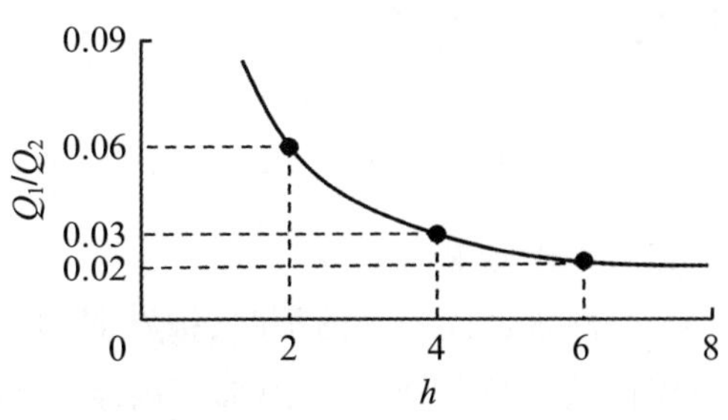

图 1.4　热量损失比 Q/Q'与 h 的关系比值

1.5.5　模型的应用

这个模型具有一定的应用价值。制作双层玻璃窗虽然工艺复杂会导致费用增加，但它减少的热量损失却是相当可观的。通常，建筑规范要求 $h=l/d\approx4$。按照这个模型，求得 $Q/Q'\approx3\%$，即双层玻璃窗比用同样多的玻璃材料制成的单层窗节约热量 97%。不难发现，双层玻璃窗之所以有如此高的功效主要是由于层间空气的极低的热传导系数 k_2，而这要求空气是干燥、不流通的。作为模型假设的这个条件在实际环境下当然不可能完全满足，所以实际上双层玻璃窗的功效会比上述结果差一些。

1.6　雨中行走问题

人们外出行走，途中遇雨，未带雨伞势必淋雨，自然就会想到走多快才会少淋雨呢？一个简单的情形是只考虑人在雨中沿直线从一处向另一处行走，雨的速度（大小和方向）已知，问行人走的速度多大才能使淋雨量最少？

1.6.1　问题分析

参与此问题的因素：

（1）降雨的大小。

（2）风（降雨）的方向。

（3）路程的远近和人跑的快慢。

1.6.2　模型假设

（1）设雨滴下落的速度为 r（m/s）；降水强度（单位时间平面上的降水厚度）为 I（cm/h），且 r,I 为常量。

（2）设雨中行走的速度为 v（m/s），v 固定不变；雨中行走的距离为 D（m）。

（3）设降雨的角度（雨滴下落的反方向与人前进的方向之间的夹角）为 θ（°），θ 固定不变。

(4) 视人体为一个长方体,其身高为 h(m),身宽为 w(m),厚度为 d(m)。

1.6.3 模型建立

降雨强度系数 $p=\dfrac{I}{r}$,$p\leqslant 1$,当 $p=1$ 时意味着大雨倾盆。

当雨水迎面而来落下时,被淋湿的部分将仅仅是人体的顶部和前部。雨水迎面落下时雨中行走示意如图 1.5 所示。

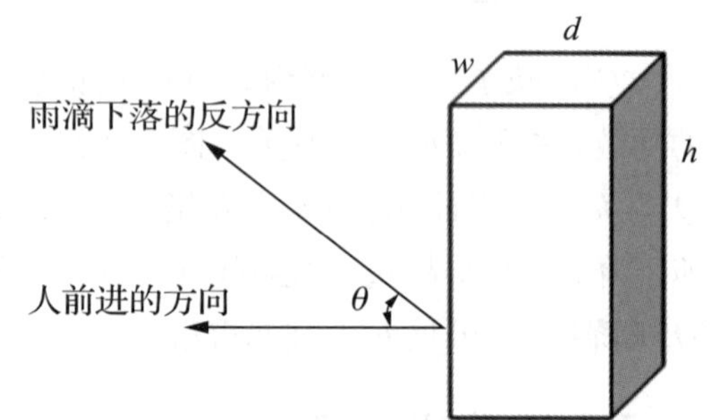

图 1.5　雨水迎面落下时雨中行走示意

令 C_1,C_2 分别是人体的顶部和前部的雨水量。

考虑顶部的雨水量 C_1:顶部面积 $S_1=wd$,雨滴垂直速度的分量为 $r\sin\theta$,则在时间 $t=\dfrac{D}{v}$内淋在顶部的雨水量为

$$C_1=\frac{D}{v}wd(pr\sin\theta)$$

再考虑人体前部的雨水量 C_2:前部面积 $S_2=wh$,雨速分量为 $r\cos\theta+v$,则在时间 $t=\dfrac{D}{v}$内淋在前部的雨水量(水平方向为和速度)为

$$C_2=\frac{D}{v}[wph(r\cos\theta+v)]$$

于是在整个行程中被淋到的雨水总量为

$$C=C_1+C_2=\frac{pwD}{v}[dr\sin\theta+h(r\cos\theta+v)] \tag{1.6.1}$$

1.6.4 数据假设与模型求解

设 $r=4$ m/s,$I=2$ cm/h,可得 $p=1.39\times10^{-6}$,$D=1\ 000$ m,$h=1.50$ m,$w=0.50$ m,$d=0.20$ m。

$$C=\frac{6.95\times10^{-4}}{v}(0.8\sin\theta+6\cos\theta+1.5v) \tag{1.6.2}$$

(1) 当 $0°<\theta<90°$时,$\sin\theta>0$,$\cos\theta>0$,C 是 v 的减函数。人以最快的速度跑时,淋雨量最小,取 $v=6$ m/s。

当 $\theta=60°$时，$C=14.7\times10^{-4}\ \text{m}^3=1.47\ \text{L}$。

（2）当 $\theta=90°$时，$C=\dfrac{6.95\times10^{-4}}{v}(0.8\sin90°+1.5v)=6.95\times10^{-4}\left(1.5+\dfrac{0.8}{v}\right)$。

取 $v=6\ \text{m/s}$，则 $C=11.3\times10^{-4}\ \text{m}^3=1.13\ \text{L}$。

（3）当 $90°<\theta<180°$时，令 $\theta=90°+\alpha$，则 $0<\alpha<90°$，此时 $C=pwD\left(h+\dfrac{dr\cos\alpha-hr\sin\alpha}{v}\right)$ 或 $C=6.95\times10^{-4}\left(1.5+\dfrac{0.8\cos\alpha-6\sin\alpha}{v}\right)$。

这种情形，雨滴将从后面向人体落下，但当 α 充分大时，C 可能为负值，这显然不合理，主要是因为我们开始讨论时，假定了人体是一面淋雨，当 $0°<\theta<90°$时，这是对的；但当 $90°<\theta<180°$，而 $v>r\sin\alpha$ 时，人体将赶上前面的雨。

（1）当 $v<r\sin\alpha$ 时，淋在背上的雨量为 $pwD\left(\dfrac{rh\sin\alpha-vh}{v}\right)$，雨水总量 $C=pwD\left[\dfrac{dr\cos\alpha+h(r\sin\alpha-v)}{v}\right]$。

（2）当 $v=r\sin\alpha$ 时，此时 $C_2=0$。雨水总量 $C=\dfrac{pwDdr}{v}\cdot\cos\alpha$，如 $\alpha=30°$，$C=0.24\ \text{L}$。这表明人体仅仅被头顶部位的雨水淋湿。实际上这意味着人体刚好跟着雨滴向前走，身体前后将不被雨淋。

（3）当 $v>r\sin\alpha$ 时，即人体行走的速度快于雨滴的水平运动速度 $r\sin\alpha$，此时人体将不断地赶上雨滴。雨水将淋湿胸前（身后没有），胸前淋雨量 $C_2=\dfrac{pwDh(v-r\sin\alpha)}{v}$。于是 $C=\dfrac{pwD[rd\cos\alpha+h(v-r\sin\alpha)]}{v}$。例如，当 $v=6\ \text{m/s}$ 且 $\alpha=30°$时，$C=0.77\ \text{L}$。

1.6.5　模型结论

（1）如果雨是迎着你前进的方向向你落下（$\theta\leqslant90°$），此时策略很简单，你应以最大速度向前跑。

（2）如果雨是从你的身后向你落下，这时你应该控制你在雨中的行走速度，让它刚好等于落雨速度的水平分量。

1.7　总结：数学建模的一般步骤

数学建模就是根据实际问题建立数学模型，对数学模型进行求解，然后根据结果解决实际问题。数学建模没有统一的方法，也不一定有唯一正确的答案。从前几节的例子可知，数学建模的一般步骤如下：

第一步：根据现实对象的背景和要求进行问题分析。

第二步：根据问题要求和建模目的作出合理的简化假设。

第三步：根据问题分析与假设，利用相应的物理或其他有关规律建立起现实对象的数学表达式，即建立数学模型。

第四步：使用相应的数学方法求解数学模型以给出现实对象的数学解决，即模型求解。

第五步：对模型的解给予检验和解释，即模型分析（检验、修改、应用和评价等）。

第 2 章 高等数学模型及案例

2.1 存贮模型

工厂要定期订购各种原料,商店要成批购进各种商品,水库在雨季蓄水,用于旱季的灌溉和航运……不论是原料、商品还是水的贮存,都有一个贮存多少的问题。原料、商品存得太多,贮存费用高,存得少了则无法满足需求。水库蓄水过量可能危及安全,蓄水太少又不够用。我们的目的是制订最优存贮策略,即多长时间订一次货,每次订多少货,才能使总费用最小。

2.1.1 模型 1 不允许缺货的存贮模型

2.1.1.1 模型假设

(1) 每次订货费 C_1,每天每吨货物贮存费 C_2 为已知。

(2) 每天的货物需求量 $r(t)$ 为已知。

(3) 订货周期 T 天,每次订货 $Q(t)$,当贮存量降到 0 时订货立即到达。

2.1.1.2 模型建立

订货周期 T,订货量 Q 与每天需求量 r 之间满足 $Q=rT$,订货后贮存量 $q(t)$ 由 Q 均匀地下降,即 $q(t)=Q-rt$,见图 2.1。

一个订货周期总费用包含订货费 C_1 和贮存费 $C_2\int_0^T q(t)\,dt=\frac{1}{2}C_2QT=\frac{1}{2}C_2rT^2$,即

$$C(T)=C_1+\frac{1}{2}C_2rT^2$$

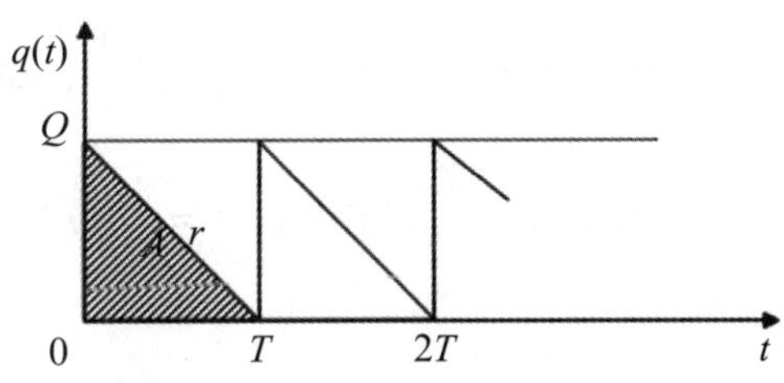

图 2.1 不允许缺货的存贮情况

一个订货周期平均每天的费用 $\overline{C}(T)$ 应为

$$\overline{C}(T)=\frac{C(T)}{T}=\frac{C_1}{T}+\frac{1}{2}C_2rT$$

问题归结为求 T 使 $\overline{C}(T)$ 最小。

2.1.1.3 模型求解

令 $\frac{\mathrm{d}\overline{C}}{\mathrm{d}T}=0$，不难求得

$$T=\sqrt{\frac{2C_1}{rC_2}}$$

从而 $Q=\sqrt{\frac{2C_1r}{C_2}}$（经济订货批量公式，简称 EOQ 公式）。

2.1.1.4 模型分析

若记每吨货物的价格为 k，则一周期的总费用 C 中应添加 kQ，由于 $Q=rT$，故 $\overline{C}$ 中添加一常数项 kr，求解结果不受影响，说明货物本身的价格可不考虑。

从结果看，C_1 越高，需求量 r 越大，Q 应越大；C_2 越高，Q 越小。这些关系当然是符合常识的，不过公式在定量上的平方根关系却是凭常识无法得到的。

2.1.2 模型 2 允许缺货的存贮模型

2.1.2.1 模型假设

(1) 和(2)同模型 1。

(3) 订货周期 $T(d)$，订货量 $Q(t)$，允许缺货，每天每吨货物缺货费 C_3 为已知。

2.1.2.2 模型建立

缺货时贮存量 q 视作负值，$q(t)$ 的图形如图 2.2 所示，货物在 $t=T_1$ 时售完，于是 $Q=rT_1$。

一个订货周期内总费用包含订货费 C_1，贮存费 $C_2\int_0^{T_1}q(t)\mathrm{d}t=\frac{C_2}{2}QT_1=\frac{1}{2}C_2\frac{Q^2}{r}$，缺货费 $C_3\int_{T_1}^{T}|q(t)|\mathrm{d}t=\frac{C_3}{2}r(T-T_1)^2=\frac{C_3}{2r}(rT-Q)^2$，

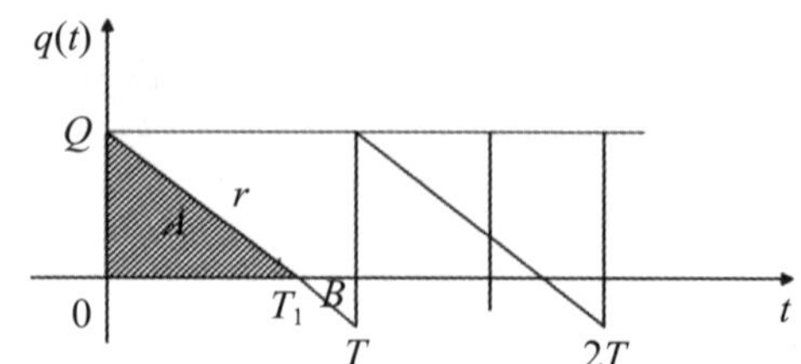

图 2.2 允许缺货的存贮情况

即

$$C(T,Q)=C_1+\frac{1}{2}C_2Q^2\frac{1}{r}+\frac{1}{2r}C_3(rT-Q)^2$$

一个订货周期平均每天的费用 $\overline{C}(T,Q)$ 应为

$$\overline{C}(T,Q)=\frac{C(T,Q)}{T}=\frac{C_1}{T}+\frac{C_2Q^2}{2rT}+\frac{C_3(rT-Q)^2}{2rT}$$

2.1.2.3 模型求解

$$\begin{cases}\dfrac{\partial\overline{C}}{\partial T}=0\\[2ex]\dfrac{\partial\overline{C}}{\partial Q}=0\end{cases}$$

可以求出 T、Q 的最优值，分别记作 T' 和 Q'，有

$$T'=\sqrt{\frac{2C_1}{rC_2}\cdot\frac{C_2+C_3}{C_3}},\ Q'=\sqrt{\frac{2C_1r}{C_2}\cdot\frac{C_3}{C_2+C_3}}$$

2.1.2.4 模型分析

若记 $\mu=\sqrt{\dfrac{C_2+C_3}{C_3}}$，则与模型 1 相比有

$$T'=\mu T,Q'=\frac{Q}{\mu}$$

显然 $T'>T$，$Q'<Q$，即允许缺货时应增大订货周期，减少订货批量；当缺货费 C_3 相对于贮存费 C_2 而言越大时，μ 越小，T' 和 Q' 越接近 T 和 Q。

2.2 易拉罐的设计模型

我们知道，制造一个容积一定的罐头状圆柱形容器，当它的高与底面直径相等时用料是最省的。然而易拉罐（图 2.3）的形状却并非如此，它的高比底面直径要大一些。这又是为什么呢？

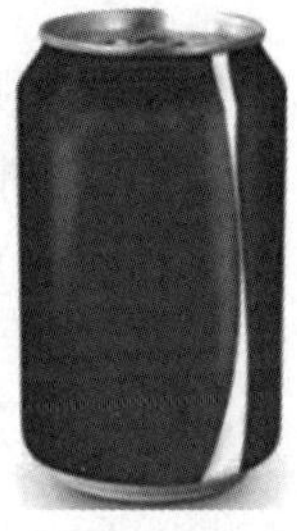

图 2.4 为易拉罐竖直方向截面，如果我们仔细地观察一下易拉罐的结构，不难发现它的上、下底要比侧壁厚一些。其实问题就在这里：我们原先的结论是建立在容器上、下底厚度与侧壁相同的前提下推导出来的，如果厚度不同，结论当然会有所不同。下面，我们就来讨论在用料最省问题中圆柱形容器上、下底与侧壁厚度对高与底面直径之比的影响。

图 2.3 易拉罐

2.2.1 模型建立

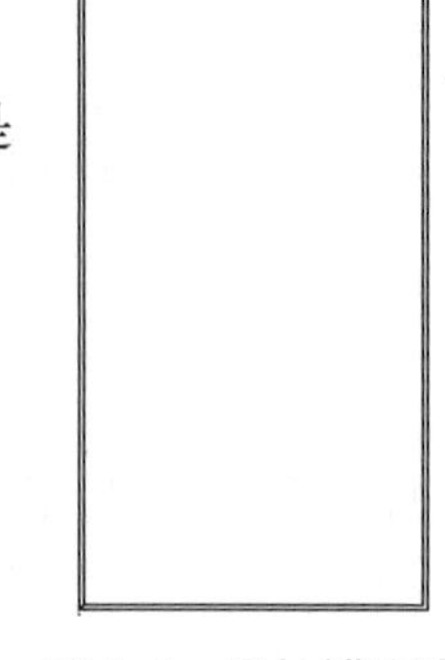

图 2.4 易拉罐竖直方向截面

设易拉罐的底面半径为 r，高为 h，容积为 A。如果侧壁的厚度是 1 个单位，上、下底的厚度是侧壁厚度的 k 倍，则所用材料的体积为

$$V = 2k\pi r^2 + 2\pi rh = 2k\pi r^2 + 2\pi r \cdot \frac{A}{\pi r^2}$$

$$= 2k\pi r^2 + \frac{2A}{r} \qquad (r > 0)$$

2.2.2 模型求解

令

$$\frac{\mathrm{d}V}{\mathrm{d}r} = 4k\pi r - \frac{2A}{r^2} = 0$$

得唯一驻点 $r=\left(\frac{A}{2k\pi}\right)^{\frac{1}{3}}$，易知它就是 V 的极小值点，也是实际问题的最小值点，此时

$$h = \frac{A}{\pi r^2} = \frac{A}{\pi\left(\frac{A}{2k\pi}\right)^{\frac{2}{3}}} = k \cdot 2\left(\frac{A}{2k\pi}\right)^{\frac{1}{3}} = k \cdot 2r$$

2.2.3 模型分析

以上表明，制造一个容积一定的罐头状圆柱形容器，如果上、下底的厚度是侧壁厚度的 k 倍，则要使所用材料最省，高也应该是底面直径的 k 倍。明白了这个道理，就不难理解为什么易拉罐要做成那样的形状了。

2.3 咳嗽问题

大家对咳嗽并不陌生，引起咳嗽的原因很多，比如着凉、气管中有异物等导致肺内压力的增加，而肺内压力的增加伴随气管半径的缩小，那么较小半径的气管是促进还是阻碍空气在气管里的流动呢？

2.3.1 模型假设

（1）把气管理想化为一个圆柱形的管子，设管半径为 r，管长为 L，管的两端的压强差为 P。

（2）管道和气体之间的摩擦力很小，可以忽略。

2.3.2 模型建立

由物理学知识可知,在单位时间内流过管子的流体体积为

$$V = K \cdot P \cdot r^4 \tag{2.3.1}$$

式中: $K>0$ 为常数,当 P 达到一定限度时,气管的收缩有很大的阻力,这可避免在咳嗽时引起窒息,即半径 r 与 P 存在线性关系且 P 越大,r 越小,用

$$r = r_0 - a \cdot P \tag{2.3.2}$$

来表示,式中: r_0 为无压强差时的管半径,a 为正的常数。

因为 $r=r_0-a \cdot P$,于是 $P=\dfrac{r_0-r}{a}$,代入式(2.3.1),得

$$V = K \cdot \frac{(r_0 - r) \cdot r^4}{a} = k(r_0 - r) \cdot r^4 \tag{2.3.3}$$

式中: $k=\dfrac{K}{a}$为常数。

这样咳嗽问题就转化为我们熟悉的数学中求最大值、最小值的问题了。

2.3.3 模型求解

下面从两个方面来回答: 较小半径的气管是促进还是阻碍空气在气管里的流动?

(1) 什么样的值使 V 最大?

由 $V'(r)=k(4r_0-5r) \cdot r^3$,得 $r=\dfrac{4}{5}r_0$。分析可知当 $r=\dfrac{4}{5}r_0$ 时,单位时间内流过气管的气体体积最大。

(2) 如果用 v 来表示流体在气管中流动的速度,显然

$$V = v \cdot \pi r^2$$

由式(2.3.3)得

$$v = \frac{V}{\pi r^2} = \frac{k}{\pi}(r_0 - r)r^2$$

由 $v'(r)=\dfrac{k}{\pi}(2r_0-3r) \cdot r$,得 $r=\dfrac{2}{3}r_0$。同样可知当 $r=\dfrac{2}{3}r_0$ 时,流动速度取得最大值。

2.3.4 模型讨论

从以上两个方面来看,咳嗽时的气管收缩(在一定范围内)有助于咳嗽,它促进气管内空气的流动,从而使气管中的脏物能尽快地被清除掉。

2.4　森林救火模型

森林失火了！消防站接到火警后,立即决定派消防队员前去救火。一般情况下,派往的队员越多,火被扑灭得越快,火灾所造成的损失越小,但是救援的开支就越大;相反,派往的队员越少,救援开支越少,但灭火时间越长,而且可能由于不能及时灭火而造成更大的损失,那么消防站应派出多少队员前去救火呢?

2.4.1　问题分析

如题中所述,森林救火问题与派出的消防队员的人数密切相关,应综合考虑森林损失费和救援费,以总费用最小为目标来确定派出的消防队员的人数。

救火的总费用由森林损失费和救援费两部分组成。损失费由森林被烧毁的面积大小决定,而烧毁面积与失火、灭火(指火被扑灭)的时间(即火灾持续的时间)有关,灭火时间又取决于参加灭火的消防队员人数,队员越多灭火越快。救援费除与队员人数有关外,也与灭火时间长短有关。救援费具体可分为两部分:一部分是灭火器材的消耗及消防队员的薪金等,与队员人数及灭火时间均有关;另一部分是运送队员和器材等一次性支出费用,只与队员人数有关。

设火灾发生时刻为 $t=0$,开始救火时刻为 $t=t_1$,灭火时刻为 $t=t_2$,t 时刻森林烧毁面积为 $B(t)$,则造成损失的森林烧毁面积为 $B(t_2)$,而$\frac{\mathrm{d}B}{\mathrm{d}t}$是森林被烧毁的速度,也表示了火势蔓延的程度。从火灾发生时刻开始到火被扑灭的过程中,被烧毁的森林的面积是不断扩大的,因而 $B(t)$ 应是时间 t 的单调非减的函数,即$\frac{\mathrm{d}B}{\mathrm{d}t}\geqslant 0(0\leqslant t\leqslant t_2)$。从火灾发生到消防队员到达并开始救火这段时间内,火势是越来越大的,即$\frac{\mathrm{d}^2B}{\mathrm{d}t^2}\geqslant 0(0\leqslant t\leqslant t_1)$。开始救火以后,如果队员灭火能力足够强,火势会越来越小,即$\frac{\mathrm{d}^2B}{\mathrm{d}t^2}\leqslant 0(t_1\leqslant t\leqslant t_2)$,并且当 $t=t_2$ 时,$\frac{\mathrm{d}B}{\mathrm{d}t}=0$。

在建立数学模型之前,需要对烧毁森林的损失费、救援费及火势蔓延程度$\frac{\mathrm{d}B}{\mathrm{d}t}$作出合理的假设。

2.4.2　模型假设

(1) 森林中树木分布均匀,而且火灾是在无风的条件下发生的。

(2) 损失费与森林烧毁面积 $B(t_2)$ 成正比,比例系数为 c_1,即烧毁单位面积的损失费为 c_1。

(3) 从失火到开始救火这段时间内,火势蔓延程度$\frac{\mathrm{d}B}{\mathrm{d}t}$与时间 t 成正比,比例系数为

β,称之为火势蔓延速度,即

$$\frac{\mathrm{d}B}{\mathrm{d}t}=\beta t(0\leqslant t\leqslant t_1)$$

(4) 派出消防队员 x 名,开始救火以后($t\geqslant t_1$),火势蔓延速度降为 $\beta-\lambda x$(线性化),其中 λ 可视为每个队员的平均灭火速度,且有 $\beta<\lambda x$,因为要扑灭森林大火,灭火速度必须大于火势蔓延速度,否则火势将难以控制。

(5) 每个消防队员单位时间救火费用(包括灭火器材料的消耗及消防队员的薪金等)为 c_2,救火时间为 t_2-t_1,于是每个队员的救火费用为 $c_2(t_2-t_1)$;每个队员的一次性支出费用(运送队员、器材等一次性支出)为 c_3。

对于假设(3)可做如下解释:由于森林中树木分布均匀,且火灾是在无风条件下发生的,因而火势可看作以失火点为中心,以均匀速度向四周呈圆形蔓延,因而蔓延半径 r 与时间 t 成正比,又因为烧毁面积 B 与 r^2 成正比,故 B 与 t^2 成正比,从而$\frac{\mathrm{d}B}{\mathrm{d}t}$与 t 成正比。

2.4.3 模型建立

总费用由森林损失费和救援费组成。由假设(2),森林损失费等于烧毁面积 $B(t_2)$ 与单位面积损失费 c_1 的乘积,即 $c_1B(t_2)$;由假设(5),救援费为 $c_2x(t_2-t_1)+c_3x$,因此,总费用为

$$C(x)=c_1B(t_2)+c_2x(t_2-t_1)+c_3x$$

由假设(3)和假设(4),火势蔓延速度$\frac{\mathrm{d}B}{\mathrm{d}t}$在 $0\leqslant t\leqslant t_1$ 内线性地增加,t_1 时刻消防队员到达并开始救火,此时火势用 b 表示,而后,在 $t_1\leqslant t\leqslant t_2$ 内,火势蔓延速度线性地减少(见图 2.5),即

$$\frac{\mathrm{d}B}{\mathrm{d}t}=\begin{cases}\beta t, & 0\leqslant t\leqslant t_1\\ (\lambda x-\beta)(t_2-t), & t_1\leqslant t\leqslant t_2\end{cases}$$

因而有 $b=\beta t_1$,$t_2-t_1=\frac{b}{\lambda x-\beta}$。烧毁面积为

$$B(t_2)=\int_0^{t_2}\frac{\mathrm{d}B}{\mathrm{d}t}\mathrm{d}t=\frac{1}{2}bt_2$$

恰为图 2.5 中三角形的面积。

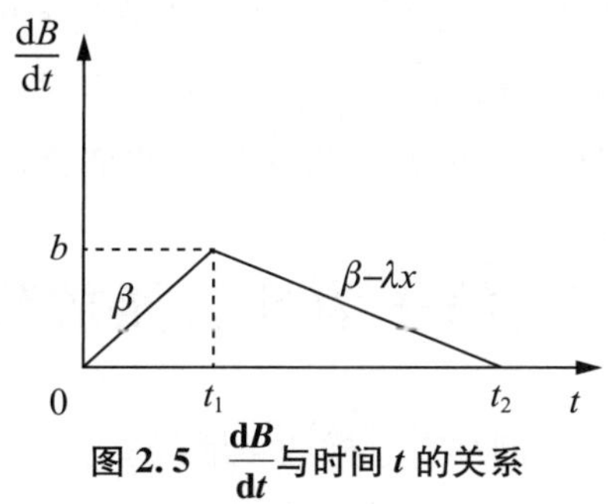

图 2.5　$\frac{\mathrm{d}B}{\mathrm{d}t}$与时间 t 的关系

由 b 的定义有 $b=\beta t_1=(\lambda x-\beta)(t_2-t_1)$,于是

$$t_2-t_1=\frac{b}{\lambda x-\beta},t_2=\frac{b}{\beta}+\frac{b}{\lambda x-\beta}$$

所以

$$C(x)=\frac{1}{2}bc_1\left(\frac{b}{\beta}+\frac{b}{\lambda x-\beta}\right)+c_2x\frac{b}{\lambda x-\beta}+c_3x$$

其中只有派出的消防队员的人数是未知的。

问题归结为如下的最优化问题：

$$\begin{cases}\min\limits_{x>0}C(x)\\ \text{s.t. }\lambda x-\beta>0\end{cases}$$

2.4.4 模型求解

这是一个函数极值问题。令$\frac{\mathrm{d}C}{\mathrm{d}x}=0$，容易解得

$$x=\sqrt{\frac{c_1\lambda b^2+2c_2\beta b}{2c_3\lambda^2}}+\frac{\beta}{\lambda}$$

2.4.5 模型分析与改进

（1）应派出的（最优）消防队员人数由两部分组成，其中$\frac{\beta}{\lambda}$是为了把火扑灭所必需的最低限度，因为β是火势蔓延速度，而λ是每个队员的平均灭火速度，同时也说明这个最优解满足约束条件，结果是合理的。

（2）派出的队员数的另一部分，即在最低限度基础之上的人数，与问题的各个参数有关。当队员平均灭火速度λ和救援费用系数c_3增大时，队员数减少；当火势蔓延速度β、开始救火时的火势b及损失费用系数c_1增加时，消防队员人数增加；当救援费用系数c_3增大时，队员人数也增大。

（3）改进方向：①取消树木分布均匀、无风这一假设，考虑更一般情况；②灭火速度是常数不尽合理，至少与开始救火时的火势有关；③对不同种类的森林发生火灾，派出的队员数应不同，虽然β（火势蔓延速度）能从某种程度上反映森林类型不同，但对β相同的两种森林，派出的队员也未必相同；④决定派出队员人数时，人们必然在森林损失费和救援费之间作权衡，可通过对两部分费用的权重来体现。

2.5 椅子为什么能放稳

我们都有这样的生活经验：把椅子往不平的地面上一放，通常只有三只脚着地，放不稳。但只要稍微挪动几次，就可以四脚着地放稳了。这是什么道理呢？

2.5.1 模型假设

为了能用数学语言说明这个问题,必须对椅子和地面作出一些合理的假设。

(1) 椅子的四条腿一样长,椅脚与地面接触处看作是一个点,四脚连线呈正方形。

(2) 地面高度是连续变化的,沿任何方向不会出现间断(如没有台阶等情况),即地面是数学上的连续曲面。

(3) 地面相对平坦,不会出现连续变化的深沟或凸峰,能够使椅子在任何位置上至少有三只脚同时着地。

这里的假设(1)是显然的,假设(2)给出了椅子可以放稳的条件,假设(3)则排除了三只脚无法同时着地的情况。下面就在这些假设的基础上建立椅子问题的数学模型。

2.5.2 模型建立

首先要解决的是如何用数学语言把问题的条件和结论表示出来。如图 2.6 所示,如果以 A、B、C、D 表示椅子的四只脚,以正方形 $ABCD$ 表示椅子的初始位置,则以原点为中心按逆时针将其旋转 θ 角所得到的正方形 $A'B'C'D'$ 就表示椅子位置的改变。换言之,椅子位置应该是角 θ 的函数;另一方面,可以以椅脚与地面的竖直距离是否为 0 作为衡量椅脚是否着地的标准,而椅子旋转就是在调整这一距离,因此该距离也应该是角 θ 的函数;注意到正方形的椅子腿是中心对称的,所以只要考虑两组对称的椅脚与地面的竖直距离就可以了。

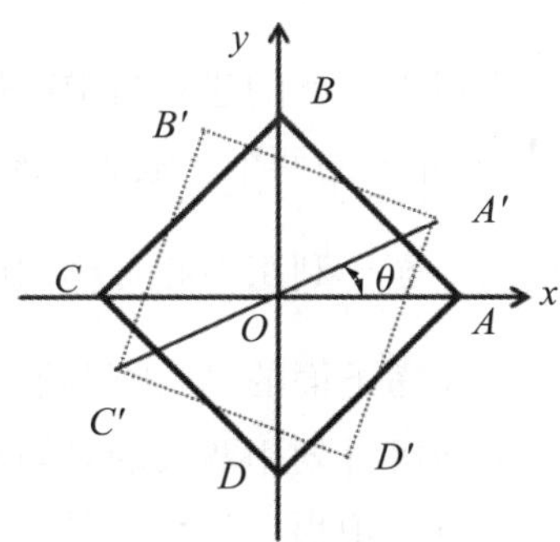

图 2.6　椅子位置改变示意

设 A、C 两脚与地面距离之和为 $f(\theta)$,B、D 两脚与地面距离之和为 $g(\theta)$,显然

$$f(\theta) \geqslant 0, g(\theta) \geqslant 0$$

且由假设(2)可知,$f(\theta)$、$g(\theta)$ 均为连续函数;由假设(3)可知,$f(\theta)$ 与 $g(\theta)$ 中至少有一个为 0,即对任意的 θ,$f(\theta) \cdot g(\theta)=0$。不妨设 $\theta=0$ 时,有

$$f(0) > 0, g(0) = 0$$

于是,改变椅子的位置使其四脚着地,就归结为证明下面的命题:

已知 $f(\theta)$、$g(\theta)$ 均为 θ 的连续函数,对任意的 θ,$f(\theta) \cdot g(\theta)=0$,且 $f(0)>0$、$g(0)=0$,证明至少存在一点 θ_0,可使 $f(\theta_0)=g(\theta_0)=0$。

2.5.3 模型求解

注意到将椅子旋转 $\frac{\pi}{2}$ 后对角线 AC 与 BD 交换,于是由 $f(0)>0$,$g(0)=0$ 知

$$f\left(\frac{\pi}{2}\right)=0, g\left(\frac{\pi}{2}\right)>0$$

设辅助函数 $H(\theta)=f(\theta)-g(\theta)$，则 $H(\theta)$ 在区间$\left[0,\frac{\pi}{2}\right]$上连续，且

$$H(0)=f(0)-g(0)>0, H\left(\frac{\pi}{2}\right)=f\left(\frac{\pi}{2}\right)-g\left(\frac{\pi}{2}\right)<0$$

故由零点定理可知，至少存在一点 $\theta_0\in\left(0,\frac{\pi}{2}\right)$，使得 $H(\theta_0)=0$，即 $f(\theta_0)=g(\theta_0)$；又因为对任意的 θ，$f(\theta)\cdot g(\theta)=0$，所以 $f(\theta_0)$ 与 $g(\theta_0)$ 中至少有一个为 0，故

$$f(\theta_0)=g(\theta_0)=0$$

2.5.4 模型分析与思考

由以上模型的建立与求解过程不难看出，解题的关键是选择了变量 θ 表示椅子的位置，以及用 θ 的两个函数表示椅脚与地面的距离，并且把问题的条件和结论翻译成了数学语言。至于利用中心对称和旋转$\frac{\pi}{2}$并不是本质的东西。

请思考下面的“爬山问题”，以作练习：

某游客计划用两天的时间游览泰山。第一天上午 7 点开始登山，边走边看，共用了 5 个小时到达山顶。第二天早晨看完日出后，于上午 7 点开始按原路下山，回到起点时也用了 5 个小时。试建立数学模型，证明在上、下山的过程中至少有一次是在同样的时刻经过同样的地点。

2.6 下雪时间的确定

2.6.1 案例 1

某地从上午开始均匀地下雪一直持续到天黑。从正午开始，一个扫雪队沿着公路清除前方的积雪，他们在前 2 h 清扫了 2 km 长的路面，但是在其后的 2 h 内只清扫了 1 km 长的路面。如果扫雪队在相等的时间里清除的雪量相等，试问雪是在什么时候开始下的呢？

从已知条件来看，显然扫雪队扫雪的速率是随着时间的推移越来越慢的，即扫雪的速率 v 可以看作是时刻 t 的函数 $v=v(t)$。由积分的物理意义可知，对作变速运动的物体来说，运动的路程可以表示为速度的积分，因而，只要确定了扫雪的速率，根据已知条件通过积分是不难列出方程求出下雪时间的。

假设扫雪队开始工作前已经下了 t_0(h)的雪，每小时降雪的厚度为 h(cm)，扫雪队每小时清除的雪量为 C(cm · km)，则单位时间清除的雪量 C 与午后 t 时刻积雪的厚度 $h(t+t_0)$ 之比所表示的就是 t 时刻扫雪的速率，即

$$\nu(t)=\frac{C}{h(t+t_0)}(\mathrm{km/h})$$

于是，由"前 2 h 清扫了 2 km 长的路面"可得

$$\int_0^2 \nu(t)\,\mathrm{d}t=\int_0^2 \frac{C}{h(t+t_0)}\mathrm{d}t=2$$

即

$$\frac{C}{h}\ln\frac{2+t_0}{t_0}=2 \tag{2.6.1}$$

而由"后 2 h 清扫了 1 km 长的路面"又可得

$$\int_2^4 \nu(t)\,\mathrm{d}t=\int_2^4 \frac{C}{h(t+t_0)}\mathrm{d}t=1$$

即

$$\frac{C}{h}\ln\frac{4+t_0}{2+t_0}=1 \tag{2.6.2}$$

把式(2.6.1)和式(2.6.2)联立起来，得

$$\ln\frac{2+t_0}{t_0}=2\ln\frac{4+t_0}{2+t_0}$$

即

$$\frac{2+t_0}{t_0}=\frac{(4+t_0)^2}{(2+t_0)^2}$$

解得 $t_0=-1\pm\sqrt{5}$，舍去 $t_0=-1-\sqrt{5}$，即得

$$t_0=\sqrt{5}-1\ \mathrm{h}\approx 1\ \mathrm{h}\ 14\ \mathrm{min}\ 10\ \mathrm{s}$$

从而开始下雪的时间大约是上午 10 时 45 分 50 秒。

2.6.2　案例 2

一个冬天的早晨开始以恒定的速度不停地下雪。一台扫雪机从上午 8 点开始在公路上扫雪，到 9 点前进了 2 km，到 10 点前进了 3 km。假定扫雪机每小时扫去积雪的体积

为常数,那么你知道是何时开始下雪的吗?

2.6.2.1 符号说明

$S(t)$:t 时刻扫雪机前进的距离;

h:每小时积雪的厚度;

V:扫雪机每小时扫去积雪的体积;

b:公路的宽度。

2.6.2.2 模型建立和求解

为了计算方便,假定开始扫雪的时间(上午 8 点)为 $t=0$,且在此以前已经下了 t_0(h)的雪。利用微元分析法可知,如果 t 至 $t+\mathrm{d}t$ 这段时间内扫雪机由 S 前进至 $S+\mathrm{d}S$,则在这段时间内扫雪的体积为 $V\cdot\mathrm{d}t$,而这个体积又可近似表示为从开始下雪到 t 时刻的积雪厚度 $(t_0+t)h$ 与积雪面积 $b\cdot\mathrm{d}S$ 的乘积,即

$$(t_0+t)h\cdot b\cdot\mathrm{d}S=V\cdot\mathrm{d}t$$

整理上式,可以得到如下的微分方程

$$\begin{cases}\dfrac{\mathrm{d}S}{\mathrm{d}t}=\dfrac{V}{bh(t_0+t)}\\ S|_{t=0}=0\end{cases}$$

不难求得此微分方程的解为

$$S=\frac{V}{bh}\ln\left(1+\frac{t}{t_0}\right) \tag{2.6.3}$$

为求 t_0,将另两个条件 $S|_{t=1}=2$ 及 $S|_{t=2}=3$ 代入式(2.6.3),可得

$$\begin{cases}2=\dfrac{V}{bh}\ln\left(1+\dfrac{1}{t_0}\right)\\ 3=\dfrac{V}{bh}\ln\left(1+\dfrac{2}{t_0}\right)\end{cases}$$

解此方程组,即可求出 $t_0=\dfrac{-1+\sqrt{5}}{2}$ h≈0.618 h,这也就是说,开始下雪的时间大约是早晨 7 点 23 分。

第3章 线性代数模型及案例

3.1 投入产出模型

在研究多个经济部门之间的投入产出关系时，W. Leontief 提出了投入产出模型。这为经济学研究提供了强有力的手段，W. Leontief 因此获得了 1973 年的诺贝尔经济学奖。

3.1.1 问题重述

某地有一座煤矿、一个发电厂和一条铁路。经成本核算，每生产价值 1 元的煤需消耗 0.3 元的电；把这 1 元的煤运出去需花费 0.2 元的运费；每生产 1 元的电需消耗 0.6 元的煤作燃料；运行电厂的辅助设备需消耗本身 0.1 元的电，还需要花费 0.1 元的运费；铁路局每提供 1 元运费的运输需消耗 0.5 元的煤，辅助设备要消耗 0.1 元的电。现煤矿接到外地 6 万元煤的订货，电厂有 10 万元电的外地需求，问：煤矿和电厂各生产多少才能满足需求？

3.1.2 模型假设

假设不考虑价格变动等其他因素。

3.1.3 模型建立

设煤矿、电厂、铁路分别产出 x 元、y 元、z 元刚好满足需求，则消耗与产出情况见表 3.1。

表 3.1　消耗与产出情况　　单位：元

类型	每产出 1 元消耗			产出	消耗	订单
	煤	电	运			
煤	0.0	0.6	0.5	x	$0.6y+0.5z$	60 000

表3.1(续表)

类型	每产出1元消耗			产出	消耗	订单
	煤	电	运			
电	0.3	0.1	0.1	y	$0.3x+0.1y+0.1z$	100 000
运	0.2	0.1	0.0	z	$0.2x+0.1y$	0

根据需求,应该有

$$\begin{cases} x-(0.6y+0.5z)=60\,000 \\ y-(0.3x+0.1y+0.1z)=100\,000 \\ z-(0.2x+0.1y)=0 \end{cases}$$

即

$$\begin{cases} x-0.6y-0.5z=60\,000 \\ -0.3x+0.9y-0.1z=100\,000 \\ -0.2x-0.1y+z=0 \end{cases}$$

3.1.4 模型求解

在 MATLAB 命令窗口输入以下命令:

```
≫A=[1,-0.6,-0.5;-0.3,0.9,-0.1;-0.2,-0.1,1];b=[60000;100000;0];
≫x=A\b
```

MATLAB 执行后得

```
x=
  1.0e+005 *
    1.9966
    1.8415
    0.5835
```

可见煤矿要生产 $1.996\,6\times10^5$ 元的煤,电厂要生产 $1.841\,5\times10^5$ 元的电才能恰好满足需求。

3.1.5 模型分析

令 $\boldsymbol{x}=\begin{pmatrix} x \\ y \\ z \end{pmatrix}$,$\boldsymbol{A}=\begin{pmatrix} 0 & 0.6 & 0.5 \\ 0.3 & 0.1 & 0.1 \\ 0.2 & 0.1 & 0 \end{pmatrix}$,$\boldsymbol{b}=\begin{pmatrix} 60\,000 \\ 100\,000 \\ 0 \end{pmatrix}$,其中 $\boldsymbol{x}$ 称为总产值列向量,$\boldsymbol{A}$ 称为消耗系数矩阵,$\boldsymbol{b}$ 称为最终产品向量,则

$$\boldsymbol{Ax}=\begin{pmatrix}0 & 0.6 & 0.5\\0.3 & 0.1 & 0.1\\0.2 & 0.1 & 0\end{pmatrix}\begin{pmatrix}x\\y\\z\end{pmatrix}=\begin{pmatrix}0.6y+0.5z\\0.3x+0.1y+0.1z\\0.2x+0.1y\end{pmatrix}$$

根据需求,应该有 $\boldsymbol{x}-\boldsymbol{Ax}=\boldsymbol{b}$,即 $(\boldsymbol{E}-\boldsymbol{A})\boldsymbol{x}=\boldsymbol{b}$,故 $\boldsymbol{x}=(\boldsymbol{E}-\boldsymbol{A})^{-1}\boldsymbol{b}$。

3.2 交通网络流量模型

城市道路网中每条道路、每个交叉路口的车流量调查是分析、评价及改善城市交通状况的基础。根据实际车流量信息可以设计流量控制方案,必要时设置单行线,以免大量车辆长时间拥堵。

3.2.1 模型准备

某城市单行线车流量如图 3.1 所示,其中的数字表示该路段每小时按箭头方向行驶的车流量(辆)。

(1) 建立确定每条道路流量的线性方程组。

(2) 为了唯一确定未知流量,还需要增添哪几条道路的流量统计?

(3) 当 $x_4=350$ 时,确定 x_1、x_2、x_3 的值。

(4) 若 $x_4=200$,则单行线应该如何改动才合理?

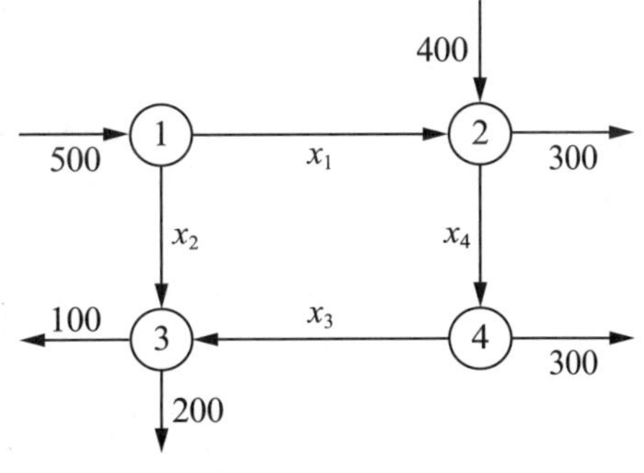

图 3.1 某城市单行线车流量

3.2.2 模型假设

(1) 每条道路都是单行线。

(2) 每个交叉路口进入和离开的车辆数目相等。

3.2.3 模型建立

根据图 3.1 和上述假设,①、②、③、④四个路口进出车辆数目分别满足

$$\begin{cases}500=x_1+x_2\\400+x_1=x_4+300\\x_2+x_3=100+200\\x_4=x_3+300\end{cases}$$

3.2.4 模型求解

根据上述等式可得如下线性方程组

$$\begin{cases} x_1 + x_2 = 500 \\ x_1 - x_4 = -100 \\ x_2 + x_3 = 300 \\ -x_3 + x_4 = 300 \end{cases}$$

其增广矩阵

$$(\boldsymbol{A},\boldsymbol{b}) = \begin{pmatrix} 1 & 1 & 0 & 0 & 500 \\ 1 & 0 & 0 & -1 & -100 \\ 0 & 1 & 1 & 0 & 300 \\ 0 & 0 & -1 & 1 & 300 \end{pmatrix} \xrightarrow{\text{初等行变换}} \begin{pmatrix} 1 & 0 & 0 & -1 & -100 \\ 0 & 1 & 0 & 1 & 600 \\ 0 & 0 & 1 & -1 & -300 \\ 0 & 0 & 0 & 0 & 0 \end{pmatrix}$$

由此可得

$$\begin{cases} x_1 - x_4 = -100 \\ x_2 + x_4 = 600 \\ x_3 - x_4 = -300 \end{cases}$$

即

$$\begin{cases} x_1 = x_4 - 100 \\ x_2 = -x_4 + 600 \\ x_3 = x_4 - 300 \end{cases}$$

为了唯一确定未知流量，只要增添 x_4 统计的值即可。

当 $x_4=350$ 时，确定 $x_1=250, x_2=250, x_3=50$。

若 $x_4=200$，则 $x_1=100, x_2=400, x_3=-100<0$。这表明单行线“③←④”应该改为“③→④”才合理。

3.2.5 模型分析

（1）由 $(\boldsymbol{A},\boldsymbol{b})$ 的行最简形可见，上述方程组中的最后一个方程是多余的，这意味着最后一个方程中的数据“300”可以不用统计。

（2）由 $\begin{cases} x_1=x_4-100 \\ x_2=-x_4+600 \\ x_3=x_4-300 \end{cases}$ 可得 $\begin{cases} x_2=-x_1+500 \\ x_3=x_1-200 \\ x_4=x_1+100 \end{cases}$，$\begin{cases} x_1=-x_2+500 \\ x_3=-x_2+300 \\ x_4=-x_2+600 \end{cases}$，$\begin{cases} x_1=x_3+200 \\ x_2=-x_3+300 \\ x_4=x_3+300 \end{cases}$，这意味着 x_1、x_2、x_3、x_4 这 4 个未知量中，任意 1 个未知量的值统计出来之后都可以确定其他 3 个未知量的值。

3.3 人口迁徙模型

对城乡人口流动做年度调查，发现有一个稳定的朝向城镇流动的趋势：每年农村居民的 2.5%移居城镇，而城镇居民的 1%迁出。现在总人口的 60%位于城镇，假如城乡总人口保持不变，并且人口流动的趋势继续下去，那么 1 年以后住在城镇的人口所占比例是多少？2 年以后呢？10 年以后呢？最终呢？

3.3.1　模型分析

设开始时，乡村人口为 y_0，城镇人口为 z_0，一年以后有
乡村人口

$$\frac{975}{1\,000}y_0+\frac{1}{100}z_0=y_1$$

城镇人口

$$\frac{25}{1\,000}y_0+\frac{99}{100}z_0=z_1$$

或写成矩阵形式

$$\begin{pmatrix}y_1\\z_1\end{pmatrix}=\begin{pmatrix}\frac{975}{1\,000}&\frac{1}{100}\\\frac{25}{1\,000}&\frac{99}{100}\end{pmatrix}\begin{pmatrix}y_0\\z_0\end{pmatrix}$$

两年以后有

$$\begin{pmatrix}y_2\\z_2\end{pmatrix}=\begin{pmatrix}\frac{975}{1\,000}&\frac{1}{100}\\\frac{25}{1\,000}&\frac{99}{100}\end{pmatrix}\begin{pmatrix}y_1\\z_1\end{pmatrix}=\begin{pmatrix}\frac{975}{1\,000}&\frac{1}{100}\\\frac{25}{1\,000}&\frac{99}{100}\end{pmatrix}^2\begin{pmatrix}y_0\\z_0\end{pmatrix}$$

10 年以后有

$$\begin{pmatrix}y_{10}\\z_{10}\end{pmatrix}=\begin{pmatrix}\frac{975}{1\,000}&\frac{1}{100}\\\frac{25}{1\,000}&\frac{99}{100}\end{pmatrix}^{10}\begin{pmatrix}y_0\\z_0\end{pmatrix}$$

3.3.2　模型建立和求解

通过分析，可以给出一个人口迁徙方程：$u_{k+1}=\boldsymbol{A}u_k$。下面利用线性代数的知识来解这个方程。首先

$$A = \begin{pmatrix} \frac{975}{1\,000} & \frac{1}{100} \\ \frac{25}{1\,000} & \frac{99}{100} \end{pmatrix}$$

k 年之后的分布(将 $\boldsymbol{A}$ 对角化)

$$\begin{pmatrix} y_k \\ z_k \end{pmatrix} = \boldsymbol{A}^k \begin{pmatrix} y_0 \\ z_0 \end{pmatrix} = \begin{pmatrix} -1 & \frac{2}{5} \\ 1 & 1 \end{pmatrix} \begin{pmatrix} \left(\frac{193}{200}\right)^k & 0 \\ 0 & 1 \end{pmatrix} \begin{pmatrix} -\frac{5}{7} & \frac{2}{7} \\ \frac{5}{7} & \frac{5}{7} \end{pmatrix} \begin{pmatrix} y_0 \\ z_0 \end{pmatrix}$$

这就是所要的解,而且容易看出经过很长一个时期以后此解会达到一个极限状态

$$\begin{pmatrix} y_\infty \\ z_\infty \end{pmatrix} = (y_0 + z_0) \begin{pmatrix} \frac{2}{7} \\ \frac{5}{7} \end{pmatrix}$$

总人口仍是 y_0+z_0,与开始时一样,但在此极限中人口的$\frac{5}{7}$住在城镇,而$\frac{2}{7}$住在乡村。无论初始分布如何,这总是成立的。值得注意这个稳定状态正是 $\boldsymbol{A}$ 的属于特征值 1 的特征向量。

3.3.3 模型分析

矩阵每一列加起来为 1,每个人都被计算在内,没有重复或遗漏。矩阵没有负元素,且 y_0 和 z_0 也是非负的,从而 y_1 和 z_1、y_2 和 z_2 等也是非负的。由此可以得出一些结论,如人口总数保持不变,乡村和城镇的人口数绝不能为负等。

3.4 植物基因的分布

为了揭示生命的奥秘,遗传学的研究已广泛引起人们的兴趣。动植物在产生下一代的过程中,总是将自己的特征遗传给下一代,从而完成一种"生命的延续"。

在常染色体遗传中,后代从每个亲体的基因对中各继承一个基因,形成自己的基因对。人类眼睛颜色是通过常染色体控制的,其特征遗传由两个基因 A 和 a 控制。基因对是 AA 和 Aa 的人,眼睛为棕色,基因对是 aa 的人,眼睛为蓝色。由于 AA 和 Aa 都表示了同一外部特征,或认为基因 A 支配 a,也可认为基因 a 对于基因 A 来说是隐性的(或称 A 为显性基因,a 为隐性基因)。

下面选取一个常染色体遗传——植物后代问题进行讨论。

某植物园中植物的基因型为AA、Aa、aa，人们计划用AA型植物与每种基因型植物相结合的方案培育植物后代。经过若干年后，这种植物后代的三种基因型分布将出现什么情形？

假设 $a_n,b_n,c_n(n=0,1,2,\cdots)$ 分别代表第 n 代植物中，基因型为AA、Aa和aa的植物占植物总数的百分率，令 $x^{(n)}=(a_n,b_n,c_n)'$ 为第 n 代植物的基因分布，$x^{(0)}=(a_0,b_0,c_0)'$ 表示植物基因型的初始分布，显然，有

$$a_0+b_0+c_0=1 \tag{3.4.1}$$

先考虑第 n 代中的AA型，第 $n-1$ 代AA型与AA型相结合，后代全部是AA型；第 $n-1$ 代的Aa型与AA型相结合，后代是AA型的可能性为 $\frac{1}{2}$；$n-1$ 代的aa型与AA型相结合，后代不可能是AA型。因此，有

$$a_n=1\cdot a_{n-1}+\frac{1}{2}b_{n-1}+0\cdot c_{n-1} \tag{3.4.2}$$

同理，有

$$b_n=\frac{1}{2}b_{n-1}+c_{n-1} \tag{3.4.3}$$

$$c_n=0 \tag{3.4.4}$$

将式(3.4.2)、式(3.4.3)、式(3.4.4)相加，得

$$a_n+b_n+c_n=a_{n-1}+b_{n-1}+c_{n-1} \tag{3.4.5}$$

将式(3.4.5)递推，并利用式(3.4.1)，易得

$$a_n+b_n+c_n=1$$

利用矩阵表示式(3.4.2)、式(3.4.3)及式(3.4.4)，即

$$x^{(n)}=\boldsymbol{M}x^{(n-1)},\quad n=1,2,\cdots \tag{3.4.6}$$

其中

$$\boldsymbol{M}=\begin{pmatrix}1 & \frac{1}{2} & 0\\ 0 & \frac{1}{2} & 1\\ 0 & 0 & 0\end{pmatrix}$$

于是式(3.4.6)递推得到

$$x^{(n)}=\boldsymbol{M}x^{(n-1)}=\boldsymbol{M}^2x^{(n-1)}=\cdots=\boldsymbol{M}^nx^{(0)} \tag{3.4.7}$$

式(3.4.7)即为第 n 代基因分布与初始分布的关系。下面计算 $\boldsymbol{M}^n$。

对矩阵 $\boldsymbol{M}$ 做相似变换,我们可找到非奇异矩阵 $\boldsymbol{P}$ 和对角阵 $\boldsymbol{D}$,使

$$\boldsymbol{M}=\boldsymbol{PDP}^{-1}$$

其中

$$\boldsymbol{D}=\begin{pmatrix}1 & 0 & 0\\ 0 & \frac{1}{2} & 1\\ 0 & 0 & 0\end{pmatrix},\boldsymbol{P}=\boldsymbol{P}^{-1}=\begin{pmatrix}1 & 1 & 1\\ 0 & -1 & -2\\ 0 & 0 & 1\end{pmatrix}$$

经式(3.4.7)得到

$$x^{(n)}=(\boldsymbol{PDP}^{-1})^n x^{(0)}=PD^nP^{(-1)}x^{(0)}=\begin{pmatrix}1 & 1 & 1\\ 0 & -1 & -2\\ 0 & 0 & 1\end{pmatrix}\begin{pmatrix}1 & 0 & 0\\ 0 & \left(\frac{1}{2}\right)^n & 0\\ 0 & 0 & 0\end{pmatrix}\begin{pmatrix}1 & 1 & 1\\ 0 & -1 & -2\\ 0 & 0 & 1\end{pmatrix}\begin{pmatrix}a_0\\ b_0\\ c_0\end{pmatrix}$$

$$=\begin{pmatrix}a_0+b_0+c_0-\frac{1}{2^n}b_0-\frac{1}{2^{n-1}}c_0\\ \frac{1}{2^n}b_0+\frac{1}{2^{n-1}}c_0\\ 0\end{pmatrix}$$

最终有

$$\begin{cases}a_n=1-\frac{1}{2^n}b_0-\frac{1}{2^{n-1}}c_0\\ b_n=\frac{1}{2^n}b_0+\frac{1}{2^{n-1}}c_0\\ c_n=0\end{cases}\tag{3.4.8}$$

显然,当 $n\to+\infty$ 时,由式(3.4.8)得到

$$a_n\to 1,b_n\to 0,c_n\to 0$$

即在足够长的时间后,培育出的植物基本上呈现 AA 型。

通过本问题的讨论,可以对许多植物(动物)遗传分布有一个具体的了解,同时这个结果也验证了生物学中的一个重要结论:显性基因多次遗传后占主导地位,这也是称其为显性的原因。

3.5　密码的编制

密码法是信息编码与解码的技巧,其中的一种是基于线性变换(或可逆矩阵)的方法。比如,先在26个英文字母与数字间建立起一一对应关系,见图3.2。

$$\begin{matrix} A & B & C & \cdots & X & Y & Z \\ \updownarrow & \updownarrow & \updownarrow & \cdots & \updownarrow & \updownarrow & \updownarrow \\ 1 & 2 & 3 & \cdots & 24 & 25 & 26 \end{matrix}$$

图3.2　26个英文字母与数字的对应关系

(1) 若要使用上述代码发出信息action,则此信息的编码是:1、3、20、9、15、14。可以写成两个向量$\boldsymbol{b}_1=\begin{pmatrix}1\\3\\20\end{pmatrix}$,$\boldsymbol{b}_2=\begin{pmatrix}9\\15\\14\end{pmatrix}$,或者写成一个矩阵$\boldsymbol{B}=\begin{pmatrix}1 & 9\\3 & 15\\20 & 14\end{pmatrix}$。

现任选一个三阶的可逆矩阵,例如

$$\boldsymbol{A}=\begin{pmatrix}1 & 2 & 3\\1 & 1 & 2\\0 & 1 & 2\end{pmatrix}$$

于是,将要发出的信息向量(或矩阵)经乘以$\boldsymbol{A}$变成“密码”后发出

$$\boldsymbol{A}\boldsymbol{b}_1=\begin{pmatrix}1 & 2 & 3\\1 & 1 & 2\\0 & 1 & 2\end{pmatrix}\begin{pmatrix}1\\3\\20\end{pmatrix}=\begin{pmatrix}67\\44\\43\end{pmatrix},\boldsymbol{A}\boldsymbol{b}_2=\begin{pmatrix}1 & 2 & 3\\1 & 1 & 2\\0 & 1 & 2\end{pmatrix}\begin{pmatrix}9\\15\\14\end{pmatrix}=\begin{pmatrix}81\\52\\43\end{pmatrix}$$

或者

$$\boldsymbol{A}\boldsymbol{B}=\begin{pmatrix}1 & 2 & 3\\1 & 1 & 2\\0 & 1 & 2\end{pmatrix}\begin{pmatrix}1 & 9\\3 & 15\\20 & 14\end{pmatrix}=\begin{pmatrix}67 & 81\\44 & 52\\43 & 43\end{pmatrix}$$

在收到信息$\begin{pmatrix}67 & 81\\44 & 52\\43 & 43\end{pmatrix}$后,可予以解码(当然这里选定的矩阵$\boldsymbol{A}$是约定的,这个可逆矩阵$\boldsymbol{A}$称为解密的钥匙,或者称为“密钥”),即用$\boldsymbol{A}$的逆矩阵

$$\boldsymbol{A}^{-1}=\begin{pmatrix}0 & 1 & -1\\2 & -2 & -1\\-1 & 1 & 1\end{pmatrix}$$

从密码中恢复明码

$$A^{-1}\begin{pmatrix}67\\44\\43\end{pmatrix}=\begin{pmatrix}0&1&-1\\2&-2&-1\\-1&1&1\end{pmatrix}\begin{pmatrix}67\\44\\43\end{pmatrix}=\begin{pmatrix}1\\3\\20\end{pmatrix},A^{-1}\begin{pmatrix}81\\52\\43\end{pmatrix}=\begin{pmatrix}9\\15\\14\end{pmatrix}$$

或者
$$A^{-1}\begin{pmatrix}67&81\\44&52\\43&43\end{pmatrix}=\begin{pmatrix}0&1&-1\\2&-2&-1\\-1&1&1\end{pmatrix}\begin{pmatrix}67&81\\44&52\\43&43\end{pmatrix}=\begin{pmatrix}1&9\\3&15\\20&14\end{pmatrix}$$

反过来查图 3.2 所表示的英文字母与数字的对应关系，即可得到信息 action。

（2）如将要传递的明文 Hill on Tuesday 包括两个空格（用 0 对应）分为 5 组，每组 3 个字母，所以明文是一个 5×3 矩阵

$$M=\begin{pmatrix}8&9&12\\12&0&15\\14&0&20\\21&5&19\\4&1&25\end{pmatrix}$$

已知加密矩阵

$$K=\begin{pmatrix}-1&0&1\\1&-1&1\\1&1&0\end{pmatrix}$$

加密算法为

$$MK=\begin{pmatrix}8&9&12\\12&0&15\\14&0&20\\21&5&19\\4&1&25\end{pmatrix}\begin{pmatrix}-1&0&1\\1&-1&1\\1&1&0\end{pmatrix}=\begin{pmatrix}13&3&17\\3&15&12\\6&20&14\\3&14&26\\22&24&5\end{pmatrix}$$

得到密文：mcqcolftncnzvxe。

当然要用加密矩阵 K 的逆矩阵 $K^{-1}=\frac{1}{3}\begin{pmatrix}-1&1&1\\1&-1&2\\2&1&1\end{pmatrix}$ 进行解密。

由于 M 是 3 列矩阵，这里要求 K 是 3 阶可逆矩阵，并且矩阵 $M\cdot K$ 的每一个元素不超过 26 且非负，如果 $M\cdot K$ 的元素大于 26，可以取为关于 26 同余数，不过这时的结果不是一一对应的，而且为解密带来了一定的困难。

3.6　循环比赛的名次模型

矩阵是线性代数的主要内容,也是线性代数中解决问题的主要工具。许多实际应用问题可以用矩阵来描述,通过矩阵的运算来解决应用问题。

3.6.1　案例 1

若有 5 支球队进行单循环赛,已知它们的比赛结果为:1 队胜 2、3 队,2 队胜 3、4、5 队,4 队胜 1、3、5 队,5 队胜 1、3 队。按获胜的次数排名次,若两队胜的次数相同,则按直接胜与间接胜的次数之和排名次。所谓间接胜,即若 1 队胜 2 队,2 队胜 3 队,则称 1 队间接胜 3 队。试为这 5 个队排名次。

按照上述排名次的原则,不难排出 2 队为冠军,4 队为亚军,1 队第 3 名,5 队第 4 名,3 队垫底。问题是:如果参加比赛的队数比较多,应如何解决这个问题?有没有解决这类问题的一般方法?

可以用邻接矩阵 $\boldsymbol{M}$ 来表示各队直接胜的情况:$\boldsymbol{M}=(m_{ij})_{5\times5}$,若第 i 队胜第 j 队,则 $m_{ij}=1$,否则 $m_{ij}=0(i,j=1,2,3,4,5)$。由此可得

$$\boldsymbol{M}=\begin{pmatrix}0&1&1&0&0\\0&0&1&1&1\\0&0&0&0&0\\1&0&1&0&1\\1&0&1&0&0\end{pmatrix}$$

$$\boldsymbol{M}^2=\begin{pmatrix}0&1&1&0&0\\0&0&1&1&1\\0&0&0&0&0\\1&0&1&0&1\\1&0&1&0&0\end{pmatrix}\begin{pmatrix}0&1&1&0&0\\0&0&1&1&1\\0&0&0&0&0\\1&0&1&0&1\\1&0&1&0&0\end{pmatrix}=\begin{pmatrix}0&0&1&1&1\\2&0&2&0&1\\0&0&0&0&0\\1&1&2&0&0\\0&1&1&0&0\end{pmatrix}$$

$\boldsymbol{M}$ 中各行元素之和分别为各队直接胜的次数,$\boldsymbol{M}^2$ 中各行元素之和分别为各队间接胜的次数。那么

$$\boldsymbol{M}+\boldsymbol{M}^2=\begin{pmatrix}0&1&2&1&1\\2&0&3&1&2\\0&0&0&0&0\\2&1&3&0&1\\1&1&2&0&0\end{pmatrix}$$

各行元素之和分别为 5、8、0、7、4，就是各队直接胜与间接胜的次数之和。由此可得：比赛的名次依次为 2 队、4 队、1 队、5 队、3 队。如果参赛的队数很多，用这种方法计算会很复杂，甚至无法得出确定的结论，这时可以根据非负矩阵的最大特征值与其对应的特征向量的性质来确定排序问题。在 MATLAB 中输入命令：

```
M=[0,1,1,0,0;0,0,1,1,1;0,0,0,0,0;1,0,1,0,1;1,0,1,0,0]
[X,Q]=eig(M)
```

可以求得 $\boldsymbol{M}$ 的最大特征值 $\lambda=1.3953$，对应的经过归一化的特征向量为 $\boldsymbol{W}=(0.2303,0.3213,0,0.2833,0.1650)^{\mathrm{T}}$，将这个特征向量的各个分量按照从大到小的顺序排序，所以 5 个球队按照名次的排序依次为 2 队、4 队、1 队、5 队、3 队。

3.6.2 案例 2

若有 5 个球队进行单循环比赛，其结果是：1 队胜 3、4 队，2 队胜 1、3、5 队，3 队胜 4 队，4 队胜 2 队，5 队胜 1、3、4 队。按直接胜与间接胜次数之和排名次。

用以表示各个队直接胜和间接胜情况的邻接矩阵分别为

$$\boldsymbol{M}=\begin{pmatrix}0&0&1&1&0\\1&0&1&0&1\\0&0&0&1&0\\0&1&0&0&0\\1&0&1&1&0\end{pmatrix},\boldsymbol{M}^2=\begin{pmatrix}0&1&0&1&0\\1&0&2&3&0\\0&1&0&0&0\\1&0&1&0&1\\0&1&1&2&0\end{pmatrix},\boldsymbol{M}+\boldsymbol{M}^2=\begin{pmatrix}0&1&1&2&0\\2&0&3&3&1\\0&1&0&1&0\\1&1&1&0&1\\1&1&2&3&0\end{pmatrix}$$

那么，$\boldsymbol{M}+\boldsymbol{M}^2$ 各行元素之和分别为 4、9、2、4、7，所以各队的名次为：第 1 名为 2 队，第 2 名为 5 队，第 3 名为 1、4 队(并列)，第 5 名为 3 队。1 队和 4 队无法确定顺序，是否一定并列呢？还要再计算 $\boldsymbol{M}^3$、$\boldsymbol{M}^4$……

如果用 MATLAB 计算，输入命令：

```
M=[0,0,1,1,0;1,0,1,0,1;0,0,0,1,0;0,1,0,0,0;1,0,1,1,0]
[X,Q]=eig(M)
```

可以求得 $\boldsymbol{M}$ 的最大特征值 $\lambda=1.7194$，对应的经过归一化的特征向量为 $\boldsymbol{W}=(0.1621,0.3029,0.1025,0.1762,0.2563)^{\mathrm{T}}$，所以各队的名次为：第 1 名为 2 队，第 2 名为 5 队，第 3 名为 4 队，第 4 名为 1 队，第 5 名为 3 队，1 队与 4 队不是并列。这样排序才是最准确的。

在本模型中，根据循环比赛的邻接矩阵，利用不可分矩阵的最大特征值及其对应的特征向量的性质，循环比赛的名次排序是非常合理的。应用 MATLAB 计算矩阵的最大特征值及其特征向量是非常方便的。

第4章 概率统计模型及案例

4.1 两个有趣的概率模型

4.1.1 生日问题

4.1.1.1 问题重述

小王和小张是好朋友,高中毕业后考入了同一所大学的不同专业,即在不同的班级。有一天,两人见面聊起来,小王问小张:"你们班有多少位同学?"

"44 位",小张回答。

"准有两位同学的生日在同一天。"小王说。

"你怎么知道的?"小张奇怪地问。

"我能未卜先知。不信,你去调查一下。"小王卖开了关子。

小张将信将疑,还真的去问了全班每个同学的生日,果然有两位同学的生日在同一天。小张想,一年有 365 天,如果一个班级有 366 位同学,根据鸽巢原理(或抽屉原理),至少有两位同学的生日在同一天;可我们班级只有 44 位同学,怎么这么巧有两人的生日在同一天呢? 他把这个疑问告诉了小王,小王说:"我们只要计算一下你们班至少两位同学的生日在同一天的概率,你就不会感到奇怪了。"

4.1.1.2 问题分析

设 A 表示"该班至少有两个人的生日在同一天",则 44 位同学的生日一共有 365^{44} 种不同的情况,如果用古典概型直接计算比较复杂,事件 A 应包括: 恰有 2 人生日相同;恰有 3 人生日相同;恰有 4 人生日相同(包括 4 人生日全部相同和两人生日同另外两人生日相同);……;44 人的生日都相同。事件 A 的概率几乎无法直接计算,如果考虑事件 A 的对立事件,$\overline{A}$ 表示"该班任何两位同学的生日都不相同",则一共有 P_{365}^{44} 种不同的情况,因此

$P(\bar{A})=\dfrac{365\times364\times\cdots\times322}{365^{44}}=0.067\ 146$。所以,该班级中至少有两位同学生日相同的概率为 $P(A)=1-P(\bar{A})=0.932\ 854$。概率如此之大,有两位同学的生日在同一天就不足为奇了!

4.1.1.3 模型建立与求解

在一个有 m 个人的群体里,至少两人的生日在同一天的可能性为 $p=1-\dfrac{P_{365}^{m}}{365^{m}}$。表 4.1 列出了不同 m 下的概率值 p。

表 4.1 m 个人中至少两人生日相同的概率

m	10	15	20	25	30	35	40	45	50	55	60
p	0.117	0.253	0.411	0.569	0.706	0.814	0.891	0.941	0.970	0.986	0.994

4.1.1.4 结果分析与说明

我们很难想到,一个班级 60 位同学,至少有两人的生日在同一天的概率竟超过 99%;而他们的生日全不相同,这个被认为最有可能发生的事,反而是百里挑一的稀罕事!真是“不说不知道,一说吓一跳”。随机事件经常结伴出现,这就为大自然利用较少材料产生各种效应提供了保证,所以这个世界总是热闹非凡的。

通过古典概型概率的计算,可以发现一些常见的随机事件发生概率的规律。此算法可以推广到解决质量控制、可靠性等相关的问题。

4.1.2 配对问题

4.1.2.1 问题重述

班里准备举办一次联欢活动,小刘提议每人带上一件小礼物,放在一起,用抽签的方式各取回一件作为纪念。这一提议立即引起了大家的兴趣,多数同学都认为这个想法有新意。可也有人提出疑问:这样抽签是否大多数人又把自己带去的礼物抽回去了呢?

4.1.2.2 问题分析

这是一个较有名的数学问题,早在 1708 年就由法国数学家蒙特莫特提出过,因此又称为“蒙特莫特问题”或“配对问题”。即如果有 n 个人参加这一项活动,至少有 1 个人取回自己所带礼物的概率,以及平均有多少人会取回自己所带的礼物。

4.1.2.3 模型建立与求解

记 A_i=“第 i 个人取回自己所带的礼物”$(i=1,2,\cdots,n)$,则

$$A_1\cup A_2\cup\cdots\cup A_n=\bigcup_{i=1}^{n}A_i=\text{“}n\text{ 个人中至少一人取回自己所带的礼物”}$$

由概率的加法公式与乘法公式有

$$P(\bigcup_{i=1}^{n} A_i) = \sum_{i=1}^{n} P(A_i) - \sum_{1\leqslant i<j\leqslant n} P(A_iA_j) + \sum_{1\leqslant i<j<k\leqslant n} P(A_iA_jA_k) + \cdots + (-1)^{n-1}P(A_1A_2\cdots A_n)$$

$$= \sum_{i=1}^{n} P(A_i) - \sum_{1\leqslant i<j\leqslant n} P(A_i)P(A_j \mid A_i) + \sum_{1\leqslant i<j<k\leqslant n} P(A_i)(A_j \mid A_i)P(A_k \mid A_iA_j) + \cdots$$

$$+(-1)^{n-1}P(A_1)P(A_2 \mid A_1)P(A_3 \mid A_1A_2)\cdots P(A \mid A_1A_2\cdots A_{n-1})$$

$$= C_n^1 \cdot \frac{1}{n} - C_n^2 \cdot \frac{1}{n} \cdot \frac{1}{n-1} - \cdots + (-1)^{n-1}C_n^n \cdot \frac{1}{n} \cdot \frac{1}{n-1} \cdot \frac{1}{n-2} \cdot \cdots \cdot \frac{1}{1}$$

$$= 1 - \frac{1}{2!} + \frac{1}{3!} - \cdots + (-1)^{n-1}\frac{1}{n!} \tag{4.1.1}$$

根据 e^x 的幂级数展开式 $e^x = \sum_{n=0}^{+\infty} \frac{x^n}{n!}$，将 $x=-1$ 代入，得

$$e^{-1} = 1 - 1 + \frac{1}{2!} - \frac{1}{3!} + \cdots + (-1)^n \frac{1}{n!} + \cdots$$

所以

$$1 - e^{-1} = 1 - \frac{1}{2!} + \frac{1}{3!} - \cdots + (-1)^{n-1}\frac{1}{n!} + \cdots \tag{4.1.2}$$

比较式(4.1.1)与式(4.1.2)可知，当 n 较大时，至少有 1 个人取回自己所带礼物的概率约为

$$P(\bigcup_{i=1}^{n} A_i) = 1 - \frac{1}{2!} + \frac{1}{3!} - \cdots + (-1)^{n-1}\frac{1}{n!} \approx 1 - e^{-1} \approx 0.632\ 12\left(\text{误差不超过}\frac{1}{n!}\right)$$

再引入随机变量 $X_i = \begin{cases} 1, \text{第 } i \text{ 人取回自己所带的礼物} \\ 0, \text{第 } i \text{ 人未取回自己所带的礼物} \end{cases}$，$P\{X_i = 1\} = \frac{1}{n}$，$P\{X_i = 0\} = \frac{n-1}{n}$，那么 $E(X_i) = \frac{1}{n}(i = 1,2,\cdots,n)$。则 $X = \sum_{i=1}^{n} X_i$ 表示 n 个人中取回自己所带礼物的人数，根据数学期望的性质，得 $E(X) = \sum_{i=1}^{n} E(X_i) = 1$。

4.1.2.4　结果分析与说明

结果表明：用这种方式虽然可能有人抽回自己所带的礼物，但这 n(不论 n 多大)个人中平均只有 1 个人取回自己所带的礼物。因此，作为一项娱乐活动，小刘的提议得到了采纳。

4.2　足球门的危险区域

4.2.1　问题重述

在足球比赛中，球员在对方球门前不同的位置起脚射门对对方球门的威胁也不同。

在球门正前方射门对球门的威胁要大于在球门两侧射门;近距离射门对球门的威胁要大于远射。已知:标准球场长为 104 m,宽为 69 m;球门高为 2.44 m,宽为 7.32 m。

实际上,球员之间的基本素质存在一定差异,但对于职业球员来讲一般可以认为这种差别不大。另外,统计资料显示,射门时球的速度一般在 10 m/s 左右。建模研究下列问题:

(1) 针对球员在不同位置射门对球门的威胁度进行分析,得出危险区域。

(2) 在有 1 名守门员防守的情况下,对球员射门的威胁度和危险区域做进一步研究。

4.2.2 问题分析

要确定球门的危险区域,即球员射门最容易进球的区域。球员无论在哪个位置射门,都有进与不进两种可能,这本身就是一个随机事件,无非是在哪射门进球的可能性最大,即是最危险的区域。影响球员射门命中率的因素很多,其中最重要的两个因素是球员的基本素质(技术水平)和射门时的位置。对每一个球员来说,基本素质在短时间内是不可能改变的,因此,我们主要是在确定的条件下对射门位置进行分析研究,即针对同素质的球员在球场上任意一点射门时,研究其对球门的威胁程度。

某一球员在球门前某处向球门内某目标点射门时,该球员的素质和球员到目标点的距离决定了球到达目标点的概率,即命中球门的概率。事实上,当上述两个因素确定时,球飞向球门所在平面上的落点将呈现一个固定的概率分布。稍做分析容易断定该分布是二维正态分布,这是解决问题的关键所在。

球员从球场上某处射门时,首先必定在球门平面上确定一个目标点,射门后球依据该概率分布落入球门所在平面。将球门视为所在平面上的一个区域,在区域内对该分布进行积分,即可得到这次射门命中的概率。然而,球员选择射门的目标点是任意的,而命中球门的概率对目标点的选择有很强的依赖性。这样,遍历球门区域内的所有点,对命中概率做积分,将其定义为球场上某点对球门的威胁程度,根据威胁度的大小来确定球门的危险区域。

4.2.3 模型假设

(1) 在理想状态下,认为球员的基本素质相同或差别不大。

(2) 不考虑球员射门后空气、地面对球速的影响,设球速为 10 m/s。

(3) 球员只在前半场射门,为此假设前半场为有效射门区域。

(4) 只考虑标准的球场:长为 104 m,宽为 69 m;球门高为 2.44 m,宽为 7.32 m。

4.2.4 符号说明

Ω: 半场上的一个球门所在平面,是地面以上的半平面;

D：球门内有点在球门平面 π 上所表示的区域，即 $D\subset\Omega$；

$A(x,y)$：球场上的点，(x,y) 为其坐标；

$B(y,z)$：球门内的点，(y,z) 为其坐标；

$p(y,z)$：从球场上 A 点对准球门内 B 点射门命中球门的概率；

$D(x,y)$：球场上点 (x,y) 对球门的威胁度；

k：球员的基本素质，是一个相对指标；

d：球场上 A 点到球门内 B 点的直线距离；

θ：直线 AB 在地面上的投影线与球门平面 π 的夹角(锐角)。

4.2.5 模型建立与求解

首先建立如图 4.1 所示的空间直角坐标系，即以球门的底边中点为原点 O，地面为 xOy 面，球门所在的平面 π 为 yOz 面。

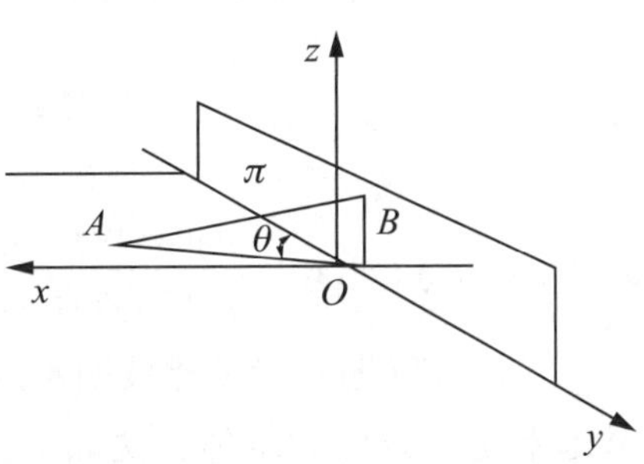

图 4.1 空间直角坐标系

1) 问题(1)分析

根据上述分析，假设当基本素质为 k 的球员从 $A(x_0,y_0)$ 点向距离为 d 的球门内目标点 $B(y_1,z_1)$ 射门时，球在目标平面 π 上的落点呈二维正态分布，且随机变量 y,z 是相互独立的。其概率密度函数为

$$f(y,z)=\frac{1}{2\pi\sigma^2}\exp\left\{-\frac{(y-y_1)^2+(z-z_1)^2}{2\sigma^2}\right\},(y,z)\in\Omega \qquad (4.2.1)$$

式中：方差 σ 与球员素质 k 成反比，与射门点 $A(x_0,y_0)$ 和目标点 $B(y_1,z_1)$ 之间的距离 d 成正比，且偏角 θ 越大，方差 σ 越小。当 $\theta=\frac{\pi}{2}$ 时(即球员正对球门中心)，σ 仅与 k,d 有关。由此，可以确定 σ 的表达式为

$$\sigma=\frac{d}{k}(\cot\theta+1)$$

式中：$\cot\theta=\frac{|y_1-y_0|}{x_0}$，$d=\sqrt{x_0^2+(y_1-y_0)^2+z_1^2}$。

注意到，在式(4.2.1)的密度函数中，变量 y,z 是对称的，但实际中球只能落在地面以上，即只有 $z\geqslant0$ 的情况。为了平衡这个密度函数，令

$$p_D(x_0,y_0;y_1,z_1)=\iint\limits_D f(y,z)\,\mathrm{d}y\mathrm{d}z$$

$$p_\Omega(x_0,y_0;y_1,z_1)=\iint\limits_\Omega f(y,z)\,\mathrm{d}y\mathrm{d}z$$

则取两者的比值即为这次射门命中球门的概率

$$p(x_0,y_0;y_1,z_1)=\frac{p_D(x_0,y_0;y_1,z_1)}{p_\Omega(x_0,y_0;y_1,z_1)} \tag{4.2.2}$$

对命中球门的概率式(4.2.2)在球门区域 D 内做积分，定义为球场上某点 $A(x_0,y_0)$ 对球门的威胁度，即

$$D(x_0,y_0)=\iint_D p(x_0,y_0;y_1,z_1)\mathrm{d}y_1\mathrm{d}z_1$$

综合以上分析，对于球场上任意一点 $A(x,y)$ 关于球门的威胁度为

$$D(x,y)=\iint_D p(x,y;y_1,z_1)\mathrm{d}y_1\mathrm{d}z_1$$

式中：$p(x,y;y_1,z_1)=\dfrac{p_D(x,y;y_1,z_1)}{p_\Omega(x,y;y_1,z_1)}$，$d=\sqrt{x^2+(y_1-y)^2+z_1^2}$，$\cot\theta=\dfrac{|y_1-y|}{x}$。

求解该问题一般是比较困难的，只能采用数值积分的方法求解。首先确定反应球员基本素质的参数 k，具体方法如下：

根据一般职业球员的情况，认为一个球员在球门的正前方($\theta=\dfrac{\pi}{2}$)距离球门 10 m 处($d=10$)向球门内的目标点劲射，标准差应该在 1 m 以内，即取 $\sigma=1$，由 $\sigma=\dfrac{d}{k}(\cot\theta+1)$ 可以得到 $k=10$。于是，当球员的基本素质 $k=10$ 时，求解该模型可以得球场上任意点对球门的威胁度，部分特殊点的结果见表 4.2。根据各点的威胁度值可以绘出球场上等威胁度曲线。

表 4.2　各点的威胁度值

位置	(0,1)	(0,5)	(0,10)	(0,20)	(0,30)	(0,50)	(3,1)	(3,5)	(3,10)	(3,20)
问题 1	14.46	14.54	12.69	8.64	5.71	2.81	11.56	13.48	11.76	7.95
问题 2	12.94	12.01	8.97	4.80	2.76	1.10	10.07	10.93	8.38	4.57
位置	(3,50)	(5,1)	(5,5)	(5,10)	(5,20)	(5,30)	(5,50)	(10,1)	(10,5)	(10,10)
问题 1	2.67	6.30	11.41	10.36	7.16	4.87	2.51	0.89	5.33	6.47
问题 2	1.08	5.90	8.95	7.23	4.12	2.45	1.01	0.82	3.92	4.31
位置	(10,30)	(10,50)	(20,1)	(20,5)	(20,10)	(20,20)	(20,30)	(20,50)	(3,30)	(10,20)
问题 1	3.82	2.12	0.06	0.88	1.85	2.43	2.19	1.48	5.32	5.24
问题 2	1.93	0.86	0.04	0.59	1.16	1.34	1.08	0.59	2.66	3.01

2）问题(2)分析

假设守门员站在射门点与两球门柱所夹角的角平分线上，即守门员站在球门在垂直

射门线平面上的投影区域中心位置是最佳防守位置。球员在球场上某点对球门内任一点$(y,z)\in D$起脚射门，经过时间t到达球门平面，球到达该点时，守门员对球有一个捕获的概率$p_0(t,y,z)$，下面分析函数$p_0(t,y,z)$的形式。

首先注意到，当t一定时，$p_0(t,y,z)$应该是一个以守门员为中心向周围辐射衰减的二维函数，当t变小时，曲面的峰度增高，而面积减小，因此可以用二维正态分布的概率密度描述这种变化趋势。参数t表示球从起脚射出到达球门的时间，即留给守门员的反应时间，该时间越长，曲面越平滑，综上可得

$$p_0(t,y,z)=\exp\left\{-\frac{(y-a)^2+(z-1.25)^2}{ct}\right\}$$

式中：c为守门员的反应系数。据专家预测，一般正常人的反应时间为0.12~0.15 s。

根据著名的“纸条试验”可得到一般人反应时间约为$\frac{\sqrt{2}}{10}$ s（即设想将一张纸条放在人的两手指之间，当纸条在重力作用下自由下落时，由$s=0.5gt^2$可以计算出人的反应时间）。因此，在此不妨取$c=\frac{1}{7}$（实验值），守门员防守时偏离球门中心的距离为

$$a=\frac{7.32\sqrt{(y_0+3.66)^2+x_0^2}}{\sqrt{(y_0+3.66)^2+x_0^2}+\sqrt{(y_0-3.66)^2+x_0^2}}-3.66$$

在问题(1)的基础上，对球员在球场上一点$A(x_0,y_0)$射入球门的概率应修正如下：

$$p_D(x_0,y_0;y_1,z_1)=\iint_D f(y,z)\left[1-p_0(t,y,z)\right]\mathrm{d}y\mathrm{d}z$$

即$p_0(t,y,z)$表示守门员捕获球的概率，$1-p_0(t,y,z)$就表示守门员捕不住球的概率。于是类似地得到球场上任意一点$A(x,y)$对球门的威胁度为

$$D(x,y)=\iint_D p(x,y;y_1,z_1)\mathrm{d}y_1\mathrm{d}z_1$$

式中：$p(x,y;y_1,z_1)=\frac{p_D(x,y;y_1,z_1)}{p_\Omega(x,y;y_1,z_1)}$，$p_\Omega(x,y;y_1,z_1)$同问题(1)，且$\sigma=\frac{d}{k}(\cot\theta+1)$，$\cot\theta=\frac{|y_1-y|}{x}$，$d=\sqrt{x^2+(y_1-y)^2+z_1^2}$，$t=\frac{d}{v_0}$，$v_0$为常数。

这里同样可取进攻球员的基本素质$k=10$，守门员的反应系数$c=\frac{1}{7}$，球速$v_0=10$ m/s，类似于问题(1)求解，可得球场上任意点对球门的威胁度，部分特殊点的威胁度值见表4.2。根据各点的威胁度值同样可以绘出球场上等威胁度曲线，问题(1)和问题(2)的等威胁度曲线见图4.2~4.3。

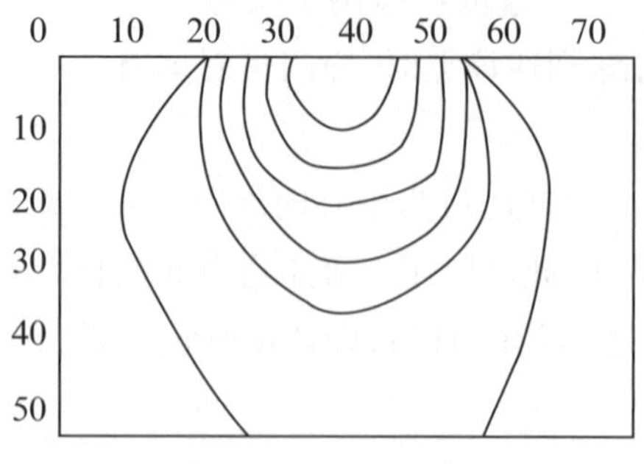

图 4.2　问题(1)的等威胁度曲线

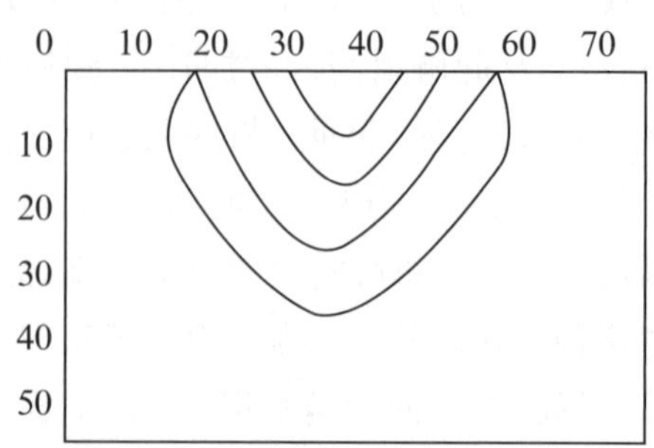

图 4.3　问题(2)的等威胁度曲线

4.2.6　结果分析与说明

比较两个问题的结果可以看出,问题(2)有防守的情况与问题(1)无防守的情况有很大的差别,问题(2)主要是由于守门员的作用,使得危险区域明显地减小。威胁度最大的区域是在球门附近,特别是正前方。由此也说明了球场上大、小禁区设置的合理性。

本模型中 k 值是估算的,严格地讲,应该通过大量的实验按统计规律确定。通过计算证明了当 k 增加(即球员的素质增强)时,对球门的威胁明显增加,危险区域变大。关于守门员素质,在模型中没有考虑是为了问题的简化。关于有多名队员的进攻和防守情况以及排兵布阵的相关问题更加复杂。

以上是简化方法,实际中,球员从不同角度的位置射门所看到的球门区域可能不是一个矩形区域,而是一个不规则的四边形,它的形状随着射门点的变化而变化,为了简化计算在矩形区域上做积分与实际可能有些偏差。另外该问题还有多种不同解法,比如可以借助于初等几何和代数的方法,在不同的射门点进行随机模拟,通过可能射入球门的概率来定义威胁度函数也能得出相应的结果。

4.3　随机性人口模型

4.3.1　问题分析

如果研究对象是一个自然村落或一个家族人口,数量不大,需作为离散变量看待时,就利用随机性人口模型来描述其变化过程。

4.3.2　模型假设

(1) 在$[t,t+\Delta t]$出生 1 个人的概率与 Δt 成正比,记作 $b_n\Delta t$,出生 2 个人及 2 个人以上的概率为 $o(\Delta t)$ 。

(2) 在$[t,t+\Delta t]$死亡 1 个人的概率与 Δt 成正比,记作 $d_n\Delta t$,死亡 2 个人及 2 个人以

上的概率为 $o(\Delta t)$ 。

（3）出生与死亡是相互独立的随机事件。

（4）进一步设 b_n 和 d_n 均与 n 成正比，记 $b_n=\lambda n, d_n=\mu n, \lambda$ 和 μ 分别是单位时间内 $n=1$ 时 1 个人出生和死亡的概率。

4.3.3　符号说明

$Z(t)$：时刻 t 的人口数（只取整数值）；

$p_n(t)=p(Z(t)=n)$：人口为 n 的概率。

4.3.4　模型建立和求解

由假设（1）~（3）可知，$Z(t+\Delta t)=n$ 可分解为 3 个互不相容的事件之和：$Z(t)=n-1$ 且 Δt 内出生 1 个人；$Z(t)=n+1$ 且 Δt 内死亡 1 个人；$Z(t)=n$ 且 Δt 内无人出生或死亡。按全概率公式

$$p_n(t+\Delta t)=p_{n-1}(t)b_{n-1}\Delta t+p_{n+1}(t)\,d_{n+1}\Delta t+p_n(t)\,(1-b_n\Delta t-d_n\Delta t)$$

即

$$\frac{p_n(t+\Delta t)-p_n(t)}{\Delta t}=b_{n-1}p_{n-1}(t)+d_{n+1}p_{n+1}(t)-(b_n+d_n)\,p_n(t)$$

令 $\Delta t\to 0$，得关于 $p_n(t)$ 的微分方程

$$\frac{\mathrm{d}p_n}{\mathrm{d}t}=b_{n-1}p_{n-1}(t)+d_{n+1}p_{n+1}(t)-(b_n+d_n)\,p_n(t)$$

又由假设（4），方程为

$$\frac{\mathrm{d}p_n}{\mathrm{d}t}=\lambda(n-1)\,p_{n-1}(t)+\mu(n+1)\,p_{n+1}(t)-(\lambda+\mu)\,np_n(t) \tag{4.3.1}$$

若初始时刻（$t=0$）人口为确定数量 n_0，则 $p_n(t)$ 的初始条件为

$$p_n(0)=\begin{cases}1, n=n_0\\ 0, n\neq n_0\end{cases} \tag{4.3.2}$$

式（4.3.1）在式（4.3.2）条件下的求解非常复杂，且没有简单的结果，不过人们感兴趣的是 $E(Z(t))$ 和 $D(Z(t))$（以下简记成 $E(t)$ 和 $D(t)$）。按定义

$$E(t)=\sum_{n=1}^{\infty}np_n(t) \tag{4.3.3}$$

对式（4.3.3）求导并将式（4.3.1）代入得

$$\frac{\mathrm{d}E}{\mathrm{d}t}=\lambda\sum_{n=1}^{\infty}n(n-1)p_{n-1}(t)+\mu\sum_{n=1}^{\infty}n(n+1)p_{n+1}(t)-(\lambda+\mu)\sum_{n=1}^{\infty}n^2p_n(t) \tag{4.3.4}$$

注意到

$$\sum_{n=1}^{\infty}n(n-1)p_{n-1}(t)=\sum_{k=1}^{\infty}k(k+1)p_k(t)$$

$$\sum_{n=1}^{\infty}n(n+1)p_{n+1}(t)=\sum_{k=1}^{\infty}k(k-1)p_k(t)$$

代入式(4.3.4)并利用式(4.3.3),则有

$$\frac{\mathrm{d}E}{\mathrm{d}t}=(\lambda-\mu)\sum_{n=1}^{\infty}np_n(t)=(\lambda-\mu)E(t) \tag{4.3.5}$$

由式(4.3.2)得 $E(t)$ 的初始条件 $E(0)=n_0$,微分方程式(4.3.5)在此初始条件下的解为

$$E(t)=n_0\mathrm{e}^{rt},r=\lambda-\mu \tag{4.3.6}$$

可以看出这个结果与指数模型 $x(t)=x_0\mathrm{e}^{rt}$ 形式上完全一致。随机性模型式(4.3.6)中出生率 λ 与死亡率 μ 之差 r 即净增长率,人口期望值呈指数增长,$E(t)$ 是在人口数量很多的情况下确定性模型的特例。

对于方差 $D(t)$,按照定义 $D(t)=\sum_{n=1}^{\infty}n^2p_n(t)-E^2(t)$,用类似求 $E(t)$ 的方法可推出

$$D(t)=n_0\frac{\lambda+\mu}{\lambda-\mu}\mathrm{e}^{(\lambda-\mu)t}[\mathrm{e}^{(\lambda-\mu)t}-1] \tag{4.3.7}$$

$D(t)$ 的大小表示人口 $Z(t)$ 在平均值 $E(t)$ 附近的波动范围。式(4.3.7)说明这个范围不仅随着时间的延续和净增长率 $r=\lambda-\mu$ 的增加而变大,而且即使当 r 不变时,它也随着 λ 和 μ 的上升而增长,这就是说,当出生和死亡频繁出现时,人口的波动范围变大。

4.4 报童的策略

4.4.1 问题重述

报童每天清晨从报社购进报纸零售,晚上将没有卖掉的报纸退回。每份报纸的购进价为 b(元),零售价为 a(元),退回价为 c(元),$a>b>c$。报童每售出一份报纸赚 $a-b$(元),每退回一份报纸赔 $b-c$(元)。报童如果每天购进的报纸太少,不够卖时会少赚钱,如果购得太多卖不完时要赔钱。试为报童筹划每天购进报纸的数量以使其收益最大。

4.4.2 问题分析

报童应该根据需求量确定购进量,而需求是随机的,所以这是一个风险型决策问题。假定报童已经通过每天卖报的经验或其他渠道掌握了需求的分布规律,即在他的销售范围内每天报纸的需求量为 r(份)的概率为 $f(r)$ $(r=0,1,2,3,\cdots)$。利用已知的 a,b,c 和函数 $f(r)$ 可以建立购进量的优化模型。

4.4.3 模型假设

假设每天报纸的购进量为 n(份),因为需求量 r 是随机的,r 可以小于 n、等于 n 或大于 n,这就导致报童每天的收入也是随机的,所以作为优化模型的目标函数,不能是报童每天的收入函数,而应该是他长期卖报的日期望收入(日平均收入)。

4.4.4 模型建立与求解

记报童每天购进 n(份)报纸的期望收入为 $G(n)$,如果该天的需求量 $r\leqslant n$,则他的收入等于 $r(a-b)-(n-r)(b-c)$,如果该天的需求量 $r>n$,则他的收入为 $n(a-b)$。因此

$$G(n)=\sum_{r=0}^{n}[r(a-b)-(n-r)(b-c)]f(r)+\sum_{r=n+1}^{+\infty}n(a-b)f(r)$$

报童的决策问题是:在已知 a,b,c 和函数 $f(r)$ 的条件下,求 n 的值,使 $G(n)$ 最大。

对于离散型的模型,可以根据 $G(n)-G(n-1)\geqslant 0$ 且 $G(n)-G(n+1)\geqslant 0$ 推导出最佳购进量 n,请读者自己推导出结果。

通常需求量 r 和购进量 n 的取值都相当大,将 r 看作连续型随机变量更容易分析和计算。这时

$$G(n)=\int_0^n[r(a-b)-(n-r)(b-c)]f(r)\mathrm{d}r+\int_n^{+\infty}n(a-b)f(r)\mathrm{d}r$$

为了求 $G(n)$ 的最大值,令 $\dfrac{\mathrm{d}G(n)}{\mathrm{d}n}=0$,即

$$n(a-b)f(n)-\int_0^n(b-c)f(r)\mathrm{d}r-n(a-b)f(n)+\int_n^{+\infty}(a-b)f(r)\mathrm{d}r=0$$

即

$$\frac{\int_0^n f(r)\mathrm{d}r}{\int_n^{+\infty}f(r)\mathrm{d}r}=\frac{a-b}{b-c}$$

由于概率密度函数 $f(r)$ 满足 $\int_{-\infty}^{+\infty} f(r)\,\mathrm{d}r = \int_{0}^{+\infty} f(r)\,\mathrm{d}r = 1$，则

$$\frac{\int_0^n f(r)\,\mathrm{d}r}{1 - \int_0^n f(r)\,\mathrm{d}r} = \frac{a-b}{b-c}$$

所以有

$$\int_0^n f(r)\,\mathrm{d}r = \frac{a-b}{a-c}$$

当需求量的密度函数 $f(r)$ 为已知时，可以由

$$\frac{\int_0^n f(r)\mathrm{d}r}{\int_n^{+\infty} f(r)\mathrm{d}r} = \frac{a-b}{b-c} \text{ 或 } \int_0^n f(r)\mathrm{d}r = \frac{a-b}{a-c} = \frac{a-b}{(a-b)+(b-c)} \text{ 或 } \frac{a-b}{\int_0^n f(r)\mathrm{d}r} = (a-b)+(b-c)$$

来确定报纸的最佳购进量。$\int_0^n f(r)\,\mathrm{d}r$ 表示需求量 r 不超过购进量 n 的概率[也就是购进 n(份)报纸卖不完的概率]，$\int_n^{+\infty} f(r)\,\mathrm{d}r$ 是需求量超过 n 的概率[也就是购进 n(份)报纸卖完的概率]。因此报童的最佳决策应是：报童购进报纸的份数 n 应该使卖不完与卖完的概率之比恰好等于卖出 1 份赚的钱 $a-b$ 与退回 1 份赔的钱 $b-c$ 之比。或者说报童购进报纸的份数 n 应该使卖出 1 份赚的钱 $a-b$ 除以卖不完的概率恰好等于卖出 1 份赚的钱 $a-b$ 和退回 1 份赔的钱 $b-c$ 之和。显然，当报童与报社签的合同使报童每份赚钱与赔钱的比值越大时，报童订购的份数就应该越多。

4.4.5 模型的应用

这个问题属于随机存储模型，由于需求量是随机变量，在知道其概率分布的前提下，构造利润函数(它是随机变量的函数)也是随机变量，根据期望利润最大，确定最佳定货量或最佳存储量。这类问题又成为报童的诀窍或者随机存储策略。

4.5 化妆品销售量的预测

4.5.1 问题重述

某公司在各地销售 1 种化妆品，观测 15 个城市在某月内对该化妆品的销售量 Y 及适合使用该化妆品的人数 x_1 和人均收入 x_2，其数据见表 4.3。

表 4.3　化妆品销售数据

城市	销售量 y_i/箱	适用人数 x_{i1}/千人	人均收入 x_{i2}/元
1	162	274	2 450
2	120	180	3 254
3	223	375	3 802
4	131	205	2 838
5	67	86	2 347
6	169	265	3 782
7	81	98	3 008
8	192	330	2 450
9	116	195	2 137
10	55	53	2 560
11	252	430	4 020
12	232	372	4 427
13	144	236	2 660
14	103	157	2 088
15	212	370	2 605

要求通过以上数据建立预测模型，当已知任一个城市的适用人数和人均收入(x_1, x_2)时，能够预测此种化妆品在这个城市的销售量。

4.5.2　问题分析

这个问题本质上就是多元线性回归模型。

4.5.3　模型建立与求解

如果随机变量 Y 与固定变量 $x_1,x_2,\cdots,x_m$ 之间有显著的线性相关关系，即

$$Y = b_0 + b_1x_1 + b_2x_2 + \cdots + b_mx_m + \varepsilon,\varepsilon \sim N(0,\sigma^2)$$

称为 m 元线性回归模型。

1）模型中的参数估计

设通过实验或历史资料得到观测数据 $y_i,x_{i1},x_{i2},\cdots,x_{im}(i=1,2,\cdots,n)$。令

$$\boldsymbol{Y}=\begin{pmatrix} y_1 \\ y_2 \\ \vdots \\ y_n \end{pmatrix},\boldsymbol{X}=\begin{pmatrix} 1 & x_{11} & x_{12} & \cdots & x_{1m} \\ 1 & x_{21} & x_{22} & \cdots & x_{2m} \\ \vdots & \vdots & \vdots & \vdots & \vdots \\ 1 & x_{n1} & x_{n2} & \cdots & x_{nm} \end{pmatrix},\boldsymbol{B}=\begin{pmatrix} b_0 \\ b_1 \\ \vdots \\ b_m \end{pmatrix}$$

由最小二乘估计,得

$$\boldsymbol{B}=(\boldsymbol{X}^{\mathrm{T}}\boldsymbol{X})^{-1}\boldsymbol{X}^{\mathrm{T}}\boldsymbol{Y}$$

称 $\hat{y}=\hat{b}_0+\hat{b}_1x_1+\hat{b}_2x_2+\cdots+\hat{b}_mx_m$ 为变量 $\boldsymbol{Y}$ 关于变量 $x_1,x_2,\cdots,x_m$ 的线性回归方程。同样还可以得到 σ^2 的估计量为

$$\hat{\sigma}^2=\frac{1}{n-m-1}\sum_{i=1}^{n}(y_i-\hat{y}_i)^2$$

式中：$\hat{y}_i=\hat{b}_0+\hat{b}_1x_{i1}+\hat{b}_2x_{i2}+\cdots+\hat{b}_mx_{im}(i=1,2,\cdots,n)$。

2）回归模型的显著性检验

（1）检验回归模型的显著性。

即检验假设

$$H_0: b_1=b_2=\cdots=b_m=0,\quad H_1: b_i \text{ 不全为 } 0$$

令

$$S_R=\sum_{i=1}^{n}(\hat{y}_i-\bar{y})^2,\quad S_e=\sum_{i=1}^{n}(y_i-\hat{y}_i)^2$$

检验统计量

$$F=\frac{\dfrac{S_R}{m}}{\dfrac{S_e}{(n-m-1)}}\sim F(m,n-m-1)$$

对一个小概率 α,若 $F>F_\alpha(m,n-m-1)$,则认为所建的回归方程有意义。

（2）各自变量的显著性检验,剔除变量计算。

即检验假设

$$H_{0j}: b_j=0,\quad H_{1j}: b_j\neq 0\quad (j=1,2,\cdots,m)$$

检验统计量

$$t_j=\frac{\hat{b}_j}{\sqrt{c_{jj}S_e/(n-m-1)}}\sim t(n-m-1)\quad (j=1,2,\cdots,m)$$

式中：c_{jj} 是矩阵 $\boldsymbol{C}=(\boldsymbol{X}^{\mathrm{T}}\boldsymbol{X})^{-1}$ 中相应位置的元素。对一个小概率 α,若 $|t_j|>t_{\frac{\alpha}{2}}(n-m-1)$,则应保留变量 x_j,否则应剔除变量 x_j。剔除变量时,从 $|t_j|$ 最小值开始,直到不显著的变量全部剔除为止。设 $|t_k|=\min|t_j|$,则剔除 x_k,重新建立回归方程

$$\hat{y}=\hat{b}_0^*+\hat{b}_1^*x_1+\cdots+\hat{b}_{k-1}^*x_{k-1}+\hat{b}_{k+1}^*x_{k+1}+\cdots+\hat{b}_m^*x_m$$

式中：$\hat{b}_j^* = \hat{b}_j - \frac{c_{kj}}{c_{kk}}\hat{b}_k (j=1,2,\cdots,m,j\neq k)$；$\hat{b}_0^* = \bar{y} - \sum_{j\neq k}\hat{b}_j^* \bar{x}_j$。

3）利用回归方程进行预报

当$(x_1,x_2,\cdots,x_m)=(x_{01},x_{02},\cdots,x_{0m})$时，对 $\boldsymbol{Y}$ 进行预测。

（1）点预测。

$$\hat{y}_0 = \hat{b}_0 + \hat{b}_1 x_{01} + \hat{b}_2 x_{02} + \cdots + \hat{b}_m x_{0m}$$

（2）区间预测。$\boldsymbol{Y}$ 的置信度为 $1-\alpha$ 的置信区间$(\hat{y}_0-\delta(x_0),\hat{y}_0+\delta(x_0))$，其中

$$\delta(x_0) = t_{\frac{\alpha}{2}}(n-m-1)\hat{\sigma}\sqrt{1+\frac{1}{n}+\sum_{i=1}^{m}\sum_{j=1}^{m}(x_{0i}-\bar{x}_i)(x_{0j}-\bar{x}_j)c_{ij}}$$

现在用上述回归模型来解决前面提出的问题：

$$\boldsymbol{Y}=\begin{pmatrix}162\\120\\\vdots\\212\end{pmatrix},\boldsymbol{X}=\begin{pmatrix}1 & 274 & 2\,450\\1 & 180 & 3\,254\\\vdots & \vdots & \vdots\\1 & 370 & 2\,605\end{pmatrix}$$

得到 $\boldsymbol{B}=(3.452\,6,0.496\,0,0.009\,2)^T$，所求回归方程是 $\hat{y}=3.452\,6+0.496x_1+0.009\,2x_2$。又求得 $S_R=53\,844.72$，$S_e=56.88$，从而

$$F=\frac{\frac{S_R}{m}}{\frac{S_e}{n-m-1}}=5\,680>F_{0.05}(2,12)=3.89$$

故认为所建的回归方程有意义。

$$\boldsymbol{C}=(\boldsymbol{X}^{\mathrm{T}}\boldsymbol{X})^{-1}=\begin{pmatrix}1.246\,3 & 2.129\,7\times10^{-4} & -4.156\,7\times10^{-4}\\ & 7.732\,9\times10^{-6} & -7.030\,3\times10^{-7}\\ & & 1.977\,2\times10^{-7}\end{pmatrix}$$

又可求出

$$t_1=\frac{0.496\,0}{\sqrt{4.74\times7.732\,9\times10^{-6}}}=81.93>t_{0.025}(12)=2.179$$

$$t_2=\frac{0.009\,2}{\sqrt{4.74\times1.977\,2\times10^{-7}}}=9.50>t_{0.025}(12)=2.179$$

说明 x_1,x_2 对 $\boldsymbol{Y}$ 均有显著的线性影响$(R^2=0.999)$，均不能剔除。

下面给出预测方法：例如当某城市的数据$(x_1,x_2)=(220,2\,500)$时，有

$$\hat{y}_0 = 3.4526 + 0.496 \times 220 + 0.0092 \times 2500 = 135.57$$

又

$$\delta(x_0) = t_{0.025}(12)\hat{\sigma}\sqrt{1 + \frac{1}{n} + \sum_{i=1}^{m}\sum_{j=1}^{m}(x_{0i} - \bar{x}_i)(x_{0j} - \bar{x}_j)c_{ij}} = 4.972$$

可以有 95%的把握认为这种化妆品在该城市的销售量在$[\hat{y}_0-\delta(x_0),\hat{y}_0+\delta(x_0)]$，即 130~140 箱。

应用 SPSS 求解的结果见表 4.4~4.6。

表 4.4　模型汇总

模型	R	R^2	调整 R^2	标准估计的误差
1	0.999[a]	0.999	0.999	2.177 22

a. 预测变量：（常量），$x2$，$x1$。

表 4.5　Anova[a]

模型		平方和	df	均方	F	$Sig.$
1	回归	53 844.716	2	26 922.358	5 679.466	0.000[b]
	残差	56.884	12	4.740		
	总计	53 901.600	14			

a. 因变量：Y。

b. 预测变量：（常量），$x2$，$x1$。

表 4.6　系数[a]

模型		非标准化系数		标准系数	t	$Sig.$
		R	标准误差	试用版		
1	（常量）	3.453	2.431		1.420	0.181
	$x1$	0.496	0.006	0.934	81.924	0.000
	$x2$	0.009	0.001	0.108	9.502	0.000

a. 因变量：Y。

4.6　消费分布规律的分类

4.6.1　问题重述

为研究辽宁、浙江、河南、甘肃、青海 5 个省份在某年城镇居民生活消费的分布规律，需要用调查资料对这 5 个省分类。数据见表 4.7。

表 4.7　城镇居民生活消费情况

省份	人均粮食支出 x_1	人均副食品支出 x_2	人均烟、酒、茶支出 x_3	人均其他副食品支出 x_4	人均衣着商品支出 x_5	人均日用品支出 x_6	人均燃料支出 x_7	人均非商品支出 x_8
辽宁	7.90	39.77	8.49	12.94	19.27	11.05	2.04	13.29
浙江	7.68	50.37	11.35	13.30	19.25	14.59	2.75	14.87
河南	9.42	27.93	8.20	8.14	16.17	9.42	1.55	9.76
甘肃	9.16	27.98	9.01	9.32	15.99	9.10	1.82	11.35
青海	10.06	28.64	10.52	10.05	16.18	8.39	1.96	10.81

4.6.2　问题分析

在科学研究、生产实践、社会生活中，经常会遇到分类的问题。例如：在考古学中，要将某些古生物化石进行科学的分类；在生物学中，要根据各生物体的综合特征进行分类；在经济学中，要考虑哪些经济指标反映的是同一种经济特征；在产品质量管理中，要根据各产品的某些重要指标将其分为一等品、二等品等。

这些问题可以用聚类分析方法来解决。

聚类分析的研究内容包括两个方面：一是对样品进行分类，称为 Q 型聚类法，使用的统计量是样品间的距离；二是对变量进行分类，称为 R 型聚类法，使用的统计量是变量间的相似系数。

设共有 n 个样品，每个样品 x_i 有 p 个变量，它们的观测值可以表示为

$$x_i = (x_{1i}, x_{2i}, \cdots, x_{pi}), \quad i = 1, 2, \cdots, n$$

1）样品间的距离

下面介绍在聚类分析中常用的几种定义样品 x_i 与样品 x_j 间的距离。

（1）Minkowski 距离

$$d(x_i, x_j) = \left(\sum_{k=1}^{p} |x_{ki} - x_{kj}|^m\right)^{\frac{1}{m}}$$

（2）绝对值距离

$$d(x_i, x_j) = \sum_{k=1}^{p} |x_{ki} - x_{kj}|$$

（3）欧氏距离

$$d(x_i, x_j) = \left(\sum_{k=1}^{p} |x_{ki} - x_{kj}|^2\right)^{\frac{1}{2}}$$

2）变量间的相似系数

相似系数越接近 1，说明变量间的关联程度越好。常用的变量间的相似系数有

（1）夹角余弦

$$r_{ij}=\frac{\sum_{k=1}^{n}x_{ik}x_{jk}}{\sqrt{\sum_{k=1}^{n}(x_{ik})^2\cdot\sum_{k=1}^{n}(x_{jk})^2}}$$

（2）相关系数

$$r_{ij}=\frac{\sum_{k=1}^{n}(x_{ik}-\bar{x}_{(i)})(x_{jk}-\bar{x}_{(j)})}{\sqrt{\sum_{k=1}^{n}(x_{ik}-\bar{x}_{(i)})^2\cdot\sum_{k=1}^{n}(x_{jk}-\bar{x}_{(j)})^2}}$$

值得注意的是，当指标的测量值相差较大时，直接使用以上各式计算距离或相似系数常使数值较小的变量失去作用，为此应先对数据进行标准化，然后再用标准化的数据来计算。标准化的具体方法是

$$x_{ki}^{*}=\frac{x_{ki}-\bar{x}_k}{s_k},\quad i=1,2,\cdots,n,\quad k=1,2,\cdots,p$$

式中：$\bar{x}_k=\frac{1}{n}\sum_{i=1}^{n}x_{ki}$；$s_k=\sqrt{\frac{1}{n-1}\sum_{i=1}^{n}(x_{ki}-\bar{x}_k)^2}$，$k=1,2,\cdots,p$。

3）类与类之间的距离

用 G_p 和 G_q 分别代表两个类，它们所包含的样品个数分别记为 n_p 和 n_q，类 G_p 和 G_q 之间的距离记为 $D(G_p,G_q)$。下面给出三种最常用的定义方法。

（1）最短距离

$$D(G_p,G_q)=\min(d_{ij}\mid x_i\in G_p,x_j\in G_q)$$

类与类之间的最短距离有如下的递推公式，设 G_r 为由 G_p 和 G_q 合并所得，则 G_r 与其他类 $G_k(k\neq p,q)$ 的最短距离为

$$D(G_r,G_k)=\min\{D(G_p,G_k),D(G_q,G_k)\}$$

（2）最长距离

$$D(G_p,G_q)=\max(d_{ij}\mid x_i\in G_p,x_j\in G_q)$$

类与类之间的最长距离有如下的递推公式，设 G_r 为由 G_p 和 G_q 合并所得，则 G_r 与其他类 $G_k(k\neq p,q)$ 的最长距离为

$$D(G_r,G_k)=\max\{D(G_p,G_k),D(G_q,G_k)\}$$

（3）类平均距离

$$D(G_p,G_q)=\frac{1}{n_pn_q}\sum_{x_i\in G_p}\sum_{x_j\in G_q}d_{ij}$$

类与类之间的类平均距离有如下的递推公式，设 G_r 为由 G_p 和 G_q 合并所得，则 G_r 与其他类 $G_k(k\neq p,q)$ 的类平均距离为

$$D(G_r,G_k)=\frac{n_p}{n_r}D(G_p,G_k)+\frac{n_q}{n_r}D(G_q,G_k)$$

式中：$n_r=n_p+n_q$。

以上类与类之间的距离，不但适用于 Q 型聚类，同样也适合于 R 型聚类，只要将 d_{ij} 用变量间的相似系数 r_{ij} 代替就行了。为简单起见，以下均记成 d_{ij}。

系统聚类法是目前最流行的方法。

4.6.3　模型建立与求解

有了样品间的距离（或变量间的相似系数）以及类与类之间的距离后，便可进行系统聚类，基本步骤如下：

（1）n 个样品（或 p 个变量）一开始看作 n 类（p 类），计算两两之间的距离（或相似系数），构成一个对称矩阵 $\boldsymbol{D}_0=(d_{ij})_{n\times n}$，此时显然有 $\boldsymbol{D}(G_p,G_q)=d_{pq}$。

（2）选择 $\boldsymbol{D}_0$ 中对角线元素以外的下三角部分中的最小元素（相似系数矩阵则选择对角线元素以外的最大者），设其为 $\boldsymbol{D}(G_p,G_q)$，则将 G_p 和 G_q 合并为一个新类 G_r。在 $\boldsymbol{D}_0$ 中划去 G_p 和 G_q 所对应的 2 行与 2 列，并加入由新类 G_r 与剩下的未聚合的各类之间的距离所组成的 1 行和 1 列，得到 1 个新的矩阵 $\boldsymbol{D}_1$，它是降低了一阶的对称矩阵。

（3）由 $\boldsymbol{D}_1$ 出发，重复步骤（2）得到对称矩阵 $\boldsymbol{D}_2$，依此类推，直到 n 个样品（或 p 个变量）聚为 1 个大类为止。

（4）在合并过程中记下两类合并时样品（或变量）的编号以及合并两类时的距离（或相似系数）的大小，并绘成聚类图，然后可根据实际问题的背景和要求选定相应的临界水平以确定类的个数。

消费分布规律的分类是一个 Q 型聚类问题，现用系统聚类法来解决。将每个省份看成 1 个样品，并以 1、2、3、4、5 分别表示辽宁、浙江、河南、甘肃、青海 5 个省，计算样品间的欧氏距离，得到如下的距离矩阵 $\boldsymbol{D}_0$

$$\begin{array}{c} \\ \boldsymbol{D}_0= \end{array}\begin{array}{c} \begin{matrix}\{1\} & \{2\} & \{3\} & \{4\} & \{5\}\end{matrix} \\ \begin{pmatrix} 0 & & & & \\ 11.67 & 0 & & & \\ 13.80 & 24.63 & 0 & & \\ 13.12 & 24.06 & 2.20 & 0 & \\ 12.80 & 23.54 & 3.51 & 2.21 & 0 \end{pmatrix}\end{array}$$

下面给出采用最短距离法的聚类过程：首先将 5 个省各看成 1 类，即令 $G_i=\{i\}(i=1,2,3,4,5)$。从 $\boldsymbol{D}_0$ 可以看出，其中最小的元素是 $\boldsymbol{D}(\{4\},\{3\})=d_{43}=2.20$，故将 G_3 和 G_4 合

并成一类 G_6，然后利用递推公式计算 G_6 与 G_1、G_2、G_5 之间的最短距离。

$$\boldsymbol{D}(\{3,4\},\{1\})=\min\{d_{31},d_{41}\}=\min\{13.80,13.12\}=13.12$$
$$\boldsymbol{D}(\{3,4\},\{2\})=\min\{d_{32},d_{42}\}=\min\{24.63,24.06\}=24.06$$
$$\boldsymbol{D}(\{3,4\},\{5\})=\min\{d_{35},d_{45}\}=\min\{3.51,2.21\}=2.21$$

在 $\boldsymbol{D}_0$ 中划去{3}，{4}所对应的行和列，并加上新类{3,4}到其他类距离作为新的 1 行 1 列，得到

$$\begin{array}{cc} & \begin{array}{cccc}\{3,4\} & \{1\} & \{2\} & \{5\}\end{array} \\ \boldsymbol{D}_1= & \begin{pmatrix} 0 & & & \\ 13.12 & 0 & & \\ 24.06 & 11.67 & 0 & \\ 2.21 & 12.80 & 23.54 & 0 \end{pmatrix}\end{array}$$

重复上述步骤，依次可得到相应的距离矩阵

$$\begin{array}{cc} & \begin{array}{ccc}\{3,4,5\} & \{1\} & \{2\}\end{array} \\ \boldsymbol{D}_2= & \begin{pmatrix} 0 & & \\ 12.80 & 0 & \\ 23.54 & 11.67 & 0 \end{pmatrix}\end{array}$$

$$\begin{array}{cc} & \begin{array}{cc}\{3,4,5\} & \{1,2\}\end{array} \\ \boldsymbol{D}_3= & \begin{pmatrix} 0 & \\ 12.80 & 0 \end{pmatrix}\end{array}$$

最后将 5 个省合并为一大类，画出聚类图，见图 4.4。

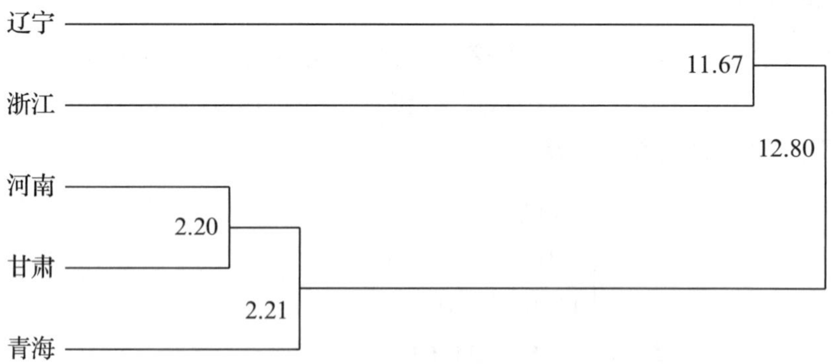

图 4.4　聚类图

由此可见，本问题分成 3 类比较合适，即辽宁和浙江各为 1 类，河南、甘肃、青海为 1 类。

若类与类之间的距离用最长距离或类平均距离，也会得到相同的结论。

应用 SPSS 求解的结果见表 4.8 和表 4.9。绘出聚类图，见图 4.5 和图 4.6。

表 4.8　近似矩阵

省份	矩阵文件输入				
	辽宁	浙江	河南	甘肃	青海
辽宁	0.000	0.146	0.287	0.193	0.319
浙江	0.146	0.000	0.512	0.431	0.549
河南	0.287	0.512	0.000	0.058	0.128
甘肃	0.193	0.431	0.058	0.000	0.064
青海	0.319	0.549	0.128	0.064	0.000

表 4.9　聚类表

阶	群集组合		系数	首次出现阶群集		下一阶
	群集 1	群集 2		群集 1	群集 2	
1	3	4	0.029	0	0	2
2	3	5	0.083	1	0	4
3	1	2	0.156	0	0	4
4	1	3	0.538	3	2	0

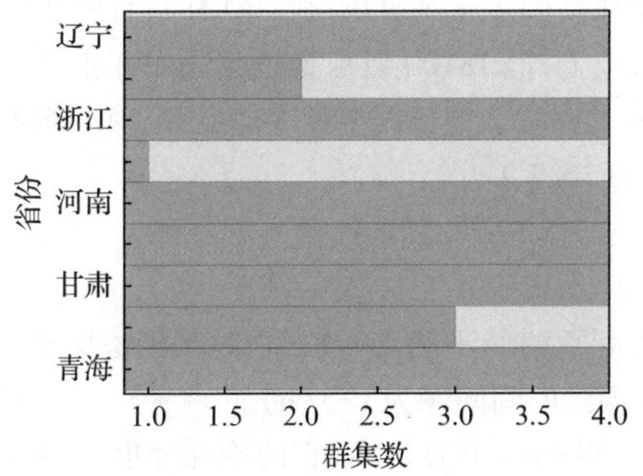

图 4.5　聚类图

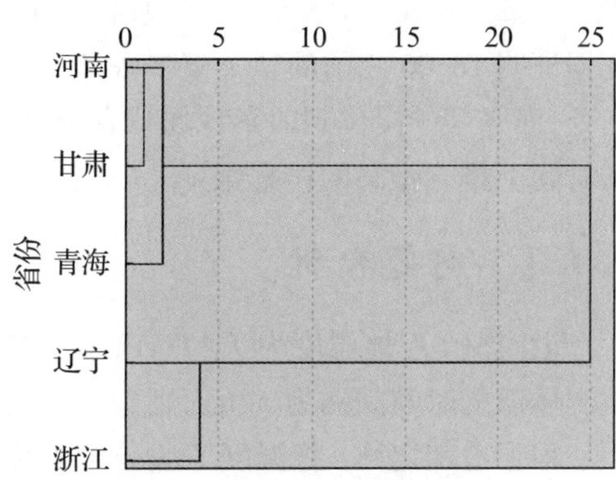

图 4.6　聚类合并树状图

微分方程模型及案例

5.1 物体冷却模型

在一个冬天的晚上,警方于20:20接到报警,立即于第一时间赶到现场,随即法医在晚上20:30测得尸体体温为33.4 ℃,1 h后在现场测得尸体温度为32.2 ℃,案发现场气温始终为23 ℃,据死者王某家属称:20:15回家时发现空调一直开着,并设定在23 ℃上。警方经过初步排查,认为张某具有较大嫌疑,现在要确定张某有没有作案时间,有确凿的证据证明18:00之前的整个下午张某一直在岗位上,但18:00以后谁也无法作证张某在何处,而张某的岗位到凶案现场只有步行5 min的路程。请根据牛顿冷却定理,确定能否从时间上排除张某的作案嫌疑。(人正常体温为36.7 ℃。)

5.1.1 问题分析

设时刻 t 尸体温度为 $T=T(t)$,由于被害人死亡时间不确定,设死亡时刻到法医第1次测体温的时间间隔为 x(h),则到第2次测体温的时间间隔为 $x+1$(h)。

根据冷却定律:把温度 T 物体放在温度 T_0 的物体恒温室内,它的冷却速度与温差 $T-T_0$ 成正比。

5.1.2 模型建立和求解

列微分方程和相关解条件

$$\begin{cases}\dfrac{\mathrm{d}T}{\mathrm{d}t}=-k(T-23),k>0\\ T|_{t=0}=36.7\\ T|_{t=x}=33.4\\ T|_{t=x+1}=32.2\end{cases}$$

解方程,得

$$T = 23 + Ce^{-kt} \tag{5.1.1}$$

把 $T|_{t=0} = 36.7$ 代入式(5.1.1),得

$$C = 13.7$$

即

$$T = 23 + 13.7e^{-kt} \tag{5.1.2}$$

把 $T|_{t=x} = 33.4$,$T|_{t=x+1} = 32.2$ 代入式(5.1.2),有

$$\begin{cases} 13.7e^{-kx} + 23 = 33.4 \\ 13.7e^{-k(x+1)} + 23 = 32.2 \end{cases}$$

解得

$$x = 2.247\,8\ \mathrm{h} \approx 2.25\ \mathrm{h}$$

5.1.3 模型结果分析

由此可知,被害人遇害的准确时间为18:15(20:30减去2 h 15 min),而张某在18:05完全可以赶到凶案现场。

所以,不能从时间上排除张某的嫌疑。

通过以上例子,对微分方程在数学建模中的应用做了简单的探究。不难看出,建立一种数学模型,就是数学理论更好地指导实际生活的过程,体现了数学学科和社会学科的交汇。这给人们提供一种新的思维和解决问题的方式,引导人们从理论知识型向能力型转变。正因为微分方程建模的这种重要意义,将使其得到越来越广泛的应用。

5.2 减肥模型

根据中国生理科学会修订并建议的我国人民每日膳食指南可知:

(1) 每日膳食中,营养素的供给量是作为保证正常人身体健康而提出的膳食质量标准。如果人们在饮食中摄入营养素的数量低于这个标准,将对身体产生不利的影响。

(2) 人体的体重是评定膳食能量摄入适当与否的重要标志。

(3) 人们热能需要量的多少,主要决定于3个方面:维持人体基本代谢所需要的能量,从事劳动和其他活动所消耗的能量,以及食物的特殊动力作用(将食物转化为人体所需的能量)所消耗的能量。

(4) 一般情况下,成年男子1 kg体重1 h平均消耗热量为4 200 J。

(5) 一般情况下,食用普通的混合膳食,食物的特殊动力作用所需要的额外能量消耗相当于基础代谢的 10%。

5.2.1 问题分析

本问题要建立减肥的数学模型。减肥是一个比较长期和不定的过程,因此要用数学的方法对减肥这一问题建模,就需要选定一个测量肥胖的标准量,因为人体的脂肪是能量的主要贮存和提供方式,也是减肥的主要目标,所以,以人体脂肪的质量作为体重的标志。已知脂肪的能量转换率为 100%,1 千克脂肪可以转换为 4.2×10^7 J 的能量,即脂肪的能量转换系数为 4.2×10^7 J/kg。

肥胖主要体现在体重上,减肥其实就是将体重降下来,所以归根到底,研究减肥就是要研究体重的变化,因此在减肥过程中要对体重进行持续的检测,可以将体重看成是时间 t 的函数 $w(t)$。

在减肥的过程中,无论是由于进食摄取能量导致体重的增加,还是由于体力活动消耗能量致使体重的减少,抑或其他一些不可预知的因素,这都是一个渐变的过程,所以认为能量的摄取和消耗都是随时发生的。而不同的活动对能量的消耗却是不同的,所以在建模的过程中需要设定一个参数用来表示某种活动消耗的人体能量。记 r 为某一种活动 1 h 所消耗的能量,记 b 为 1 kg 体重 1 h 所消耗的能量。

5.2.2 模型假设

(1) 假设以人体脂肪的质量作为体重的标志。

(2) 假设体重随时间的变化 $w(t)$ 是连续而且充分光滑的。

(3) 假设单位时间内人体的能量消耗与其体重成正比。

(4) 假设人体每天摄入的能量是一定的,记为 A。

(5) 假设在研究减肥的过程中,忽略个体间的差异(年龄、性别、健康状况等)对减肥的影响。

(6) 假设单位时间内人体由于基础代谢和食物特殊动力作用所消耗的能量正比于体重。

5.2.3 符号说明

D:脂肪的能量转化系数;

$w(t)$:人体的体重关于时间的 t 的函数;

r:1 kg 体重 1 h 运动所消耗的能量,(kcal/kg)/h;

b:1 kg 体重 1 h 所消耗的能量,(kcal/kg)/h;

A:每天摄入的能量;

B:每人每天 1 kg 体重基础代谢的能量消耗。

5.2.4 模型建立与求解

如果以 1 天为时间的计量单位，于是每天基础代谢的能量消耗量应为 $B=24b$(kcal/d)，由于人的某种运动一般不会是全天候的，不妨假设每天运动时长为 h(h)，则每天由于运动所消耗的能量应为 $R=rh$(kcal/d)。

按照假设(2)，体重随时间的变化 $w(t)$ 是连续而且充分光滑的。可以在任何一个时间段内考虑由于能量的摄入与消耗引起体重的变化。

按照能量的平衡原理，任何时间段内由于体重的改变所引起的人体内能量的变化应等于这段时间内摄入的能量与消耗的能量之差。选取某一段时间 $(t,t+\Delta t)$，在 $(t,t+\Delta t)$ 内考虑能量的改变：

设体重改变的能量变化为 Δw，则有

$$\Delta w = [w(t+\Delta t) - w(t)]D$$

设摄入与消耗的能量之差为 ΔM，则有

$$\Delta M = [A - (B+R)w(t)]\Delta t$$

根据能量平衡原理，有

$$\Delta w = \Delta M$$

即

$$[w(t+\Delta t) - w(t)]D = [A - (B+R)w(t)]\Delta t$$

取 $\Delta t \to 0$，可得

$$\begin{cases} \dfrac{\mathrm{d}w}{\mathrm{d}t} = a - \mathrm{d}w \\ w(0) = w_0 \end{cases} \tag{5.2.1}$$

式中：$a=\dfrac{A}{D}$，$d=\dfrac{(B+R)}{D}$，$t=0$(模型开始考察时刻)，即减肥问题的数学模型。

模型求解有

$$w(t) = w_0 \mathrm{e}^{-dt} + \frac{a}{d}(1 - e^{-dt}) \tag{5.2.2}$$

如果把 B 理解为以减肥为目的的能量消耗，则式(5.2.1)就给出了一个减肥的数学模型。

$a=\dfrac{A}{D}$ 表示由于能量的摄入而增加的体重，而 $d=\dfrac{(B+R)}{D}$ 表示由于能量的消耗而失掉的体重。

在式(5.2.2)中假设 $a=0$,即假设停止进食,无任何能量摄入。于是有

$$w(t)=w_0\mathrm{e}^{-dt} \text{ 或 } \frac{w(t)}{w_0}=\mathrm{e}^{-dt}$$

这表明在 t 时刻保存的体重占初始体重的百分率由 e^{-dt} 给出,称为 $(0,t)$ 时间内的体重保存率。当 $t=1$ 时,e^{-d} 给出了单位时间内体重的消耗率,它表明在 $(0,t)$ 内体重减少的百分率,可见这种情况下体重的变化完全是体内脂肪的消耗而产生的,如此继续下去,由 $\lim\limits_{t\to\infty}w(t)=0$,即体重(脂肪)将消耗殆尽,可知不进食的节食减肥方法是危险的。

$\frac{a}{d}$ 是模型中的一个重要的参数,由于 $a=\frac{A}{D}$ 表示由于能量的摄入而增加的体重,而 $d=\frac{(B+R)}{D}$ 表示由于能量的消耗而失掉的体重,于是 $\frac{a}{d}$ 就表示摄取能量而获得的补充量。综合上述分析可知,t 时刻的体重由两部分构成:一部分是初始体重中由于能量消耗而被保存下来的部分;另一部分是摄取能量而获得的补充部分。这一解释从直观上理解也是合理的。

由式(5.2.1)可知,当 $\frac{\mathrm{d}w}{\mathrm{d}t}<0$ 时,即 $\frac{a}{d}<w$,体重从 w_0 递减,这是减肥产生了效果。另外由式(5.2.2)可知,当 $t\to\infty$ 时,$w(t)\to w^*=\frac{a}{d}=\frac{A}{B+R}$,即式(5.2.1)的解渐近稳定于 $w^*=\frac{a}{d}$,它给出了减肥过程的最终结果,因此不妨称 w^* 为减肥效果指标。$w^*=\frac{A}{(B+R)}$ 中,B 是基础代谢的能量消耗,它不能作为减肥的措施随着每个人的意愿进行改变,对于每个人可以认为它是一个常数(非常数,即通过调整新陈代谢的方法来减肥),于是有如下结论:减肥的效果主要是由两个因素控制的,包括由于进食而摄入的能量以及由于运动消耗的能量,从而减肥的两个重要措施就是控制饮食和增加运动量,这恰符合人们对减肥的认识。

人体体重的变化是有规律可循的,减肥也应科学化、定量化。上述模型虽然只揭示了饮食和锻炼这两个主要因素与减肥的关系,但对人们走出盲目减肥的误区,正确从事减肥活动有一定的参考价值。

5.2.5 模型结果分析

通过对减肥问题的数学建模,得出如下的结论:减肥的效果主要由两个因素控制,即由于进食而摄取的能量和由于活动而消耗的能量;减肥的两个重要措施就是控制饮食和增加活动量。

根据背景知识,我们知道任何人通过饮食摄入的能量不能低于用于维持人体正常生理功能所需要的能量。因此人体体重极限表明能量的摄入过低并致使无法维持其

本人正常的生理功能所需。这时减肥所得到的结果不能认为是有效的,它将危及人的身体健康,是危险的。另外,人们为减肥所采用的各种体力活动对能量的消耗也有一个人体所能承受的范围,这表明减肥的效果是由控制饮食和增加消耗综合作用、相互协调的结果。

5.3　伪造名画案

第二次世界大战比利时解放以后,荷兰开始搜捕纳粹同谋犯。他们从一家曾向纳粹德国出卖过艺术品的公司中发现线索,于 1945 年 5 月 29 日以通敌罪逮捕了一名三流画家范·梅格伦,此人曾将 17 世纪荷兰著名画家简·弗米尔的油画《捉奸》等卖给纳粹德国戈林的中间人。可是,范·梅格伦在同年 7 月 12 日在牢里宣称:他从未把《捉奸》卖给戈林,而且他还说,这幅画和众所周知的油画《在埃牟斯的门徒》以及其他四幅冒充弗米尔的油画和两幅德胡斯(17 世纪荷兰画家)的油画,都是他自己的作品,这件事在当时震惊了全世界。为了证明自己的确伪造过名画,他在监狱里开始伪造弗米尔的油画《耶稣在门徒们中间》。当这项工作接近完成时,范·梅格伦获悉自己的通敌罪已被改为伪造文物罪,因此他拒绝将这幅画处理变陈,以免留下罪证。

为了审理这一案件,法庭组织了一个由著名化学家、物理学家和艺术史学家组成的国际小组专门查究这一事件。他们用 X 射线检验画布上是否曾经有过别的画。此外,他们还分析了油彩中的拌料(色粉),检验油画中有没有历经岁月的迹象等。经过一番努力,科学家们终于在其中的几幅画中发现了现代颜料钴兰的痕迹,检验出了 20 世纪初才被发明的酚醛类人工树脂等。根据这些证据,范·梅格伦于 1947 年 10 月 12 日被判伪造罪,获刑 1 年。可是他在狱中只待了 2 个多月就因心脏病发作而病故,时间是 1947 年 12 月 30 日。

然而,事情到此并未结束,许多人还是不肯相信著名的《在埃牟斯的门徒》是范·梅格伦伪造的。事实上,在此之前,这幅画已经被文物鉴定家认定为真迹,并以 17 万美元的高价被伦布兰特学会买下。专家小组对于怀疑者的回答是:由于范·梅格伦曾因其在艺术界中没有地位而十分懊恼,他下决心绘制《在埃牟斯的门徒》来证明他有高于三流画家的水平。当炮制出这样的杰作并轻而易举地出售以后,他的意志消退了,在炮制后来的赝品时就不那么用心了。这种解释并未使怀疑者感到满意,他们要求科学地、确定地证明《在埃牟斯的门徒》的确是一个伪造品,否则,就宁愿相信这是真迹。这一问题一直拖了 20 年,直到 1967 年,才被卡内基·梅隆大学的科学家们基本解决。

5.3.1　原理与模型

测定油画和其他岩石类材料的年龄的关键是 20 世纪初发现的放射性现象。

著名物理学家卢瑟夫在 20 世纪初发现:某些“放射性”元素的原子是不稳定的,并且在已知的一段时间内,有一定比例的原子会自然蜕变而形成新元素的原子。放射性物质在单位时间里原子的分解数与尚存放射性物质的原子数成正比。因此，如果用$N(t)$表示时刻t存在的原子数，用$\frac{dN}{dt}$表示单位时间内蜕变成其他物质的原子数，则有

$$\frac{dN}{dt}=-\lambda N$$

常数λ是正的，称为该物质的衰变常数。λ越大，物质蜕变得越快，其量纲是时间的倒数。衡量物质蜕变速度的一个常用尺度是它的半衰期，即给定数量的放射性原子蜕变一半所需要的时间。为了求得半衰期T，假设$N(t_0)=N_0$，于是，得到初值问题

$$\begin{cases}\frac{dN}{dt}=-\lambda N\\ N(t_0)=N_0\end{cases}$$

注：此方程与负增长的 Malthus 模型完全相同。

其解为

$$N(t)=N_0e^{-\lambda(t-t_0)}$$

如果令$\frac{N}{N_0}=\frac{1}{2}$，则有

$$T=t-t_0=\frac{\ln 2}{\lambda}$$

许多物质的半衰期已被测定，如：^{14}C（碳 14）的半衰期为 5 568 年，^{238}U（铀 238）的半衰期为 45 亿年，Ra（镭）的半衰期为 1 600 年等。

与本问题相关的其他知识还有：

（1）艺术家们应用白铅作为颜料之一，已有 2000 年以上的历史。白铅中含有微量的放射^{210}Pb（铅 210），白铅是从铅矿中提炼出来的，而铅又属于放射性物质链——铀系，其演变简图如下（删去了许多中间环节）：

^{238}U（T=45 亿年）→^{226}Ra（T=1 600 年）→^{210}Pb（T=22 年）→^{206}Pb（无放射性）

（2）地壳里几乎所有的岩石中均含有微量的铀。一方面，铀系中的各种放射性物质均在不断衰减；而另一方面，铀的衰减又在不断地补充着其后继元素。从而，各种放射性物质（除铀以外）在岩石中处于放射性平衡状态。根据世界各地抽样测量的资料，地壳中的铀在铀系中所占平均质量比约为 $2.7\times10^{-6}\%$（含量极微）。各地采集的岩石中铀的含量差异很大，但从未发现过含量高于 2%～3%的铀矿。

（3）从铅矿中提炼铅时，^{210}Pb 与^{206}Pb 一起被作为铅留下，而其余物质则有 90%～95%被留在矿渣里，从而打破了原有的放射性平衡。（注：这些有关物理、地质方面的知识在建模时可查资料得到或向相应的专家请教。）

5.3.2 简化假定

本问题建模的目的是鉴定几幅不超过 300 年的古画，为了使模型尽可能简单，可作如下假设：

（1）由于镭的半衰期为 1 600 年，时经 300 年左右，应用微分方程方法不难计算出白铅中的镭至少还保留着原先数量的 90%，为简单起见，假定每克白铅中的镭每分钟的分解数目是一个常数。

（2）^{210}Pb 的衰变为

$$^{210}\mathrm{Pb}\xrightarrow{T=22\text{ 年}}{}^{210}\mathrm{Po}(\text{钋 }210)\xrightarrow{T=138\text{ 天}}{}^{206}\mathrm{Pb}$$

若画为真品，颜料应有 300 年左右或 300 年以上的历史，容易证明：1 g 白铅中 ^{210}Po 的每分钟分解数几乎等于 ^{210}Pb 的分解数（相差极微，已无法区别），因为钋的半衰期较短，易于测量，所以可用钋代替铅。

5.3.3 模型建立和分析

（1）记提炼白铅的时刻为 $t=0$，当时 1 g 白铅中 ^{210}Pb 的分子数为 y_0，由于提炼前岩石中的铀系处于放射性平衡状态，故铀和铅在单位时间里的分解数相同。由此容易推算出 1 g 白铅中 ^{210}Pb 每分钟分解数不能大于 30 000 个，否则铀的含量将超过 4%，而这是不可能的。事实上，若 $\lambda_u U_0=\lambda y_0\geqslant 30\,000$（$\lambda_u$ 为铀的衰减率，λ 为 ^{210}Pb 的分解率），则

$$U_0\geqslant\frac{30\,000\times60\times24\times365}{\lambda_u}\text{个}\approx1.02\times10^{20}\text{ 个}$$

式中：$\lambda_u=\dfrac{\ln2}{T_u}$，$T_u=4.5\times10^{10}$ 年。

这些铀的质量为 $\dfrac{1.02\times10^{20}}{6.02\times10^{23}}\times238\text{ g}\approx0.04\text{ g}$，即 1 g 白铅约含 0.04 g 铀，含量为 4%（6.02×10^{23} 为阿伏加德罗常数）。

（2）设 t 时刻 1 g 白铅中 ^{210}Pb 的含量为 $y(t)$，而镭的单位时间分解数为 r（常数），则 $y(t)$ 满足微分方程

$$\frac{\mathrm{d}y}{\mathrm{d}t}=-\lambda y+r$$

由此解得

$$y(t)=\frac{r}{\lambda}\left[1-\mathrm{e}^{-\lambda(t-t_0)}\right]+y_0\mathrm{e}^{-\lambda(t-t_0)}$$

故

$$\lambda y_0 = \lambda y(t)\mathrm{e}^{\lambda(t-t_0)} - r[\mathrm{e}^{\lambda(t-t_0)} - 1]$$

油画中每 1 g 白铅所含^{210}Pb 目前的分解数 $\lambda y(t)$ 及镭目前的分解数 r 均可用仪器测出。若此画是真品，$t-t_0 \approx 300$(年)，则可求出 λy_0 的近似值，并利用(1)来判断此分解数是否合理。若判断结果为不合理，则可以确定此画必是赝品，但反之却不一定能说明画是真迹(因为估计仍是十分保守的，且只能证明画的“年龄”，不能判断画的作者)。

卡内基·梅隆大学的科学家们利用上述模型对部分有疑问的油画作了鉴定，测得数据见表 5.1。

表 5.1　部分有疑问油画鉴定测得数据表　　单位：个/min

油画名称	^{210}Pb 分解数	^{226}Ra 分解数
《在埃牟斯的门徒》	8.5	0.80
《濯足》	12.6	0.26
《看乐谱的女人》	10.3	0.30
《演奏曼陀琳的女人》	8.2	0.17
《花边织工》	1.5	1.40
《笑女》	5.2	6.00

对于《在埃牟斯的门徒》，可以算出 $\lambda y_0 \approx 98\,050$ 个/(g·min)，显然这是不可能的，它必定是一幅近代(指几十年内的)伪造品。类似可以判定《濯足》《看乐谱的女人》《演奏曼陀琳的女人》也是赝品。而《花边织工》和《笑女》则不太可能是现代伪造品，因为其中的放射性物质已基本处于平衡状态，这样的平衡不可能存在于 19 世纪和 20 世纪的任何作品中。

利用放射性原理，还可以对其他文物的年代进行测定。例如对于有机物(动、植物)遗体，考古学上目前流行的测定方法是放射性^{14}C 测定法，这种方法具有较高的精确度。其基本原理是：由于大气层受到宇宙线的连续照射，空气中含有微量的中微子，它们和空气中的氮结合，形成放射性^{14}C。在大气中，^{12}C 与^{14}C 是处于放射性平衡状态下的。有机物存活时，它们通过新陈代谢与外界进行物质交换，使体内的^{14}C 也处于放射性平衡中。一旦有机物死亡，新陈代谢终止，放射性平衡即遭破坏，^{14}C 的含量将随时间而不断下降。因而，通过对比测定可以估计出它们生存的年代。例如，1950 年在巴比伦的一个洞穴里发现一根刻有 Hammurabi 王朝字样的木炭，历史书上并未记载下这一朝代。经测定，其^{14}C 衰减数为 4.09 个/(g·min)，而在新砍伐烧成的木炭中，^{14}C 衰减数为 6.68 个/(g·min)，^{14}C 的半衰期为 5 568 年，由此可以推算出该王朝存在于 3 900~4 000 年前。

5.4　人口增长模型

由于资源的有限性，当今世界各国都注意有计划地控制人口的增长。为得到人口预测模型，首先必须搞清楚影响人口增长的因素，而影响人口增长的因素很多，如人口的自然出生率、人口的自然死亡率、人口的迁移、自然灾害、战争等，如果一开始就把所有因素都考虑进去，则无从下手。因此，先把问题简化，建立比较粗糙的模型，再逐步修改，得到较完善的模型。严格地讲，讨论人口问题所建立的模型应属于离散型模型。但在人口基数很大的情况下，突然增加或减少的只是单一的个体或少数几个个体，相对于全体数量而言，这种改变量是极其微小的，因此，可以近似地假设人口随时间连续变化甚至是可微的。这样，就可以采用微分方程的工具来研究这一问题。

5.4.1 模型1 马尔萨斯(Malthus)模型

英国人口统计学家马尔萨斯(1766—1834年)在担任牧师期间，查看了教堂100多年人口出生统计资料，发现人口出生率是一个常数，于1789年在《人口原理》一书中提出了闻名于世的马尔萨斯人口模型，其基本假设是：在人口自然增长过程中，净相对增长(出生率与死亡率之差)是常数，即单位时间内人口的增长量与人口成正比，比例系数设为r。在此假设下，推导并求解人口随时间变化的数学模型。

设时刻t的人口为$N(t)$，把$N(t)$当作连续、可微函数处理(因人口总数很大，可近似地这样处理，此乃离散变量连续化处理)，据马尔萨斯的假设，在t至$t+\Delta t$时间段内，人口的增长量为

$$N(t+\Delta t)-N(t)=rN(t)\Delta t$$

并设$t=t_0$时刻的人口为N_0，于是

$$\begin{cases}\dfrac{dN}{dt}=rN\\ N(t_0)=N_0\end{cases}$$

这就是马尔萨斯人口模型，用分离变量法易求出其解为

$$N(t)=N_0e^{r(t-t_0)}$$

此式表明人口以指数规律随时间无限增长。

模型检验：据估计1961年地球上的人口总数为3.06×10^9，而在以后7年中，人口总数以每年2%的速度增长，这样$t_0=1\,961$，$N_0=3.06\times10^9$，$r=0.02$，于是

$$N(t)=3.06\times10^9e^{0.02(t-1\,961)} \tag{5.4.1}$$

式(5.4.1)非常准确地反映了1700—1961年间世界人口总数。因为其间地球上的人口大约每35年翻一番，而由式(5.4.1)可计算出人口34.6年增加1倍。

但是，后来人们以美国人口为例，用马尔萨斯模型计算结果与人口资料比较，却发现有很大的差异，尤其是在用此模型预测较遥远的未来地球人口总数时，发现更令人不可思议的问题。如按此模型计算，到2670年，地球上将有36 000亿人口，即使地球表面全

是陆地(事实上地球表面还有 80%被水覆盖),我们也只得互相踩着肩膀站成两层了,这是非常荒谬的,因此这一模型应该被修改。

5.4.2 模型 2 逻辑(Logistic)模型

马尔萨斯模型为什么不能预测未来的人口呢?这主要是因为地球上的各种资源只能供一定数量的人生活,随着人口的增加,自然资源、环境条件等因素对人口增长的限制作用越来越显著,如果当人口较少时,人口的自然增长率可以看作常数的话,那么当人口增加到一定数量以后,这个增长率就要随人口的增加而减小。因此,应对马尔萨斯模型中关于净增长率为常数的假设进行修改。

1838 年,荷兰生物数学家韦尔侯斯特(Verhulst)引入常数 N_m,用来表示自然环境条件所能容许的最大人口数(一般说来,一个国家工业化程度越高,其生活空间就越大,食物就越多,从而 N_m 就越大),并假设净增长率为 $r\left[1-\frac{N(t)}{N_m}\right]$,即净增长率随着 $N(t)$ 的增加而减小,当 $N(t)\to N_m$ 时,净增长率趋于 0。按此假定建立人口预测模型:

由韦尔侯斯特假定,马尔萨斯模型应改为

$$\begin{cases}\dfrac{\mathrm{d}N}{\mathrm{d}t}=r\left(1-\dfrac{N}{N_0}\right)N\\ N(t_0)=N_0\end{cases}\tag{5.4.2}$$

式(5.4.2)就是逻辑模型,该方程可分离变量,其解为

$$N(t)=\frac{N_m}{1+\left(\dfrac{N_m}{N_0}-1\right)\mathrm{e}^{-r(t-t_0)}}$$

下面,对模型作一简要分析:

(1) 当 $t\to\infty$, $N(t)\to N_m$,即无论人口的初值如何,人口总数趋向于极限值 N_m。

(2) 当 $0<N<N_m$ 时,$\frac{\mathrm{d}N}{\mathrm{d}t}=r\left(1-\frac{N}{N_m}\right)N>0$,这说明 $N(t)$ 是时间 t 的单调递增函数。

(3) 由于 $\frac{\mathrm{d}^2N}{\mathrm{d}t^2}=r^2\left(1-\frac{N}{N_m}\right)\left(1-\frac{2N}{N_m}\right)N$,所以当 $N<\frac{N_m}{2}$ 时,$\frac{\mathrm{d}^2N}{\mathrm{d}t^2}>0$,$\frac{\mathrm{d}N}{\mathrm{d}t}$ 单增;当 $N>\frac{N_m}{2}$ 时,$\frac{\mathrm{d}^2N}{\mathrm{d}t^2}<0$,$\frac{\mathrm{d}N}{\mathrm{d}t}$ 单减,即人口增长率 $\frac{\mathrm{d}N}{\mathrm{d}t}$ 由增变减,在 $\frac{N_m}{2}$ 处最大,也就是说在人口总数达到极限值一半以前是加速增长期,过这一点后,增长的速率逐渐变小,并且最终达到 0,这是减速增长期。

(4) 用该模型检验美国 1790—1950 年的人口,发现模型计算的结果与实际人口在 1930 年以前都非常吻合,而从 1930 年以后,误差愈来愈大,一个明显的原因是在 20 世纪

60 年代美国的实际人口数已经突破了 20 世纪初所设的极限人口。由此可见该模型的缺点之一是 N_m 不易确定,事实上,随着一个国家经济的腾飞,它所拥有的食物就越丰富,N_m 的值也就越大。

(5) 用逻辑模型来预测世界未来人口总数。某生物学家估计 $r=0.029$,又当人口总数为 3.06×10^9 时,人口每年以 2%的速率增长,由逻辑模型得

$$\frac{1}{N}\frac{\mathrm{d}N}{\mathrm{d}t}=r\left(1-\frac{N}{N_m}\right)$$

即

$$0.02=0.029\left(1-\frac{3.06\times10^9}{N_m}\right)$$

从而得

$$N_m=9.86\times10^9$$

即世界人口总数极限值近 100 亿。

值得说明的是:人也是一种生物,因此,上面关于人口模型的讨论,原则上也可以用于在自然环境下单一物种生存着的其他生物,如森林中的树木、池塘中的鱼等,逻辑模型有着广泛的应用。

5.5 新产品的推销与广告

经济学家和社会学家一直很关心新产品的推销速度问题。怎样建立一个数学模型来描述它,并由此推导出一些有用的结果以指导生产呢?让我们来看一下第二次世界大战后日本家电业界建立的电饭煲销售模型。

设电饭煲的需求量有一个上界,并记此上界为 K,记 t 时刻已经销售出去并在使用的电饭煲数量为 $x(t)$,则尚未使用的户数大致为 $K-x(t)$,于是,根据统计筹算律,$\frac{\mathrm{d}x}{\mathrm{d}t}\propto x(K-x)$,记比例系数为 k,则 $x(t)$ 满足

$$\frac{\mathrm{d}x}{\mathrm{d}t}=kx(K-x)\tag{5.5.1}$$

式(5.5.1)即 Logistic 模型,解为

$$x(t)=\frac{K}{1+C\mathrm{e}^{-Kkt}}$$

注:此外还有两个奇解 $x=0$ 和 $x=K$。

对 $x(t)$ 求一阶、二阶导数

$$x'(t)=\frac{cK^2k\mathrm{e}^{-Kkt}}{(1+C\mathrm{e}^{-Kkt})^2}$$

$$x''(t)=\frac{CK^3k^2\mathrm{e}^{-Kkt}(C\mathrm{e}^{-Kkt}-1)}{(1+C\mathrm{e}^{-Kkt})^3}$$

容易看出,$x'(t)>0$,即 $x(t)$ 单调增加,这当然是十分自然的。进而,由 $x''(t_0)=0$,可以得出 $C\mathrm{e}^{-Kkt_0}=1$,此时,$x(t_0)=\frac{K}{2}$。当 $t<t_0$ 时,$x''(t)>0$,即 $x'(t)$ 单调增加,而当 $t>t_0$ 时,$x''(t)<0$,即 $x'(t)$ 单调减小。这说明:在销售量小于最大需求量的一半时,销售速度是不断增大的;销出量达到最大需求量的一半时,$x'(t)$ 达到最大值,此时该产品最为畅销,其后销售速度将开始下降。实际调查表明,销售曲线与 Logistic 曲线(图 5.1)十分接近,尤其是在销售后期,两者几乎完全吻合。

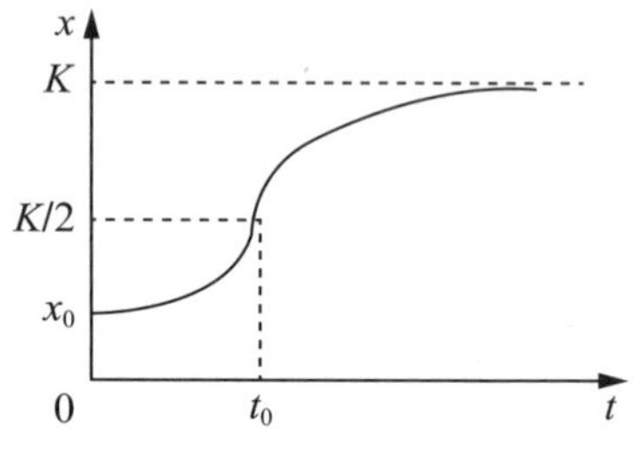

图 5.1　Logistic 曲线图

美国和其他一些国家的经济学家也做了大量的社会调查,并建立了完全相同的模型。例如:美国卡内基·梅隆大学的 Edwin Mansfield 调查了四大主要工业 12 项新工艺的推广情况;Iowa 州调查了 1934—1955 年中一种新型 24-D 除草喷雾器和 Hybrid 新谷类的推广情况等。所有调查结果均较好地符合了 Logistic 曲线的特征,推广速率的增长过程一般均在达到最大需求量的一半时结束,只有 1 例例外,其增长过程一直持续到达到最大需求量的 60%时才结束。

基于对 Logistic 曲线(图 5.1)形状的分析,国外普遍认为:从 20%用户采用到 80%用户采用某一新产品的这段时期,应为该产品正式大批量生产的较合适的时期,初期应采取小批量生产并加以广告宣传,后期则应适时转产,这样做可以取得较高的经济效益。据此不难计算出新产品的旺销期从何时开始,到何时结束,时间长度有多长。易见,掌握这些关键数据无论对厂家的生产还是商家的营销都是至关重要的。

5.6　传染病模型

建立传染病模型的目的是描述传染过程、分析受感染人数的变化规律、预报高潮期到来的时间等等。

为简单起见,假定传播期间所观察地区人数 N 不变,不计生死迁移,时间以天为计量单位。

5.6.1　模型 1 SI 模型

5.6.1.1　模型假设

(1) 人群分为健康者和病人,在时刻 t 这两类人人数在总人数 N 中所占比例分别为

$s(t)$和$i(t)$，即$s(t)+i(t)=1$。

（2）平均每个病人每天有效接触人数是常数λ，即每个病人平均每天使$\lambda s(t)$个健康者受感染变为病人，λ称为日接触率。

5.6.1.2　模型建立与求解

根据假设，在时刻t，每个病人每天可使$\lambda s(t)$个健康者变成病人，病人数为$Ni(t)$，故每天共有$\lambda Ns(t)i(t)$个健康者被感染，即

$$N\frac{\mathrm{d}i}{\mathrm{d}t}=\lambda Nsi$$

又由假设（1）和设$t=0$时的比例i_0，得到模型

$$\begin{cases}\dfrac{\mathrm{d}i}{\mathrm{d}t}=\lambda i(1-i)\\ i(0)=i_0\end{cases}\tag{5.6.1}$$

式（5.6.1）的解为

$$i(t)=\frac{1}{1+\left(\dfrac{1}{i_0}-1\right)\mathrm{e}^{-\lambda t}}\tag{5.6.2}$$

5.6.1.3　模型解释

图5.2为SI模型$i(t)$-t曲线及$\frac{\mathrm{d}i}{\mathrm{d}t}$-$i$曲线，对比两条曲线可知：

（1）当$i=\frac{1}{2}$时，$\frac{\mathrm{d}i}{\mathrm{d}t}$达最大值，这个时刻为$t_m=\lambda^{-1}\ln\left(\frac{1}{i_0}-1\right)$，即高潮到来时刻，$\lambda$越大，则$t_m$越小。

（2）当$t\to\infty$时，$i\to1$，这时所有的人都被感染，主要是由于没有考虑病人可以被治愈的缘故，即只有健康者变成病人，病人不会再变成健康者。

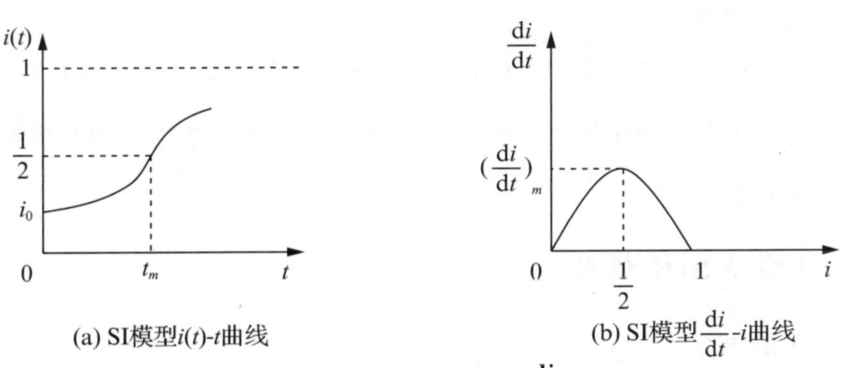

(a) SI模型$i(t)$-t曲线　　(b) SI模型$\frac{\mathrm{d}i}{\mathrm{d}t}$-$i$曲线

图5.2　SI模型$i(t)$-t曲线及$\frac{\mathrm{d}i}{\mathrm{d}t}$-$t$曲线

5.6.2 模型 2 SIS 模型

5.6.2.1 模型假设

在模型 1 中补充假设:

(3) 病人每天被治愈的人数占病人总数的比例为 μ,称为日治愈率。

5.6.2.2 模型建立与求解

模型修正为

$$\begin{cases} \dfrac{\mathrm{d}i}{\mathrm{d}t} = \lambda i(1-i) - \mu i \\ i(0) = i_0 \end{cases} \tag{5.6.3}$$

t 时刻每天有 $Ni\mu$ 个病人转变成健康者。

式(5.6.3)的解为

$$i(t) = \begin{cases} \left[\dfrac{\lambda}{\lambda-\mu} + \left(\dfrac{1}{i_0} - \dfrac{\lambda}{\lambda-\mu}\right) \mathrm{e}^{-(\lambda-\mu)t}\right] - 1, \lambda \neq \mu \\ (\lambda t +) - 1, \lambda = \mu \end{cases} \tag{5.6.4}$$

可以由式(5.6.3)计算出使 $\dfrac{\mathrm{d}i}{\mathrm{d}t}$ 达最大值的高潮期 $t_m\left(\dfrac{\mathrm{d}i}{\mathrm{d}t}\text{的最大值}\left(\dfrac{\mathrm{d}i}{\mathrm{d}t}\right)_m \text{在 } i=\dfrac{\lambda-\mu}{2\lambda}\text{时达到}\right)$。

记 $a=\dfrac{\lambda}{\mu}$,可知

$$i(\infty) = \begin{cases} 1 - \dfrac{1}{a}, a > 1 \\ 0, a \leqslant 1 \end{cases}$$

5.6.2.3 模型解释

图 5.3 为 SIS 模型 $i(t)$-t 曲线。可知 a(a 刻画出该地区医疗条件的卫生水平)为一个阈值,当 $a\leqslant 1$ 时,$i(t)\to 0$;当 $a>1$ 时,$i(t)$增减性取决于 i_0 的大小,但其极限为 $1-\dfrac{1}{a}$,且 a 愈大,$i(t)$也愈大。

5.6.3 模型 3 SIR 模型

5.6.3.1 模型假设

(1) 人群分为健康者,病人和移出者(病愈免疫者),三类人在时刻 t 在总人数 N 中

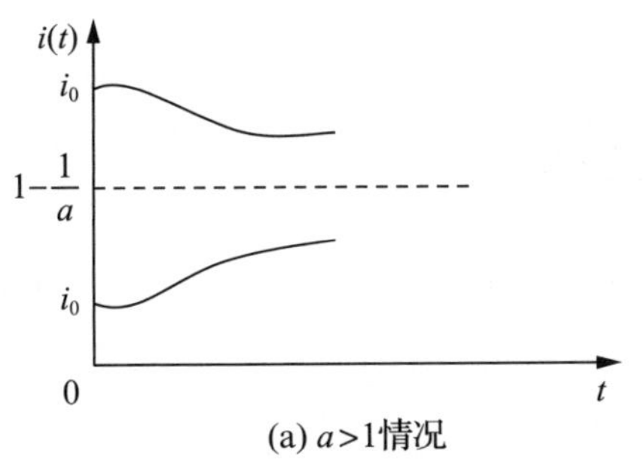

(a) $a>1$情况

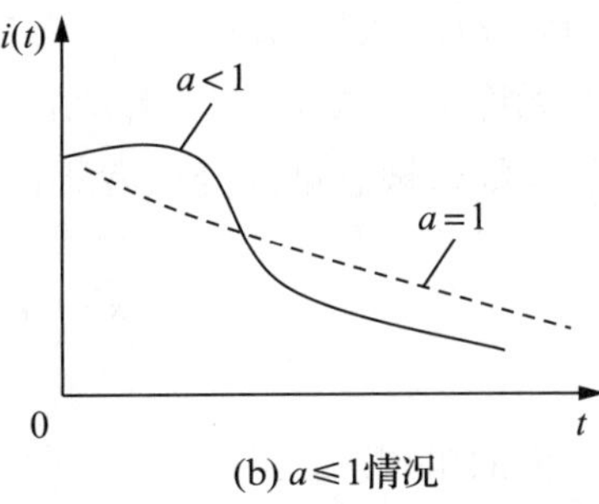

(b) $a\leqslant 1$情况

图 5.3　SIS 模型 $i(t)$-t 曲线

所占比例分别为 $s(t)$、$i(t)$、$r(t)$，即 $s(t)+i(t)+r(t)=1$。

（2）病人日接触率为 λ，日治愈率为 μ，传染期间接触数 $\sigma=\dfrac{\lambda}{\mu}$。

5.6.3.2　模型建立与求解

$i(t)$随 t 变化规律仍同模型 2，对 $r(t)$应有

$$N\frac{\mathrm{d}r}{\mathrm{d}t}=\mu Ni,\text{且}\frac{\mathrm{d}s}{\mathrm{d}t}+\frac{\mathrm{d}i}{\mathrm{d}t}+\frac{\mathrm{d}r}{\mathrm{d}t}=0$$

于是得到模型

$$\begin{cases}\dfrac{\mathrm{d}i}{\mathrm{d}t}=\lambda si-\mu i\\ \dfrac{\mathrm{d}s}{\mathrm{d}t}=-\lambda si\\ i(0)=i_0,s(0)=s_0\end{cases}\tag{5.6.5}$$

从式(5.6.5)中消去 $\mathrm{d}t$，并注意到 σ 的意义，可得

$$\begin{cases}\dfrac{\mathrm{d}i}{\mathrm{d}s}=\dfrac{1}{\sigma s}-1\\ i\mid_{s=s_0}=i_0\end{cases}\tag{5.6.6}$$

求出式(5.6.6)的解为

$$i=(s_0+i_0)-s+\frac{1}{\sigma}\ln\frac{s}{s_0}\tag{5.6.7}$$

从式(5.6.5)中无法得到 $s(t)$和 $i(t)$的解析解，转到 s-i 相平面上讨论解的性质。

$$D=\{(s,i)\mid s\geqslant 0,i\geqslant 0,s+i\leqslant 1\}$$

图 5.4 为 SIR 模型的 i-s 曲线。

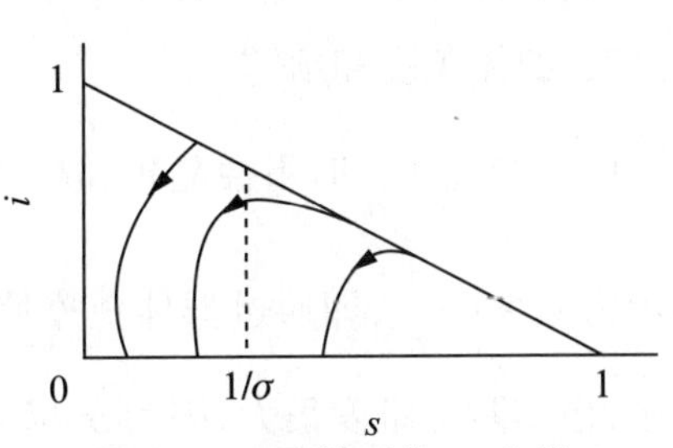

图 5.4　SIR 模型的 i-s 曲线

根据式(5.6.5)和式(5.6.7)及图 5.4 分析

$s(t)$、$i(t)$、$r(t)$的变化情况：

（1）无论 s_0、i_0 如何，$i_\infty=0$，即病人终将消失。

（2）最终未被感染的健康者所占比例 s_∞ 是方程

$$s_0+i_0-s_\infty+\frac{1}{\sigma}\ln\frac{s_\infty}{s_0}=0 \tag{5.6.8}$$

在$\left(0,\frac{1}{\sigma}\right)$内的单根。

（3）若 $s_0>\frac{1}{\sigma}$，则当 $s=\frac{1}{\sigma}$时，$i(t)$达到最大值 $i_m=s_0+i_0-\frac{1}{\sigma}(1+\ln\sigma s_0)$，$i(t)$先增后减至 0。

（4）若 $s_0\leqslant\frac{1}{\sigma}$，则 $i(t)\to 0, s(t)\to s_\infty$。

5.6.3.3 模型解释

（1）$\frac{1}{\sigma}$是一个阈值，当 $s_0>\frac{1}{\sigma}$时传染病会蔓延，$s_0\leqslant\frac{1}{\sigma}$时就不会蔓延。

（2）$\sigma=\frac{\lambda}{\mu}$表明 λ 愈小，μ 愈大，σ 也愈小，从而愈有利于减缓传染病蔓延。

注：式(5.6.8)中，令 $i_0=0$（通常开始时 i_0 很小），可得到重要参数 σ 的估计值，即

$$\sigma=\frac{\ln s_0-\ln s_\infty}{s_0-s_\infty}$$

式中 s_0、s_∞ 可由实验得出估计。

5.6.3.4 模型应用

1）被传染比例的估计

$$x=s_0-s_\infty$$

由 $i_0\approx 0, s_0\approx 1$，以及式(5.6.8)，得

$$x+\frac{1}{\sigma}\ln\left(1-\frac{x}{s_0}\right)\approx 0\Rightarrow x\approx 2s_0\sigma\left(s_0-\frac{1}{\sigma}\right)$$

当该地区的卫生和医疗水平不变时，σ 就不变，这个比例也不变。

2）群体免疫和预防

由于当 $s_0\leqslant\frac{1}{\sigma}$时不会蔓延，故降低 s_0 也是种手段。由 $i_0\approx 0$，$s_0=1-r_0$，于是 $s_0\leqslant\frac{1}{\sigma}$可表示为 $r_0\geqslant 1-\frac{1}{\sigma}$，即通过群体免疫使初始时刻的移出者比例 $r_0\geqslant 1-\frac{1}{\sigma}$，就可制止传染病蔓延，但实际上难度很大，因为 σ 越大，r_0 就要越大（如 $\sigma=5$，则 $r_0\geqslant 0.8$，即有 80%以上人接受免疫），而且这些人在人群中均匀分布。

第6章 数学建模优化模型及案例

6.1 最优化模型概述

6.1.1 最优化问题概念

1）最优化问题

在工业、农业、交通运输、商业、国防、建筑、通信、政府机关等各部门、各领域的实际工作中,经常会遇到求函数的极值或最大值、最小值问题,这一类问题称之为最优化问题。而求解最优化问题的数学方法被称为最优化方法。它主要解决最优生产计划、最优分配、最佳设计、最优决策、最优管理等求函数最大值、最小值问题。

最优化问题的目的有2个：①求出满足一定条件下,函数的极值或最大值、最小值；②求出取得极值时变量的取值。

最优化问题所涉及的内容种类繁多,有的十分复杂,但是它们都有共同的关键因素：变量、约束条件和目标函数。

2）变量

变量是指最优化问题中所涉及的与约束条件和目标函数有关的待确定的量。一般来说,它们都有一些限制条件(约束条件)并与目标函数紧密关联。

设问题中涉及的变量为 $x_1, x_2, \cdots, x_n$,通常也用 $X=(x_1, x_2, \cdots, x_n)$ 表示。

3）约束条件

在最优化问题中,求目标函数的极值时,变量必须满足的限制称为约束条件。例如：许多实际问题变量要求必须非负,这是一种限制；在研究电路优化设计问题时,变量必须服从电路基本定律,这也是一种限制等。在研究问题时,这些限制必须用数学表达式准确地描述。

用数学语言描述约束条件一般来说有两种：

等式约束条件

$$g_i(X)=0, i=1,2,\cdots,m$$

不等式约束条件

$$h_i(X)\geqslant 0, i=1,2,\cdots,r$$

或

$$h_i(X)\leqslant 0, i=1,2,\cdots,r$$

注：在最优化问题研究中，由于解的存在性十分复杂，一般来说，不考虑不等式约束条件 $h(X)>0$ 或 $h(X)<0$。在这 2 种约束条件下，最优化问题的最优解的存在性较复杂。

4）目标函数

在最优化问题中，与变量有关的待求其极值或最大值、最小值的函数称为目标函数。目标函数常用 $f(X)=f(x_1,x_2,\cdots,x_n)$ 表示。当目标函数为某问题的效益函数时，问题即为求极大值；当目标函数为某问题的费用函数时，问题即为求极小值等。

求极大值和极小值问题实际上没有原则上的区别，因为求 $f(X)$ 的极小值，也就是要求 $-f(X)$ 的极大值，两者的最优值在同一点取到。

6.1.2 最优化问题分类

最优化问题种类繁多，因而分类的方法也有许多。可以按变量的性质分类，按有无约束条件分类，按目标函数的个数分类，等等。

1）按变量性质分类

一般来说，变量可以分为确定性变量、随机变量和系统变量等，相对应的最优化问题分别称为普通最优化问题、统计最优化问题和系统最优化问题。

2）按有无约束条件分类

分为无约束最优化问题和有约束最优化问题。

3）按目标函数的个数分类

分为单目标最优化问题和多目标最优化问题。

4）按约束条件和目标函数是否是线性函数分类

分为线性最优化问题（线性规划）和非线性最优化问题（非线性规划）。

5）按约束条件和目标函数是否是时间的函数分类

分为静态最优化问题和动态最优化问题（动态规划）。

6）按最优化问题求解方法分类

（1）解析法（间接法）
- 无约束
  - 古典微分法
  - 古典变分法
- 有约束
  - 极大值原理
  - 库恩-图克定理

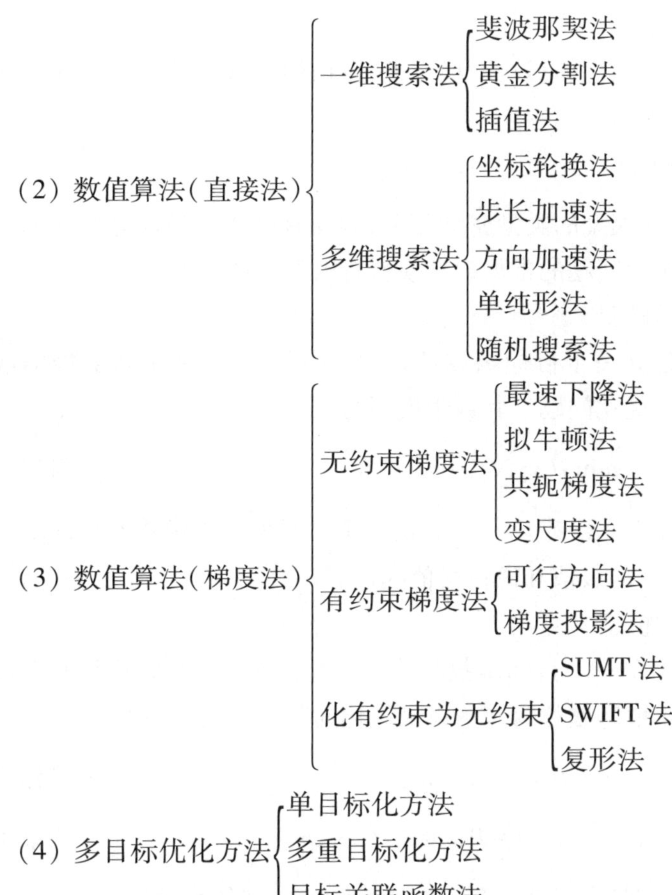

（5）网络优化方法。

6.1.3　最优化问题的求解步骤和数学模型

6.1.3.1　最优化问题的求解步骤

最优化问题的求解涉及应用数学、计算机科学以及各专业领域等，是一个十分复杂的问题，然而它却是需要重点关心的问题之一。怎样研究分析求解这类问题呢？最关键的是建立数学模型和求解数学模型。一般来说，应用最优化方法解决实际问题可分为4个步骤进行：

步骤1：建立模型

提出最优化问题，变量是什么？约束条件有哪些？目标函数是什么？建立最优化问题数学模型：确定变量，建立目标函数，列出约束条件——建立模型。

步骤2：确定求解方法

分析模型，根据数学模型的性质，选择优化求解方法——确定求解方法。

步骤3：计算机求解

编程序（或使用数学计算软件），应用计算机求最优解——计算机求解。

步骤 4：结果分析

对算法的可行性、收敛性、通用性、时效性、稳定性、灵敏性和误差等作出评价——结果分析。

6.1.3.2 最优化问题数学模型

最优化问题的求解与其数学模型的类型密切相关，因而有必要对最优化问题的数学模型有所掌握。一般来说，最优化问题的常见数学模型有以下几种：

1）无约束最优化问题数学模型

由某实际问题设立变量，建立一个目标函数且无约束条件，这样的求函数极值或最大值、最小值问题称为无约束最优化问题。其数学模型为

$$\min f(x_1,x_2,\cdots,x_n) \quad \text{——目标函数}$$

例如求一元函数 $y=f(x)$ 和二元函数 $z=f(x,y)$ 的极值。又例如求函数 $f(x_1,x_2,x_3)=3x_1^2+4x_2^2+6x_3^2+2x_1x_2-4x_1x_3-2x_2x_3$ 的极值和取得极值的点。

2）有约束最优化问题数学模型

由某实际问题设立变量，建立一个目标函数和若干个约束条件（等式或不等式），这样的求函数极值或最大值、最小值问题称为有约束最优化问题。其数学模型为

$$\min f(x_1,x_2,\cdots,x_n) \quad \text{——目标函数}$$

$$g_i(x_1,x_2,\cdots,x_n)=0,i=1,2,\cdots,m \quad \text{——约束条件}$$

有约束最优化问题的例子：求函数 $f(x_1,x_2,x_3)=x_1x_3\cdots x_n$ 在约束条件 $x_1+x_3+\cdots+x_n=2\,008,x\geqslant 0,i=1,2,\cdots,n$ 下的最大值和取得最大值的点。

3）线性规划问题数学模型

由某实际问题设立变量，建立一个目标函数和若干个约束条件，目标函数和约束条件都是变量的线性函数，而且变量是非负的，这样的求函数最大值、最小值问题称为线性最优化问题，简称为线性规划问题。其标准数学模型为

$$\min f(x_1,x_2,\cdots,x_n)=c_1x_1+c_2x_2+\cdots+c_nx_n \quad \text{——目标函数}$$

$$\left.\begin{aligned} a_{i1}x_1+a_{i2}x_2+\cdots+a_{im}x_n=b_i,i=1,2,\cdots,m \\ x_i\geqslant 0 \end{aligned}\right. \quad \text{——约束条件}$$

矩阵形式

$$\min f(\boldsymbol{X})=\boldsymbol{C}^{\mathrm{T}}\boldsymbol{X} \quad \text{——目标函数}$$

$$\left.\begin{aligned} \boldsymbol{AX}=\boldsymbol{B} \\ \boldsymbol{X}\geqslant 0 \end{aligned}\right. \quad \text{——约束条件}$$

式中：

$$\boldsymbol{X}=(x_1,x_2,\cdots,x_n)^{\mathrm{T}}$$

$$\boldsymbol{C}=(c_1,c_2,\cdots,c_n)^{\mathrm{T}}$$

$$\boldsymbol{B}=(b_1,b_2,\cdots,b_m)^{\mathrm{T}}$$

$$\boldsymbol{A}=\begin{pmatrix} a_{11} & a_{12} & \cdots & a_{1n} \\ a_{21} & a_{22} & \cdots & a_{2n} \\ \cdots & \cdots & \cdots & \cdots \\ a_{m1} & a_{m2} & \cdots & a_{mn} \end{pmatrix}$$

在线性规划问题中,关于约束条件必须注意以下几个问题:

(1) 非负约束条件 $x_i \geqslant 0(i=1,2,\cdots,n)$,一般来说这是实际问题的需要。如果约束条件为 $x_i \geqslant d_i$,作变量替换 $z_i=x_i-d_i \geqslant 0$;如果约束条件为 $x_i \leqslant d_i$,作变量替换 $z_i=d_i-x_i \geqslant 0$。

(2) 在线性规划的标准数学模型中,约束条件为等式。如果约束条件不是等式,引入松弛变量化不等式约束条件为等式约束条件。

第 1 种情况:若约束条件为

$$a_{i1}x_1+a_{i2}x_2+\cdots+a_{im}x_n \geqslant b_i$$

引入松弛变量

$$z_i=a_{i1}x_1+a_{i2}x_2+\cdots+a_{im}x_n-b_i \geqslant 0$$

原约束条件变为

$$a_{i1}x_1+a_{i2}x_2+\cdots+a_{im}x_n-z_i=b_i$$

第 2 种情况:若约束条件为

$$a_{i1}x_1+a_{i2}x_2+\cdots+a_{im}x_n \leqslant b_i$$

引入松弛变量

$$z_i=b_i-(a_{i1}x_1+a_{i2}x_2+\cdots+a_{im}x_n) \geqslant 0$$

原约束条件变为

$$a_{i1}x_1+a_{i2}x_2+\cdots+a_{im}x_n+z_i=b_i$$

在其他最优化问题中,也常常采取上述方法化不等式约束条件为等式约束条件。

在实际问题中,经常遇到两类特殊的线性规划问题。一类是所求变量要求是非负整数,称为整数规划问题;另一类是所求变量要求只取 0 或 1,称为 0 -1 规划问题。

例如整数规划问题:

$$\min z=x_1+3x_2$$

$$\text{s. t.}\begin{cases}x_2 \geqslant 3.13 \\ 22x_1 + 34x_2 \geqslant 285 \\ x_1 \geqslant 0, x_2 \geqslant 0 \text{ 且为整数}\end{cases}$$

又例如 0-1 规划问题：

$$\max z = 3x_1 - 2x_2 + 5x_3$$

$$\text{s. t.}\begin{cases}x_1 + 2x_2 - x_3 \leqslant 2 \\ x_1 + 4x_2 + x_3 \leqslant 4 \\ x_1 + x_2 \leqslant 3 \\ 4x_2 + x_3 \leqslant 6\end{cases}, x_1, x_2, x_3 = 0 \text{ 或 } 1$$

4）非线性规划问题数学模型

由某实际问题设立变量，建立一个目标函数和若干个约束条件，如果目标函数或约束条件表达式中有变量的非线性函数，那么，这样的求函数最大值、最小值问题称为非线性规划最优化问题，简称为非线性规划问题。其数学模型为

$$\min f(x_1, x_2, \cdots, x_n) \qquad \text{——目标函数}$$

$$g_i(x_1, x_2, \cdots, x_n) = 0, i = 1, 2, \cdots, m \qquad \text{——约束条件}$$

其中目标函数或约束条件中有变量的非线性函数。

例如非线性规划问题：

$$\min f(x, y) = (x - 1)^2 + y$$

$$\begin{cases}g_1(x, y) = x + y - 2 \leqslant 0 \\ g_2(x, y) = -y \leqslant 0\end{cases}$$

上述最优化问题中，目标函数是非线性函数，故称为非线性规划问题。

以上介绍的 4 种最优化数学模型都只有 1 个目标函数，称为单目标最优化问题，简称为最优化问题。

5）多目标最优化问题数学模型

由某实际问题设立变量，建立两个或多个目标函数和若干个约束条件，且目标函数或约束条件是变量的函数，这样的求函数最大值、最小值问题称为多目标最优化问题。其数学模型为

$$\min f_i(x_1, x_2, \cdots, x_n), i = 1, 2, \cdots, s \qquad \text{——目标函数}$$

$$g_i(x_1, x_2, \cdots, x_n) = 0, i = 1, 2, \cdots, m \qquad \text{——约束条件}$$

上述模型中有 s 个目标函数，m 个等式约束条件。

例如“生产商如何使得产值最大而且消耗资源最少问题”“投资商如何使得投资收益最大而且风险最小问题”等都是多目标最优化问题。

6.2　最优化经典理论

经典最优化方法包括无约束条件极值问题和等式约束条件极值问题两种,不等式约束条件极值问题可以化为等式约束条件极值问题。

经典的极值理论：首先,根据可微函数取极值的必要条件确定可能极值点;其次,根据函数取极值的充分条件判断是否取极值,是极大值,还是极小值？这种方法已经有几百年的历史了。

6.2.1　无约束条件极值

设 n 元函数 $f(X)=f(x_1,x_2,\cdots,x_n)$,求 $f(X)$ 的极值和取得极值的点。这是一个无约束条件极值问题,经典的极值理论如下。

1）定理1(极值必要条件)

设 n 元函数 $f(X)=f(x_1,x_2,\cdots,x_n)$ 具有偏导数,则 $f(X)$ 在 $X=X^*$ 处取得极值的必要条件为

$$\frac{\partial f}{\partial x_i}\Big|_{X=X^*}=0, i=1,2,\cdots,n$$

定理1需要注意的几个问题如下：

(1) 对于一元函数上述定理当然成立,只是偏导数应为导数。

(2) 定理只是在偏导数存在的前提下的必要条件。如果函数在某一点偏导数不存在,那在这一点处仍然可能取得极值。

(3) 如果函数在某一点偏导数存在,且偏导数都等于0,那么函数在这一点处也不一定取得极值。

例如：函数 $f(x,y)=\sqrt[3]{x^2}+y^2$ 在点(0,0)处偏导数不存在,但在这一点处函数仍然取得极小值0;函数 $f(x,y)=x^3+y^5$ 在点(0,0)处偏导数存在,且偏导数都等于0,但在这一点处函数不取极值。

定理1的作用在于求出函数的可能极值点,然后,再研究这些点是否取得极值。

对于许多实际问题来说,函数一定能够取得极大值或极小值,而函数的可能极值点(满足必要条件的点)又只有一点,则这一点当然是函数取得极大值或极小值的点。

对于一般函数而言,怎样判定函数在某点是否取极值,是极大值,还是极小值？可利用下面的极值的充分条件定理。

2）定理 2(极值充分条件)

设 n 元函数 $f(X)=f(x_1,x_2,\cdots,x_n)$ 具有二阶偏导数，则 $f(X)$ 在 $X=X^*$ 处取得极值的充分条件为

（1）$\frac{\partial f}{\partial x_i}|_{X=X^*}=0,i=2,3,\cdots,n$。

（2）黑塞矩阵$\begin{pmatrix} \frac{\partial^2 f}{\partial x_1^2} & \frac{\partial^2 f}{\partial x_1 \partial x_2} & \cdots & \frac{\partial^2 f}{\partial x_1 \partial x_n} \\ \frac{\partial^2 f}{\partial x_2 \partial x_1} & \frac{\partial^2 f}{\partial x_2^2} & \cdots & \frac{\partial^2 f}{\partial x_2 \partial x_n} \\ \cdots & \cdots & \cdots & \cdots \\ \frac{\partial^2 f}{\partial x_n \partial x_1} & \frac{\partial^2 f}{\partial x_x \partial x_2} & \cdots & \frac{\partial^2 f}{\partial x_n^2} \end{pmatrix}$在 $X=X^*$ 处正定或负定。

（3）黑塞矩阵在 $X=X^*$ 处正定时，函数取极小值；负定时，函数取极大值。

本章内容简要讲解理论，注重实际应用，对于许多经典的定理都不进行证明，读者可自己参看有关资料。

例：求函数 $f(x_1,x_2,x_3)=-2x_1^2-6x_2^2-4x_3^2+2x_1x_2+2x_2x_3$ 的极值。

解：(1)根据极值存在的必要条件，确定可能取得极值的点。

$$\frac{\partial f}{\partial x_1}=-4x_1+2x_2,\frac{\partial f}{\partial x_2}=-12x_2+2x_1+2x_3,\frac{\partial f}{\partial x_3}=-8x_3+2x_2$$

令$\frac{\partial f}{\partial x_1}=\frac{\partial f}{\partial x_2}=\frac{\partial f}{\partial x_3}=0$，解得$(x_1,x_2,x_3)=(0,0,0)$。

（2）根据极值存在的充分条件，确定$(x_1,x_2,x_3)=(0,0,0)$是否是极值点。

计算

$$\frac{\partial^2 f}{\partial x_1^2}=-4,\frac{\partial^2 f}{\partial x_2^2}=-12,\frac{\partial^2 f}{\partial x_3^2}=-8;$$

$$\frac{\partial^2 f}{\partial x_1 \partial x_2}=2,\frac{\partial^2 f}{\partial x_1 \partial x_3}=0,\frac{\partial^2 f}{\partial x_2 \partial x_3}=2$$

函数的黑塞矩阵为

$$\nabla^2 f(0,0,0)=\begin{pmatrix} -4 & 2 & 0 \\ 2 & -12 & 2 \\ 0 & 2 & -8 \end{pmatrix}$$

因为$-4<0$，$\begin{vmatrix} -4 & 2 \\ 2 & -12 \end{vmatrix}=44>0$，$\begin{vmatrix} -4 & 2 & 0 \\ 2 & -12 & 2 \\ 0 & 2 & -8 \end{vmatrix}=-320<0$，所以黑塞矩阵负定，故函

数在$(x_1,x_2,x_3)=(0,0,0)$处取得极大值$f(0,0,0)=0$。

6.2.2 等式约束条件极值

下面研究的是有若干个等式约束条件下，一个目标函数的极值问题，其数学模型为

$$\min f(x_1,x_2,\cdots,x_n) \qquad \text{——目标函数}$$

$$\text{s.t. } g_i(x_1,x_2,\cdots,x_n)=0, i=1,2,\cdots,m \qquad \text{——约束条件}$$

拉格朗日(Lagrange)乘数法：

(1) 令

$$L=f(x_1,x_2,\cdots,x_n)+\sum_{i=1}^{m}\lambda_i g_i(x_1,x_2,\cdots,x_n)$$

称为上述问题的拉格朗日乘数函数，称 λ_i 为拉格朗日乘数。

(2) 设$f(x_1,x_2,\cdots,x_n)$和$g_i(x_1,x_2,\cdots,x_n)$均可微，则得到方程组

$$\begin{cases}\dfrac{\partial L}{\partial x_j}=\dfrac{\partial f}{\partial x_j}+\displaystyle\sum_{i=1}^{m}\lambda_i\dfrac{\partial g_i}{\partial x_j}=0, j=1,2,\cdots,n\\ \dfrac{\partial L}{\partial \lambda_j}=g_i(x_1,x_2,\cdots,x_n)=0, i=1,2,\cdots,n\end{cases}$$

(3) 若$(\bar{x}_1,\bar{x}_2,\cdots,\bar{x}_n,\bar{\lambda}_1,\bar{\lambda}_2,\cdots,\bar{\lambda}_m)$是上述方程组的解，则点$(\bar{x}_1,\bar{x}_2,\cdots,\bar{x}_n)$可能为该问题的最优点。

拉格朗日乘数法的本质是：将求有约束条件极值问题转化为求无条件极值问题；所求得的点，即是取得极值的必要条件点。

拉格朗日乘数法没有解决极值的存在性问题，但是，如果拉格朗日乘数函数具有二阶连续偏导数，也可以应用黑塞矩阵来判定函数是否取得极值。

在具体问题中，点$(\bar{x}_1,\bar{x}_2,\cdots,\bar{x}_n)$是否为最优点通常可由问题的实际意义决定。

例：求表面积为定值 a^2，而体积为最大的长方体的体积。

解：设长方体的三个棱长分别为 x,y,z，体积为 V，建立数学模型

$$\max V=xyz$$

$$\text{s.t.}\begin{cases}2xy+2xz+2yz=a^2\\ x>0, y>0, z>0\end{cases}$$

构造拉格朗日乘数函数

$$L(x,y,z)=xyz+\lambda(2xy+2yz+2xz-a^2)$$

则有

$$\begin{cases} \dfrac{\partial L}{\partial x} = yz + 2\lambda(y + z) = 0 \\ \dfrac{\partial L}{\partial y} = xz + 2\lambda(x + z) = 0 \\ \dfrac{\partial L}{\partial z} = xy + 2\lambda(x + y) = 0 \end{cases}$$

解得

$$x = y = z = \frac{\sqrt{6}}{6}a, \max V = \frac{\sqrt{6}}{36}a^3$$

即为所求。

6.2.3　不等式约束条件极值

对于不等式约束条件极值问题，其数学模型为

$$\min f(x_1, x_2, \cdots, x_n) \qquad \text{——目标函数}$$

$$\text{s.t.}\quad g_i(x_1, x_2, \cdots, x_n) \leqslant 0, i = 1, 2, \cdots, m \qquad \text{——约束条件}$$

可用与拉格朗日乘数法密切相关的方法库恩-图克定理来求解。

定理 3（库恩-图克定理）：对于上述不等式约束条件极值问题，设 $f(x_1, x_2, \cdots, x_n)$ 和 $g_i(x_1, x_2, \cdots, x_n)$ 均可微，令

$$L = f(x_1, x_2, \cdots, x_n) + \sum_{i=1}^{m} \lambda_i g_i(x_1, x_2, \cdots, x_n)$$

假设 λ_i 存在，则在最优点 $X = X^* = (\bar{x}_1, \bar{x}_2, \cdots, \bar{x}_n)$ 处，必满足下述条件：

（1）$\dfrac{\partial L}{\partial x_j} = \dfrac{\partial f}{\partial x_j} + \sum\limits_{i=1}^{m} \lambda_i \dfrac{\partial g_i}{\partial x_j} = 0, j = 1, 2, \cdots, n$ 。

（2）$g_i(x_1, x_2, \cdots, x_n) \leqslant 0, i = 1, 2, \cdots, m$。

（3）$\lambda_i g_i(x_1, x_2, \cdots, x_n) = 0, i = 1, 2, m$。

（4）$\lambda_i \geqslant 0$。

根据库恩-图克定理可以求解许多不等式约束条件极值问题，值得注意的是应用库恩-图克定理求解不等式约束条件极值问题，由于定理并没有解决最优解的存在性问题，因此，我们必须另行判断。

例：求解最优化问题（最优解存在）

$$\min f(x, y) = (x - 1)^2 + y$$

$$\text{s.t.} \begin{cases} g_1(x, y) = x + y - 2 \leqslant 0 \\ g_2(x, y) = -y \leqslant 0 \end{cases}$$

解：构造函数

$$L(x,y,z)=(x-1)^2+y+\lambda_1(x+y-2)+\lambda_2(-y)$$

根据库恩-图克定理有

$$\begin{cases}\dfrac{\partial L}{\partial x}=2(x-1)+\lambda_1=0\\ \dfrac{\partial L}{\partial y}=1+\lambda_1-\lambda_2=0\\ \lambda_1(x+y-2)=0\\ \lambda_2 y=0\\ \lambda_1\geqslant 0,\lambda_2\geqslant 0\end{cases}$$

解得

$$x=1,y=0,\lambda_1=0,\lambda_2=1$$

所求最优解为$(x,y)=(1,0)$,最优值为0。

6.3　数学规划方法

6.3.1　线性规划

设线性规划标准数学模型为

$$\min f(x_1,x_2,\cdots,x_n)=c_1x_1+c_2x_2+\cdots+c_nx_n \quad \text{——目标函数}$$

$$\text{s.t.}\begin{cases}a_{i1}x_1+a_{i2}x_2+\cdots+a_{im}x_n=b_i,i=1,2,\cdots,m\\ x_i\geqslant 0,i=1,2,\cdots,n\end{cases} \quad \text{——约束条件}$$

矩阵形式

$$\min f(\boldsymbol{X})=\boldsymbol{C}^{\mathrm{T}}\boldsymbol{X} \quad \text{——目标函数}$$

$$\boldsymbol{AX}=\boldsymbol{B}$$

$$\boldsymbol{X}\geqslant 0 \quad \text{——约束条件}$$

式中：$\boldsymbol{X}=(x_1,x_2,\cdots,x_n)^{\mathrm{T}}$,$\boldsymbol{C}=(c_1,c_2,\cdots,c_n)^{\mathrm{T}}$,$\boldsymbol{B}=(b_1,b_2,\cdots,b_m)^{\mathrm{T}}$。

线性规划问题的求解有一整套理论体系,一般应用单纯形法求解,此方法尽管比较复杂,然而在计算机上实现并不困难。解线性规划问题的单纯形法已在许多数学计算软件中实现,求解线性规划问题可根据需要应用数学计算软件。

6.3.2　整数规划

设纯整数线性规划数学模型为

$$\min f(x_1,x_2,\cdots,x_n)=c_1x_1+c_2x_2+\cdots+c_nx_n \qquad \text{——目标函数}$$

$$\text{s.t.}\begin{cases}a_{i1}x_1+a_{i2}x_2+\cdots+a_{im}x_n=b_i, i=1,2,\cdots,m\\ x_i\geqslant 0, x_i \text{ 为整数}, i=1,2,\cdots,n\end{cases} \qquad \text{——约束条件}$$

这一类问题与一般线性规划比较起来,似乎是变简单了,但实际上恰恰相反,由于解集是一些离散的整数点集,使得单纯形法失去了应用的基础,求解变得困难而复杂。整数线性规划经典解法是分支定界法,它是目前求解纯整数线性规划和混合整数线性规划最常用的方法,计算机求解整数线性规划的大多数程序也是以它为基础的。

例:应用分支定界法,求解整数线性规划问题

$$\min z=x_1+3x_2$$

$$\text{s.t.}\begin{cases}x_2\geqslant 3.13\\ 22x_1+34x_2\geqslant 285\\ x_1\geqslant 0, x_2\geqslant 0 \text{ 且为整数}\end{cases}$$

解:设原整数线性规划问题目标函数的最优值为 z^*,

(1)求解线性规划问题

$$\min z=x_1+3x_2$$

$$\text{s.t.}\begin{cases}x_2\geqslant 3.13\\ 22x_1+34x_2\geqslant 285\\ x_1\geqslant 0, x_2\geqslant 0\end{cases}$$

得最优解为

$$x_1=8.12, x_2=3.13, \min z=17.51$$

记约束区域

$$\begin{cases}x_2\geqslant 3.13\\ 22x_1+34x_2\geqslant 285 \text{ 为 } R\\ x_1\geqslant 0, x_2\geqslant 0\end{cases}$$

(2)对 R 进行分枝:选取最优解中不是整数的变量,例如 x_1,将 R 分成两个子区域 R_1, R_2。

$$R_1\begin{cases}x_1\geqslant 9\\ x_2\geqslant 3.13\\ 22x_1+34x_2\geqslant 285\\ x_1\geqslant 0, x_2\geqslant 0\end{cases}, R_2\begin{cases}x_1\leqslant 8\\ x_2\geqslant 3.13\\ 22x_1+34x_2\geqslant 285\\ x_1\geqslant 0, x_2\geqslant 0\end{cases}$$

(3)定界:确定最优值 z^* 的上下界。由(1)中求得的最优值可知 $z^*\geqslant 17.51$;而 z^*

的上界可由 R 内的任意一个可行解确定,例如,$x_1=7,x_2=4$ 即为一个可行解。故 $z^*\leqslant 19$,从而 $17.51\leqslant z^*\leqslant 19$。

(4) 在 R_1 内求最优解,得 $x_1=9,x_2=3.13,\min z=18.39$。

(5) 在 R_2 内求最优解,得 $x_1=8,x_2=3.21,\min z=17.62$。

(6) 因为 R_1 内最优解不全是整数,因而必须继续对 R_1 分枝:

$$R_{11}\begin{cases}x_2\geqslant 4\\x_1\geqslant 9\\x_2\geqslant 3.13\\22x_1+34x_2\geqslant 285\\x_1\geqslant 0,x_2\geqslant 0\end{cases},R_{12}\begin{cases}x_2\leqslant 3\\x_1\geqslant 9\\x_2\geqslant 3.13\\22x_1+34x_2\geqslant 285\\x_1\geqslant 0,x_2\geqslant 0\end{cases}$$

(7) 显然 R_{12} 内无解,剪枝。

在 R_{11} 内求最优解,得 $x_1=9,x_2=4,\min z=21$,为整数可行解。但因 $17.51\leqslant z^*\leqslant 19$,而 $21>19$,故剪枝。

(8) 因为 R_2 内最优解不全是整数,因而必须继续对 R_2 分枝:

$$R_{21}\begin{cases}x_2\geqslant 4\\x_1\leqslant 8\\x_2\geqslant 3.13\\22x_1+34x_2\geqslant 285\\x_1\geqslant 0,x_2\geqslant 0\end{cases},R_{22}\begin{cases}x_2\leqslant 3\\x_1\leqslant 8\\x_2\geqslant 3.13\\22x_1+34x_2\geqslant 285\\x_1\geqslant 0,x_2\geqslant 0\end{cases}$$

(9) 显然 R_{22} 内无解,剪枝。

在 R_{21} 内求最优解,得 $x_1=6.77,x_2=4,\min z=18.77$。

(10) 因为 R_{21} 内最优解不全是整数,因而必须继续对 R_{21} 分枝:

$$R_{211}\begin{cases}x_1\geqslant 7\\x_2\geqslant 4\\x_1\leqslant 8\\x_2\geqslant 3.13\\22x_1+34x_2\geqslant 285\\x_1\geqslant 0,x_2\geqslant 0\end{cases},R_{212}\begin{cases}x_1\leqslant 6\\x_2\geqslant 4\\x_1\leqslant 8\\x_2\geqslant 3.13\\22x_1+34x_2\geqslant 285\\x_1\geqslant 0,x_2\geqslant 0\end{cases}$$

(11) 在 R_{212} 内求最优解,得 $x_1=6,x_2=4.5,\min z=19.5$。因 $\min z=19.5$ 大于 z^* 的上界,故剪枝。

(12) 在 R_{211} 内求最优解,得 $x_1=7,x_2=4,\min z=19$,即所求原整数规划问题的最优解为 $x_1=7,x_2=4,\min z=19$。

6.3.3 搜索算法

在一般情况下，不能用解析法求得问题的精确解。更何况许多实际问题中，函数的解析表达式很难得到。因此，必须寻求一些切合实际问题的行之有效的数值解法。搜索算法是一类方法，包括最速下降法、牛顿法、拟牛顿法、序列二次规划方法、罚函数方法和拉格朗日乘子方法等。下面基于无约束优化问题介绍这类方法的基本思想、基本步骤和一些理论问题。

1）搜索算法的基本思想

假定目标函数$f(X)$极小值问题。首先，确定目标函数$f(X)$的初始点X_0；然后，按照一定规则产生一个点列$\{X_k\}$，这种规则称为算法；规则必须满足两点：①点列$\{X_k\}$收敛；②点列$\{X_k\}$收敛到目标函数$f(X)$的极小值点。

2）搜索算法的基本步骤

（1）选定初始点X_0（越接近最优点越好），允许误差$\varepsilon>0$，令$k=0$。

（2）假定已得非最优点X_k，则选取一个搜索方向$\vec{S}_k$，满足目标函数$f(X)$下降，或

$$\mathbf{grad}\, f(X_k)\cdot\vec{S}_k<0$$

（3）选定搜索步长$\lambda_k>0$，$X_{k+1}=X_k+\lambda_k\vec{S}_k$，满足

$$f(X_{k+1})=f(X_k+\lambda_k\vec{S}_k)<f(X_k)$$

（4）判断X_{k+1}是否是最优点或是满足要求的近似解。

假定给定精度要求为$\varepsilon>0$，常用确定求近似解搜索结束的方法有：

$$|\mathbf{grad}\, f(X_{k+1})|<\varepsilon \quad \text{——梯度模确定法}$$

$$|f(X_{k+1})-f(X_k)|<\varepsilon \quad \text{——目标函数差值绝对误差法}$$

$$|X_{k+1}-X_k|<\varepsilon \quad \text{——相邻搜索点绝对误差法}$$

如果X_{k+1}满足给定精度要求，则搜索完成，近似最优点为$X^*\approx X_{k+1}$；如果X_{k+1}不满足给定精度要求，令$k=k+1$返回2）继续搜索。

上述步骤有2点需要注意：

（1）搜索算法一般得到的都是局部最优解。

（2）确定求近似解搜索结束的方法还有：

$$\frac{|f(X_{k+1})-f(X_k)|}{|f(X_k)|}<\varepsilon \quad \text{——目标函数差值相对误差法}$$

$$\frac{|X_{k+1}-X_k|}{|X_k|}<\varepsilon \quad \text{——相邻搜索点相对误差法}$$

3）搜索算法的关键因素

从搜索算法的基本步骤中知道，搜索算法的关键因素：一是搜索方向，二是搜索步长。

搜索方向的选择，一般考虑既要使其尽可能的指向极小值点，又不至于花费太多的计算量。

搜索步长的选择，既要确保目标函数的下降性质，又要考虑近似解的精度要求，还要考虑算法的计算量，问题十分复杂。常用方法有固定步长法、最优步长法和变步长法。

（1）固定步长法（简单算法）是选取 $\lambda_k>0$ 为固定值。方法简单，但是有时不能保证目标函数的下降性质。

（2）最优步长法（一维搜索算法）是选取 λ_k 使得

$$f(X_k + \lambda_k \vec{S}_k) = \min f(X_k + \vec{S}_k)$$

这是一个关于单变量 λ 的函数求极小值问题，这样确定的步长称为最优步长。

（3）变步长法（可接受点算法）是任意选取 λ_k，只要使得 $f(X_{k+1})<f(X_k)$ 即可。这种选取步长的方法，确保了目标函数的下降性质，尽管每次选取的步长不是最优的，但实践证明，变步长法能达到更好的数值效果。

总之，当搜索方向确定以后，步长就是决定最优化算法好坏的重要因素，因此，必须特别注重步长的选取问题。

4）搜索算法的收敛性

搜索算法的收敛性是指，由某算法得到的点列 $\{X_k\}$ 能够在有限步骤内收敛到目标函数 $f(X)$ 的最优点或能够在有限步骤内达到满足精度要求的目标函数 $f(X)$ 最优点的近似值。显然，只有具有收敛性质的算法才有意义。

5）搜索算法的收敛速度

作为一个好的算法，还必须要求它以较快的速度收敛于最优解。

α 阶收敛定义：对于收敛于最优解 X^* 的序列 $\{X_k\}$，若存在与 k 无关的数 $0<\beta<+\infty$ 和 $\alpha\geqslant1$，当 k 从某个 k_0 开始时，有

$$| X_{k+1} - X^* | \leqslant \beta | X_k - X^* |^\alpha$$

成立，则称序列 $\{X_k\}$ 收敛的阶为 α，或称 α 阶收敛。

当 $\alpha=1$ 时，称迭代序列 $\{X_k\}$ 为线性收敛；当 $1<\alpha<2$ 时，称迭代序列 $\{X_k\}$ 为超线性收敛；当 $\alpha=2$ 时，称迭代序列 $\{X_k\}$ 为二阶收敛。

一般来说，线性收敛是比较慢的，而二阶收敛则是很快的，超线性收敛介于二者之间。如果一个算法具有超线性以上的收敛速度，就认为是一个好的算法。

6.4 投资效益与风险问题

6.4.1 问题提出

市场上有 n 种资产 $S_i(i=1,2,\cdots,n)$ 可以选择,现用数额为 M 的相当大的资金作一个时期的投资。这 n 种资产在这一时期内购买 S_i 的平均收益率为 r_i,风险损失率为 q_i,投资越分散,总的风险越小,总体风险可用投资的 S_i 中最大的一个风险来度量。

购买 S_i 时要付交易费(费率 p_i),当购买额不超过给定值 u_i 时,交易费按购买 u_i 计算。另外,假定同期银行存款利率是 $r_0(r_0=5\%)$,既无交易费又无风险。已知 $n=4$ 时相关数据见表 6.1。

表 6.1　$n=4$ 时相关数据

S_i	$r_i/\%$	$q_i/\%$	$p_i/\%$	u_i/元
S_1	28	2.5	1.0	103
S_2	21	1.5	2.0	198
S_3	23	5.5	4.5	52
S_4	25	2.6	6.5	40

试给该公司设计一种投资组合方案,即用给定相当大的资金 M,有选择地购买若干种资产或存银行生息,使净收益尽可能大,使总体风险尽可能小。

6.4.2 基本假设

(1) 投资数额 M 相当大,为了便于计算,假设 $M=1$。

(2) 投资越分散,总的风险越小。

(3) 总体风险用投资项目 S_i 中最大的一个风险来度量。

(4) n 种资产 S_i 之间是相互独立的。

(5) 在投资的这一时期内,r_i、p_i、q_i、r_0 为定值,不受意外因素影响。

(6) 净收益和总体风险只受 r_i、p_i、q_i 影响,不受其他因素干扰。

6.4.3 符号规定

S_i: 第 i 种投资项目,如股票、债券;

r_i、p_i、q_i: 分别为 S_i 的平均收益率、风险损失率、交易费率;

u_i: S_i 的交易定额;

r_0: 同期银行利率;

x_i: 投资项目 S_i 的资金;

a: 投资风险度。

6.4.4 模型的建立与分析

总体风险用所投资的 S_i 中最大的一个风险来衡量,即

$$\max\{q_i \cdot x_i \mid i=1,2,\cdots,n\}$$

购买 S_i 所付交易费是一个分段函数,即

$$交易费=\begin{cases} p_i x_i, x_i > u_i \\ p_i u_i, x_i \leqslant u_i \end{cases}$$

而题目所给的定值 u_i 相对总投资 M 很小,$p_i u_i$ 更小,可以忽略不计,这样购买 S_i 的净收益为$(r_i-p_i)x_i$。

6.4.4.1 建立模型

要使净收益尽可能大,总体风险尽可能小,这是一个多目标规划模型。

目标函数为

$$\begin{cases} \max\sum_{i=0}^{n}(r_i-p_i)x_i \\ \min\{\max\{q_i x_i\}\} \end{cases}$$

约束条件为

$$\begin{cases} \sum_{i=0}^{n}(1+p_i)x_i=M \\ x_i \geqslant 0, i=1,2,\cdots,n \end{cases}$$

6.4.4.2 模型简化

1) 模型1(固定风险水平,优化收益)

在实际投资中,投资者承受风险的程度不一样,若给风险定一个界限 a,使最大的一个风险$\frac{q_i x_i}{M}\leqslant a$,可找到相应的投资方案。这样把多目标规划变成一个目标的线性规划。

目标函数为

$$Q=\max\sum_{i=0}^{n}(r_i-p_i)x_i$$

约束条件为

$$\begin{cases} \frac{q_i x_i}{M}\leqslant a \\ \sum_{i=0}^{n}(1+p_i)x_i=M, x_i \geqslant 0, i=0,1,\cdots,n \end{cases}$$

2）模型 2(固定盈利水平,极小化风险)

若投资者希望总盈利至少达到水平 k 以上,在风险最小的情况下寻找相应的投资组合。

目标函数为

$$R=\min\{\max\{q_i x_i\}\}$$

约束条件为

$$\begin{cases}\sum_{i=0}^{n}(r_i-p_i)x_i\geqslant k\\ \sum_{i=0}^{n}(1+p_i)x_i=M,x_i\geqslant 0,i=0,1,\cdots,n\end{cases}$$

3）模型 3(权衡风险和收益)

投资者在权衡资产风险和预期收益两方面时,希望选择一个令自己满意的投资组合。因此对风险、收益赋予权重 $s(0<s\leqslant 1)$,s 称为投资偏好系数。

目标函数为

$$R=s\{\max\{q_i x_i\}\}-(1-s)\sum_{i=0}^{n}(r_i-p_i)x_i$$

约束条件为

$$\sum_{i=0}^{n}(1+p_i)x_i=M,x_i\geqslant 0,i=0,1,\cdots,n$$

6.4.5 模型 1 的求解

将 $n=4$,$M=1$ 及平均收益率 r_i,风险损失率 q_i,费率 p_i 代入模型 1 得到如下的具体形式:

$$\min f=(-0.05,-0.27,-0.19,-0.185,-0.185)(x_0,x_1,x_2,x_3,x_4,x_5)^{\mathrm{T}}$$

$$\begin{cases}x_0+1.01x_1+1.02x_2+1.045x_3+1.065x_4=1\\ 0.025x_1\leqslant a\\ 0.015x_2\leqslant a\\ 0.055x_3\leqslant a\\ 0.026x_4\leqslant a\\ x_i\geqslant 0,i=0,1,\cdots,4\end{cases}$$

由于 a 是任意给定的风险度,到底怎样给定没有准则,不同的投资者有不同的风险度。从 $a=0$ 开始，以步长 $\Delta a=0.001$ 进行循环搜索，编制 MATLAB 程序：

```
a=0;
  while(1.1-a)>1
  c=[-0.05-0.27-0.19-0.185-0.185];
  Aeq=[1 1.01 1.02 1.045 1.065]; beq=[1];
  A=[0 0.025 0 0 0;0 0 0.015 0 0;0 0 0 0.055 0;0 0 0 0 0.026];
  b=[a;a;a;a];
  vlb=[0,0,0,0,0];vub=[];
  [x,val]=linprog(c,A,b,Aeq,beq,vlb,vub); a
  x=x'
  Q=-val
  plot(a,Q,'.');axis([0 0.1 0 0.5]);hold on
  a=a+0.001;
  end
  xlabel('a'),ylabel('Q')
```

计算结果(图 6.1)：

```
a=0.0030  x=0.4949  0.1200  0.2000  0.0545  0.1154  Q=0.1266
a=0.0060  x=0.0000  0.2400  0.4000  0.1091  0.2212  Q=0.2019
a=0.0080  x=0.0000  0.3200  0.5333  0.1271  0.0000  Q=0.2112
a=0.0100  x=0.0000  0.4000  0.5843  0.0000  0.0000  Q=0.2190
a=0.0200  x=0.0000  0.8000  0.1882  0.0000  0.0000  Q=0.2518
a=0.0400  x=0.0000  0.9901  0.0000  0.0000  0.0000  Q=0.2673
```

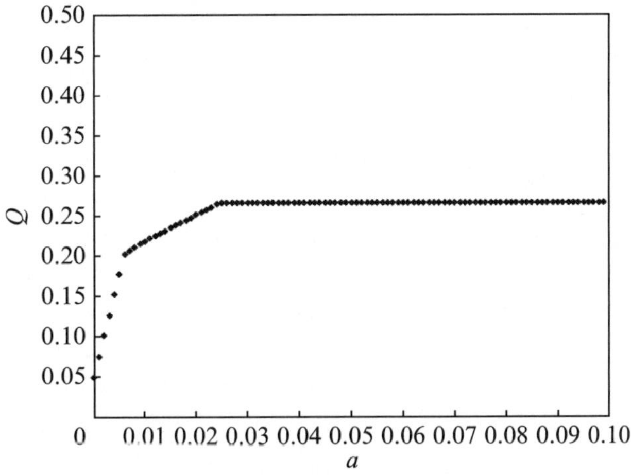

图 6.1　计算结果

6.4.6 结果分析

(1) 风险大,收益也大。

(2) 当投资越分散时,投资者承担的风险越小,这与题意一致,即冒险的投资者会出现集中投资的情况,保守的投资者则尽量分散投资。

(3) 曲线上的任一点都表示该风险水平的最大可能收益和该收益要求的最小风险。对于不同风险的承受能力,选择该风险水平下的最优投资组合。

(4) 在 $a=0.006$ 附近有一个转折点,在这一点左边,风险增加很少时,利润增长很快。在这一点右边,风险增加很大时,利润增长很缓慢,所以对于风险和收益没有特殊偏好的投资者来说,应该选择曲线的拐点作为最优投资组合,大约是 $a^*=0.6\%$, $Q^*=20\%$,所对应投资方案见表 6.2。

表 6.2 投资方案

风险度	收益	x_0	x_1	x_2	x_3	x_4
0.006 0	0.201 9	0	0.240 0	0.400 0	0.109 1	0.221 2

数学实验

7.1 实验1 MATLAB程序设计和作图

MATLAB被称为"数学建模第一语言",在数学建模的求解中应用越来越广泛,特别是2014版以上的MATLAB由于增加了整数规划求解,几乎很难碰到用MATLAB解决不了的数学建模问题。本章先就MATLAB基础知识进行学习,然后介绍MATLAB作图,并配有相应的实验任务。

7.1.1 MATLAB基础

本节主要介绍MATLAB基本操作,目的是通过本节的学习能够对MATLAB有一个初步的掌握,并能够完成一些简单的程序任务:初等数学运算、定义函数、向量和矩阵运算、简单逻辑程序编写等。

MATLAB最基本的对象是变量和函数,也是MATLAB与用户信息交互的基本方式。

7.1.1.1 变量与函数

1)变量

MATLAB中变量的命名规则是:

(1)变量名必须是不含空格的单个词。

(2)变量名区分大小写。

(3)变量名最多不超过19个字符。

(4)变量名必须以字母开头,之后可以是任意字母、数字或下划线,变量名中不允许使用标点符号。

特殊变量见表7.1。

表 7.1 特殊变量

特殊变量	取值
Ans	用于结果的缺省变量名
Pi	圆周率
Eps	计算机的最小数,当和 1 相加就产生一个比 1 大的数
Flops	浮点运算数
Inf	无穷大,如 1/0
NaN	不定量,如 0/0
i,j	$i=j=\sqrt{-1}$
Nargin	所用函数的输入变量数目
Nargout	所用函数的输出变量数目
Realmin	最小可用正实数
Realmax	最大可用正实数

2）数学运算符号及标点符号

数学运算符号及标点符号见表 7.2。

表 7.2 数学运算符号及标点符号

运算符号、标点符号	含义
+	加法运算,适用于两个数或两个同阶矩阵相加
-	减法运算
*	乘法运算
.*	点乘运算
/	除法运算
./	点除运算
^	乘幂运算
.^	点乘幂运算
\	反斜杠表示左除

(1) MATLAB 的每条命令后,若为逗号或无标点符号,则显示命令的结果;若命令后为分号,则禁止显示结果。

(2) “%”后面所有的文字为注释。

(3) “...”表示续行。

3）数学函数

数学函数见表 7.3。

表 7.3 数学函数

函数	名称	函数	名称
sin(x)	正弦函数	asin(x)	反正弦函数
cos(x)	余弦函数	acos(x)	反余弦函数
tan(x)	正切函数	atan(x)	反正切函数
abs(x)	绝对值	max(x)	最大值
min(x)	最小值	sum(x)	元素的总和
sqrt(x)	开平方	exp(x)	以 e 为底的指数
log(x)	自然对数	$\log_{10}(x)$	以 10 为底的对数
sign(x)	符号函数	fix(x)	取整

4）M 文件

MATLAB 的内部函数是有限的，有时为了研究某一个函数的各种性态，需要为 MATLAB 定义新函数，为此必须编写函数文件。函数文件是文件名后缀为 M 的文件，这类文件的第一行必须是以特殊字符 function 开始，格式为：

function　　因变量名=函数名(自变量名)

函数值的获得必须通过具体的运算实现，并赋给因变量。

M 文件建立方法：

(1) 在 MATLAB 中，点击 File→New→M-file。

(2) 在编辑窗口中输入程序内容。

(3) 点击 File→Save，存盘，M 文件名必须与函数名一致。

MATLAB 的应用程序也以 M 文件保存。

例：定义函数 $f(x_1,x_2)=100(x_2-x_1^2)^2+(1-x_1)^2$

(1) 建立 M 文件 fun. m：

```
function   f=fun(x)
f=100*(x(2)-x(1)^2)^2+(1-x(1))^2
```

(2) 可以直接使用函数 fun. m。例如计算 $f(1,2)$，只需在 MATLAB 命令窗口键入命令：

```
x=[1 2]
fun(x)
```

MATLAB 最基本的运算单元是向量或矩阵，既包含一般的向量或矩阵运算，还包括经常使用的点运算。

7.1.1.2 向量

1）创建简单的向量

```
x=[a  b  c  d  e  f]            %创建包含指定元素的行向量
x=first:last                    %创建从 first 开始,加 1 计数,到 last 结束的行向量
x=first:increment:last          %创建从 first 开始,加 increment 计数,last 结束的行向量
x=linspace(first,last,n)        %创建从 first 开始,到 last 结束,有 n 个元素的行向量
x=logspace(first,last,n)        %创建从开始,到结束,有 n 个元素的对数分隔行向量
```

2）向量元素的访问

（1）访问一个元素。$\boldsymbol{x}(i)$表示访问向量 $\boldsymbol{x}$ 的第 i 个元素。

（2）访问一块元素。$\boldsymbol{x}(a:b:c)$表示访问向量 $\boldsymbol{x}$ 的从第 a 个元素开始,以步长为 b 到第 c 个元素(但不超过 c),b 可以为负数,b 缺损时为 1。

（3）直接使用元素编址序号。$\boldsymbol{x}([a \quad b \quad c \quad d])$表示提取向量 $\boldsymbol{x}$ 的第 a、b、c、d 个元素构成一个新的向量$[\boldsymbol{x}(a) \quad \boldsymbol{x}(b) \quad \boldsymbol{x}(c) \quad \boldsymbol{x}(d)]$。

3）向量的方向

上述例子中的向量都是一行数列,是行方向分布的,称之为行向量。向量也可以是列向量,其操作和运算与行向量是一样的,唯一的区别是结果以列形式显示。

产生列向量有两种方法:

（1）直接产生。例:**c**=[1;2;3;4]。

（2）转置产生。例:**b**=[1 2 3 4];**c**=**b'**。

说明:以空格或逗号分隔的元素指定的是不同列的元素,而以分号分隔的元素指定的是不同行的元素。

4）向量的运算

（1）标量-向量运算

向量对标量的加、减、乘、除、乘方是向量的每个元素对该标量施加相应的加、减、乘、除、乘方运算。

设

$a=[a_1,a_2,\cdots,a_n]$,c=标量

则

$a+c=[a_1+c,a_2+c,\cdots,a_n+c]$

$a.*c=[a_1*c,a_2*c,\cdots,a_n*c]$

$a./c=[a_1/c,a_2/c,\cdots,a_n/c]$　　%(右除)

$a.\backslash c=[c/a_1,c/a_2,\cdots,c/a_n]$　　%(左除)

$a.\hat{}c=[a_1\hat{}c,a_2\hat{}c,\cdots,a_n\hat{}c]$

$c.\hat{}a=[c\hat{}a_1,c\hat{}a_2,\cdots,c\hat{}a_n]$

（2）向量-向量运算

当两个向量有相同维数时,加、减、乘、除、幂运算可按元素对元素方式进行,不同大

小或维数的向量是不能进行运算的。

设

$a=[a_1,a_2,\cdots,a_n],b=[b_1,b_2,\cdots,b_n]$

则

$a+b=[a_1+b_1,a_2+b_2,\cdots,a_n+b_n]$

$a.*b=[a_1*b_1,a_2*b_2,\cdots,a_n*b_n]$

$a./b=[a_1/b_1,a_2/b_2,\cdots,a_n/b_n]$

$a.\backslash b=[b_1/a_1,b_2/a_2,\cdots,b_n/a_n]$

$a.\hat{}b=[a_1\hat{}b_1,a_2\hat{}b_2,\cdots,a_n\hat{}b_n]$

7.1.1.3　矩阵

1）矩阵的建立

逗号或空格用于分隔某一行的元素，分号用于区分不同的行。除了分号，在输入矩阵时，按 Enter 键也表示开始一新行。输入矩阵时，严格要求所有行有相同的列。

例：
```
m=[1 2 3 4 ;5 6 7 8;9 10 11 12]
p=[1 1 1 1
   2 2 2 2
   3 3 3 3]
```

特殊矩阵的建立：

```
a=[  ]            %产生一个空矩阵，当对一项操作无结果时，返回空矩阵，空矩阵的大小为0
b=zeros(m,n)      %产生一个 m 行、n 列的零矩阵
c=ones(m,n)       %产生一个 m 行、n 列的元素全为 1 的矩阵
d=eye(m,n)        %产生一个 m 行、n 列的单位矩阵
```

2）矩阵中元素的操作

（1）矩阵 $\boldsymbol{A}$ 的第 r 行：$\boldsymbol{A}(r,:)$。

（2）矩阵 $\boldsymbol{A}$ 的第 r 列：$\boldsymbol{A}(:,r)$。

（3）依次提取矩阵 $\boldsymbol{A}$ 的每一列，将 $\boldsymbol{A}$ 拉伸为一个列向量：$\boldsymbol{A}(:)$。

（4）提取矩阵 $\boldsymbol{A}$ 的第 $i1\sim i2$ 行、第 $j1\sim j2$ 列构成新矩阵：$\boldsymbol{A}(i1:i2,j1:j2)$。

（5）以逆序提取矩阵 $\boldsymbol{A}$ 的第 $i1\sim i2$ 行，构成新矩阵：$\boldsymbol{A}(i2:-1:i1,:)$。

（6）以逆序提取矩阵 $\boldsymbol{A}$ 的第 $j1\sim j2$ 列，构成新矩阵：$\boldsymbol{A}(:,j2:-1:j1)$。

（7）删除矩阵 $\boldsymbol{A}$ 的第 $i1\sim i2$ 行，构成新矩阵：$\boldsymbol{A}(i1:i2,:)=[\ ]$。

（8）删除矩阵 $\boldsymbol{A}$ 的第 $j1\sim j2$ 列，构成新矩阵：$\boldsymbol{A}(:,j1:j2)=[\ ]$。

（9）将矩阵 $\boldsymbol{A}$ 和 $\boldsymbol{B}$ 拼接成新矩阵：$[\boldsymbol{A}\quad \boldsymbol{B}]$；$[\boldsymbol{A};\boldsymbol{B}]$。

3）矩阵的运算

（1）标量-矩阵运算，同标量-向量运算。

（2）矩阵-矩阵运算。

①元素对元素的运算，同向量-向量运算。

②矩阵运算。

矩阵加法：$\boldsymbol{A}+\boldsymbol{B}$

矩阵乘法：$\boldsymbol{A} * \boldsymbol{B}$

方阵的行列式：det($\boldsymbol{A}$)

方阵的逆：inv($\boldsymbol{A}$)

方阵的特征值与特征向量：[$\boldsymbol{V}$,$\boldsymbol{D}$]=eig[$\boldsymbol{A}$]

7.1.1.4 关系与逻辑

1）关系操作符

关系操作符见表 7.4。

表 7.4 关系操作符

关系操作符	说明
<	小于
<=	小于或等于
>	大于
>=	大于或等于
==	等于
~=	不等于

2）逻辑运算符

逻辑运算符见表 7.5。

表 7.5 逻辑运算符

逻辑操作符	说明
&	与
		或
~	非

7.1.1.5 循环语句及条件语句

MATLAB 提供三种决策或控制流结构：for 循环、while 循环、if-else-end 结构。这些结构经常包含大量的 MATLAB 命令，故经常出现在 MATLAB 程序中，而不是直接加在 MATLAB 提示符下。

1）for 循环

允许一组命令以固定的和预定的次数重复，代码形式如下：

```
for   x=array
      {commands}
end
```

在 for 和 end 语句之间的命令串{commands}按数组（array）中的每一列执行一次，在每一次迭代中，x 被指定为向量的下一列，即在第 n 次循环中，x=array（:,n）。

例：对 $n=1,2,\cdots,10$，求 $x_n=\sin\left(\frac{n\cdot\pi}{10}\right)$ 的值。

建立 M 文件：

```
for n=1:10
   x(n)=sin(n*pi/10);
end
x
```

2）while 循环

与 for 循环以固定次数求一组命令相反，while 循环以不定的次数求一组语句的值。形式如下：

```
while   expression
        {commands}
end
```

只要在表达式（expression）里的所有元素为真，就执行 while 和 end 语句之间的命令串{commands}。

例：设银行年利率为 11.25%。将 10 000 元钱存入银行，问多长时间会连本带利翻一番？

建立 M 文件：

```
money=10000
years=0
while money<20000
      years=years+1
      money=money*(1+11.25/100)
end
```

3）if-else-end 结构

（1）有一个选择的一般形式是

```
if   expression
      {commands}
   end
```

如果在表达式(expression)里的所有元素为真,就执行 if 和 end 语句之间的命令串{commands}。

例:设$f(x)=\begin{cases}x^2+1, x>1\\ 2x, x\leqslant 1\end{cases}$,求$f(2)$,$f(-1)$。

先建立 M 文件 fun1. m 定义函数$f(x)$,再在 MATLAB 命令窗口输入 fun1(2),fun1(-1)即可。

建立 M 文件:

```
function f=fun1(x)
if x >1
    f=x^2+1;
end
if x <=1
    f=2 * x;
end
```

(2) 有三个或更多的选择的一般形式是

```
if  (expression1)
    {commands1}
else if  (expression2)
     {commands2}
else if   (expression3)
       {commands3}
else if……
…………………………………
else
     {commands}
end
end
end
……
end
```

例:设$f(x)=\begin{cases}x^2+1, x>1\\ 2x, 0<x\leqslant 1\\ x^3, x\leqslant 0\end{cases}$,求$f(2)$,$f(0.5)$,$f(-1)$。

先建立 M 文件 fun2. m 定义函数$f(x)$,再在 MATLAB 命令窗口输入 fun2(2),fun2(0.5),fun2(-1)即可。

建立 M 文件：

```
function f=fun2(x)
if x>1
  f=x^2+1
else if x<=0
        f=x^3
    else
        f=2 * x
    end
end
```

7.1.2 MATLAB 作图

本节主要介绍 MATLAB 的作图操作，包括作二维图形、三维图形及处理图形等。

7.1.2.1 二维图形

1）曲线图

MATLAB 作图是通过描点、连线来实现的，故在画一个曲线图形之前，必须先取得该图形上的一系列的点的坐标（即横坐标和纵坐标），然后将该点集的坐标传给 MATLAB 函数画图。

plot 函数的命令为

```
plot(x,y,s)
```

其中：***x***，***y*** 是向量，分别表示点集的横坐标和纵坐标，*s* 用作指定颜色、线型等。

s 颜色见表 7.6，*s* 线型见表 7.7。

表 7.6 *s* 颜色

符号	y	m	c	r
颜色	黄	品红	青	红

表 7.7 *s* 线型

符号	+	X	.	O
线型	加号	叉号	点	圈
符号	-	:	-.	--
线型	实线	点线	点划线	虚线

```
plot(x,y)                              %画实线
plot(x,y1,s1,x,y2,s2,……,x,yn,sn)      %将多条线画在一起
```

例：在[0,2π]用红线画 sin(*x*)，用绿圈画 cos(*x*)。

解：输入命令

```
x=linspace(0,2*pi,30);
y=sin(x);
z=cos(x);
plot(x,y,´r´,x,z,´c´)
```

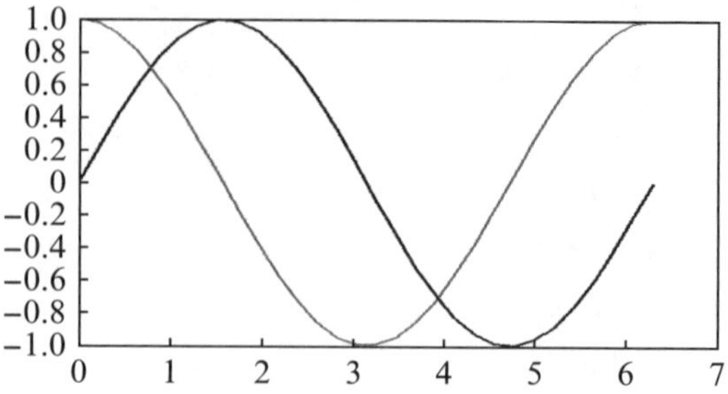

用函数 plot 曲线画图，如图 7.1 所示。

图 7.1　MATLAB 函数 plot 曲线画图

2）符号函数（显函数、隐函数和参数方程）画图

（1）ezplot 函数的命令为

```
ezplot(´f(x)´,[a,b])                             %在 a<x<b 绘制显函数 f=f(x) 的函数图
ezplot(´f(x,y)´,[xmin,xmax,ymin,ymax])           %在区间 xmin<x<xmax 和 ymin<y<ymax 绘制隐函数 f(x,y)=0 的函数图
ezplot(´x(t)´,´y(t)´,[tmin,tmax])                %在区间 tmin<t<tmax 绘制参数方程 x=x(t),y=y(t) 的函数图
```

例：在[0,π]上画 $y=\cos(x)$ 的图形。

解：输入命令

```
ezplot(´sin(x)´,[0,pi])
```

例：在[0,2π]上画 $x=\cos^3 t, y=\sin^3 t$ 星形图形。

解：输入命令

```
ezplot(´cos(t)^3´,´sin(t)^3´,[0.2*pi])
```

用函数 ezplot 参数方程曲线画图，见图 7.2。

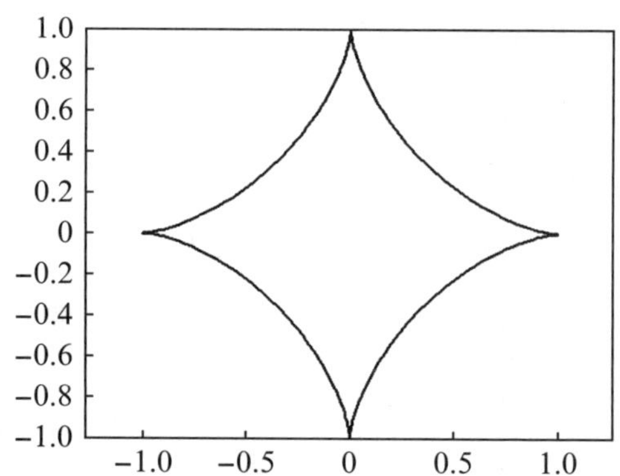

图 7.2　MATLAB 函数 ezplot 参数方程曲线画图

例：在[−2,0.5]，[0,2]上画隐函数 $e^x+\sin(xy)=0$ 的图形。

解：输入命令

```
ezplot(´exp(x)+sin(x*y)´,[-2,0.5,0,2])
```

用函数 ezplot 隐函数曲线画图，见图 7.3。

（2）fplot 函数的命令为

```
fplot(´fun´,lims)   %绘制字符串 fun 指定的函数在 lims=[xmin,xmax]的图形
```

注意：①fun 必须是 M 文件的函数名或是独立变量为 *x* 的字符串；②fplot 函数不能

画参数方程和隐函数图形,但在一个图上可以画多个图形。

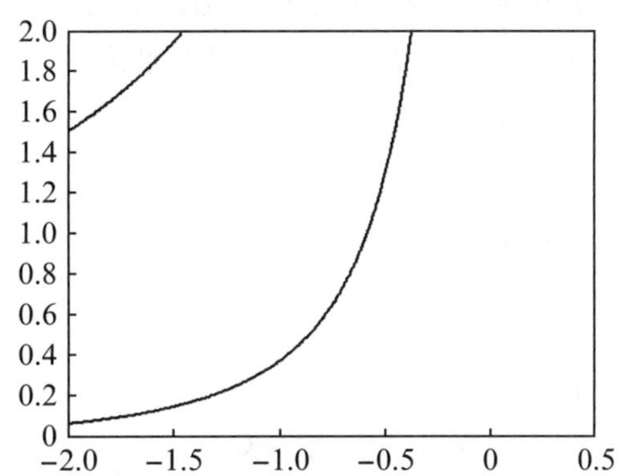

图 7.3 MATLAB 函数 ezplot 隐函数曲线画图

例:在[−1,2]上画 $y=e^{2x}+\sin(3x^2)$ 的图形。

解:先建 M 文件 myfun1.m

```
function y=myfun1(x)
y=exp(2*x)+sin(3*x^2)
```

再输入命令

```
fplot('myfun1',[-1,2])
```

例:在[−2,2]范围内绘制函数 tanh 的图形。

解:输入命令

```
fplot('tanh',[-2,2])
```

例:x、y 的取值范围都在[-2π,2π],画函数 $\tanh(x)$,$\sin(x)$,$\cos(x)$的图形。

解:输入命令

```
fplot('[tanh(x), sin(x), cos(x)]', 2*pi*[-1 1 -1 1])
```

用函数 fplot 指定函数区间画图,见图 7.4。

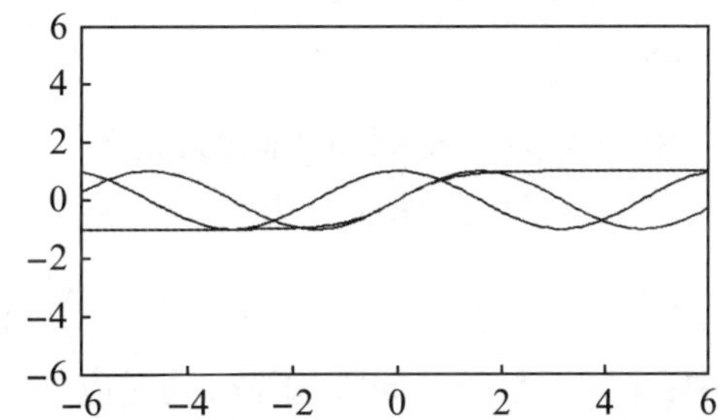

图 7.4 MATLAB 函数 fplot 指定函数区间画图

3)对数坐标图

在很多工程问题中,通过对数据进行对数转换可以更清晰地看出数据的某些特征。在对数坐标系中描绘数据点的曲线,可以直接地表现对数转换。对数转换有双对数坐标转换和单轴对数坐标转换 2 种。用 loglog 函数可以实现双对数坐标转换,用 semilogx 和 semilogy 函数可以实现单轴对数坐标转换。

```
loglog(y)        %x、y 坐标都是对数坐标系
semilogx(y)      %x 坐标轴是对数坐标系
semilogy(…)      %y 坐标轴是对数坐标系
plotyy           %有 2 个 y 坐标轴,一个在左边,一个在右边
```

例:用方形标记创建一个简单的 loglog。

解:输入命令

```
x=logspace(-1,2);
loglog(x,exp(x),'-s')
grid on
```

用函数 loglog 对数坐标曲线画图,见图 7.5。

例:创建一个简单的半对数坐标图。

解:输入命令

```
x=0:0.1:10;
semilogy(x,10.^x)
```

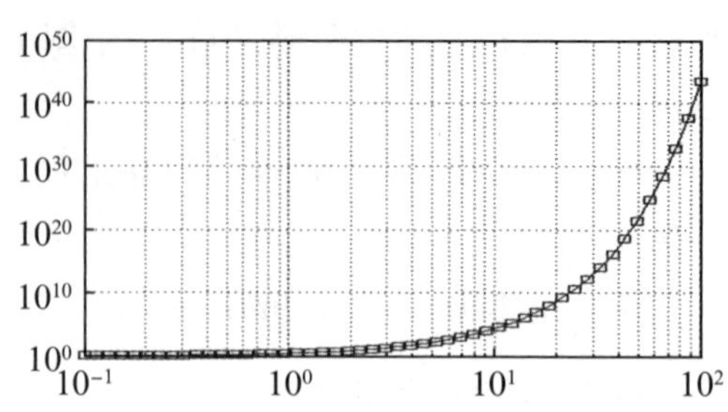

图 7.5 MATLAB 函数 loglog 对数坐标曲线画图

7.1.2.2 三维图形

1)空间曲线

(1)一条曲线的命令为

```
plot3(x,y,z,s)
```

其中:x,y,z 是 n 维向量,分别表示曲线上点集的横坐标、纵坐标、函数值;s 用作指定颜色、线型等。

例:在区间[0,10π]画出参数曲线 $x=\sin(t)$,$y=\cos(t)$,$z=t$。

解:输入命令

```
t=0:pi/50:10*pi;
plot3(sin(t),cos(t),t)
rotate3d  %旋转
```

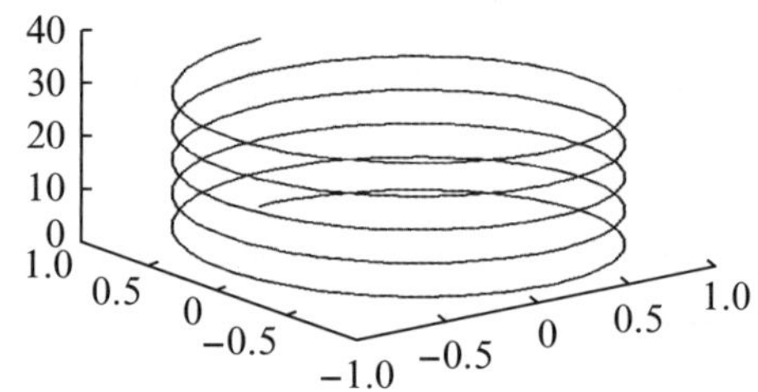

图 7.6 MATLAB 函数 plot3 空间曲线画图

用函数 plot3 空间曲线画图,见图 7.6。

(2)多条曲线的命令为

```
plot3(x,y,z)
```

其中:$\boldsymbol{x},\boldsymbol{y},\boldsymbol{z}$ 是都是 $m\times n$ 矩阵,其对应的每一列表示一条曲线。

例:画多条曲线观察函数 $Z=(X+Y)^2$。

解:输入命令

```
x=-3:0.1:3;y=1:0.1:5;
[X,Y]=meshgrid(x,y);
Z=(X+Y).^2;
plot3(X,Y,Z)
```

其中:meshgrid(x,y)的作用是产生一个以向量 $\boldsymbol{x}$ 为行、向量 $\boldsymbol{y}$ 为列的矩阵。

用函数 plot3 多条空间曲线画图,见图 7.7。

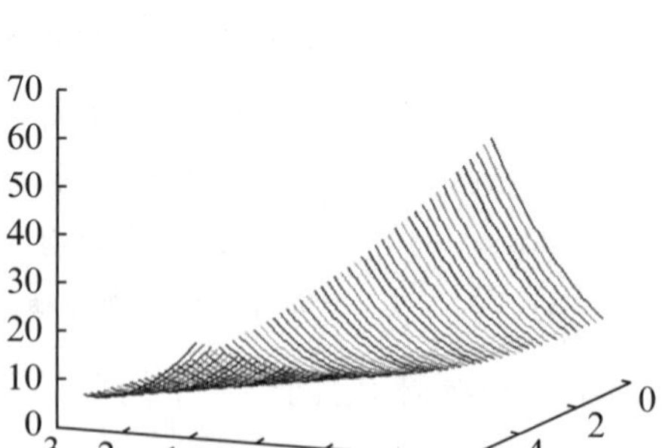

图 7.7 MATLAB 函数 plot3 多条空间曲线画图

2)空间曲面

(1)surf 函数的命令为

```
surf(x,y,z)  %画出数据点(x,y,z)表示的曲面
```

其中：***x***,***y***,***z*** 是数据矩阵，分别表示数据点的横坐标、纵坐标、函数值。

例：画函数 $Z=(X+Y)^2$ 的图形。

解：输入命令

```
x=-3:0.1:3;
y=1:0.1:5;
[X,Y]=meshgrid(x,y);
Z=(X+Y).^2;
surf(X,Y,Z)
shading flat   %将当前图形变得平滑
```

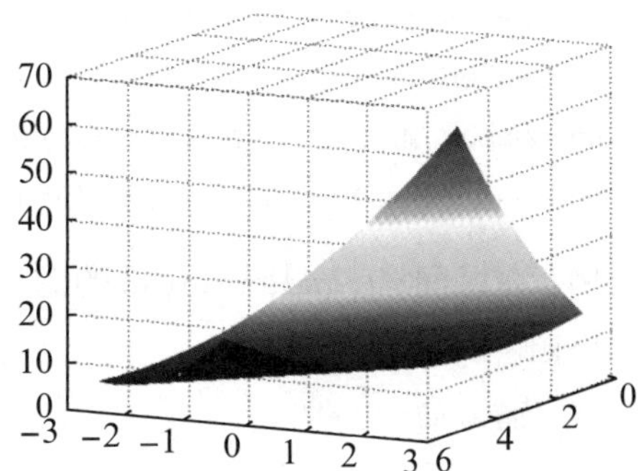

图 7.8 MATLAB 函数 surf 空间曲面画图

用函数 surf 空间曲面画图，见图 7.8。

(2) mesh 函数的命令为

```
mesh(x,y,z)   %画网格曲面
```

其中：***x***,***y***,***z*** 是数据矩阵，分别表示数据点的横坐标、纵坐标、函数值。

例：画出曲面 $Z=(X+Y)^2$ 视角的网格图。

解：输入命令

```
x=-3:0.1:3;   y=1:0.1:5;
[X,Y]=meshgrid(x,y);
Z=(X+Y).^2;
mesh(X,Y,Z)
```

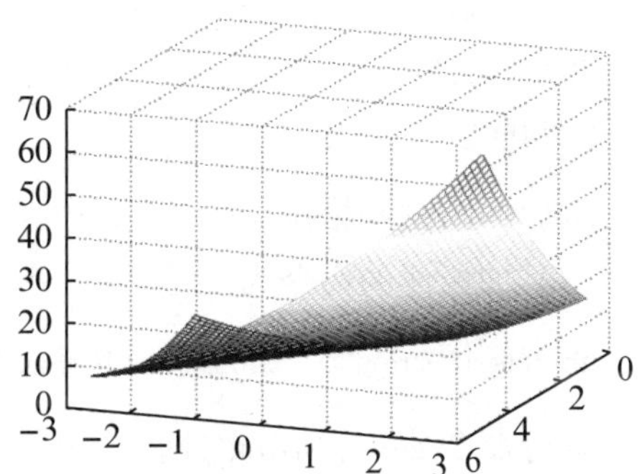

图 7.9 MATLAB 函数 mesh 空间网格曲面画图

用函数 mesh 空间网格曲面画图，见图 7.9。

(3) meshz 函数的命令为

```
meshz(x,y,z)   %在网格周围画一个 curtain 图
               (如,参考平面)
```

例：绘 peaks 的网格图。

解：输入命令

```
[X,Y]=meshgrid(-3:0.125:3);
Z=peaks(X,Y);
Meshz(X,Y,Z)
```

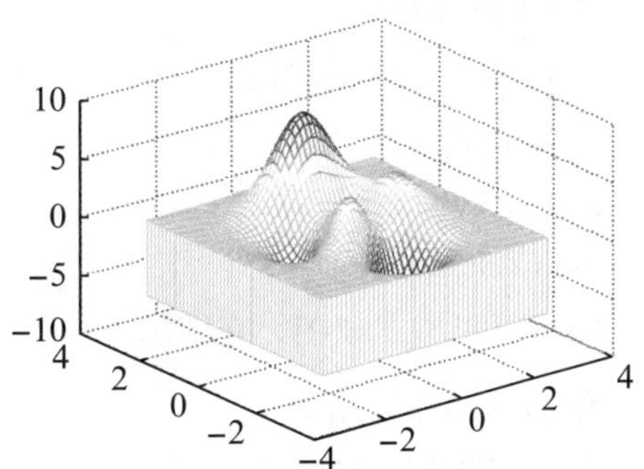

图 7.10 MATLAB 函数 meshz 空间网格曲面画图

用函数 meshz 空间网格曲面画图，见图 7.10。

7.1.2.3 处理图形

1) 曲线在图形上加格栅、图例和标注

(1) 加格栅和删除格栅的命令分别为

```
grid on   %加格栅在当前图上
```

```
grid off   %删除格栅
```

（2）加图例的命令为

```
hh=xlabel('string')   %在当前图形的 x 轴上加图例"string"
hh=ylabel('string')   %在当前图形的 y 轴上加图例"string"
hh=zlabel('string')   %在当前图形的 z 轴上加图例"string"
hh=title('string')    %在当前图形的顶端上加图例"string"
```

例：在区间$[0,2\pi]$画 $\sin(x)$的图形，并加注图例"自变量 X"、"函数 Y"、"示意图"，并加格栅。

解：输入命令

```
x=linspace(0,2*pi,30);
y=sin(x);
plot(x,y)
xlabel('自变量 X')
ylabel('函数 Y')
title('示意图')
grid on
```

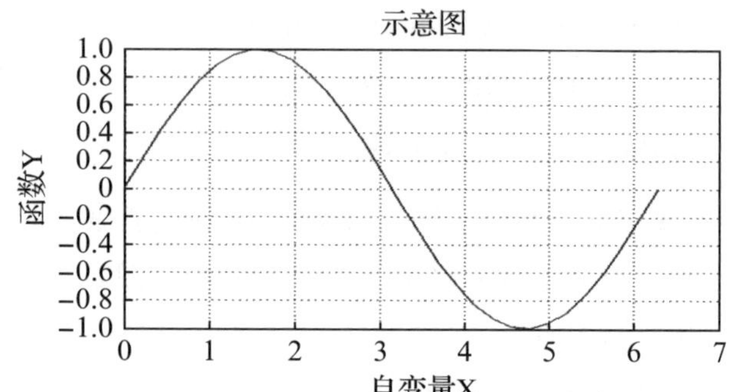

图 7.11　MATLAB 函数 plot 曲线加图例、格栅画图

添加的图例和格栅见图 7.11。

（3）加标注的命令为

```
hh=gtext('string')   %用鼠标放置标注在现有的图上
```

运行命令 gtext('string')时，屏幕上出现当前图形，在图形上出现一个交叉的十字，该十字随鼠标的移动而移动，当按下鼠标左键时，该标注"string"放在当前十字交叉的位置。

例：在区间$[0,2\pi]$画 $\sin(x)$，并分别标注"sin(x)""cos(x)"。

解：输入命令

```
x=linspace(0,2*pi,30);
y=sin(x);
z=cos(x);
plot(x,y,x,z)
gtext('sin(x)');gtext('cos(x)')
```

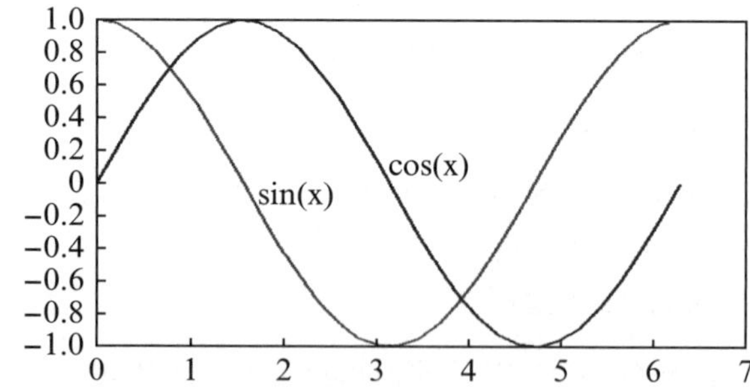

图 7.12　MATLAB 函数 plot 曲线加标注画图

添加的标注见图 7.12。

2）定制图形坐标区间

定制图形坐标区间的命令为

```
Axis([xmin xmax ymin ymax zmin zmax])   %定制图形坐标 x,y,z 的最大值、最小值
Axis auto                               %将坐标轴返回到自动缺省值
```

例：在区间[0.005,0.01]显示 sin(1/x)的图形。

解：输入命令

```
x=linspace(0.0001,0.01,1000);
y=sin(1./x);
plot(x,y)
axis([0.005 0.01 -1 1])
```

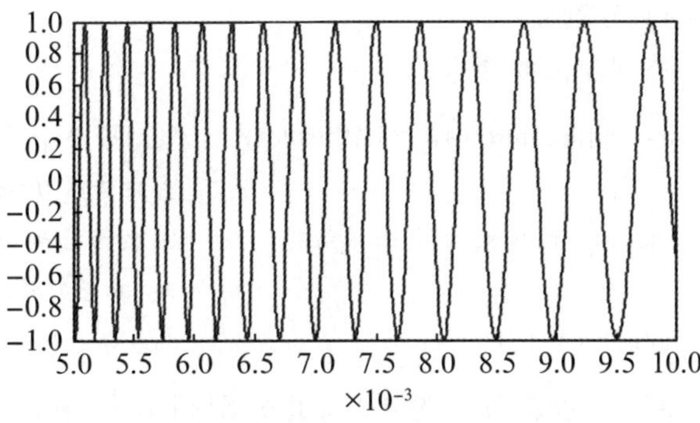

图 7.13 MATLAB 函数 Axis 定制图形坐标区间

定制图形的坐标区间如图 7.13 所示。

3）图形保持

（1）hold 函数的命令为

```
hold on   %保持当前图形,以便继续画图到当前图上
hold off  %释放当前图形窗口
```

例：将 $y=\sin(x)$，$y=\cos(x)$分别用点和线画在同一屏幕上。

解：输入命令

```
x=linspace(0,2*pi,30);
y=sin(x);
z=cos(x)
plot(x,z,:)
hold on
plot(x,y)
```

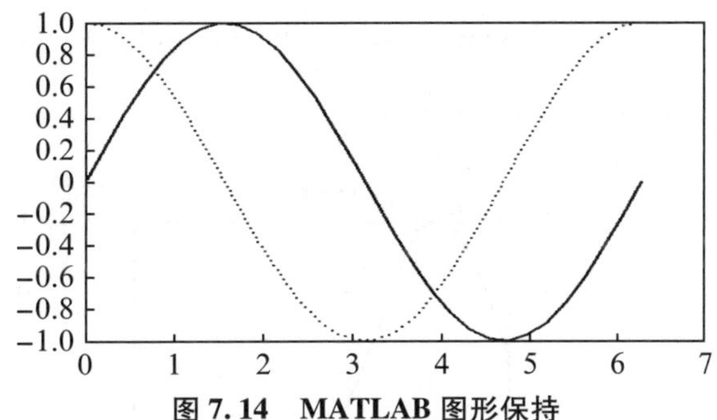

图 7.14 MATLAB 图形保持

图形保持见图 7.14。

（2）figure 函数的命令为

```
figure(h)  %新建h窗口,激活图形使其可见,并把它置于其他图形之上
```

例：区间[0,2π]新建两个窗口分别画出 $y=\sin(x)$，$z=\cos(x)$。

解：输入命令

```
x=linspace(0,2*pi,100);
y=sin(x); z=cos(x);
plot(x,y);
title('sin(x)');
pause
figure(2);
plot(x,z);
title('cos(x)');
```

4）分割窗口

分割窗口的命令为

h=subplot(mrows,ncols,thisplot)	%划分整个作图区域为 *mrows*×*ncols* 块(逐行对块访问)并激活第 *thisplot* 块,其后的作图语句将图形画在该块上
subplot(mrows,ncols,thisplot)	%激活已划分为 *mrows*×*ncols* 块的屏幕中的第 *thisplot* 块,其后的作图语句将图形画在该块上
subplot(1,1,1)	%命令 subplot(1,1,1)返回非分割状态

例：将屏幕分割为 4 块,并分别画出 $y=\sin(x)$,$z=\cos(x)$,$a=\sin(x)\times\cos(x)$,$b=\sin(x)/\cos(x)$。

解：输入命令

```
x=linspace(0,2 * pi,100);
y=sin(x); z=cos(x);
a=sin(x). * cos(x);b=sin(x)./(cos(x)+eps)
subplot(2,2,1);plot(x,y),title('sin(x)')
subplot(2,2,2);plot(x,z),title('cos(x)')
subplot(2,2,3);plot(x,a),title('sin(x)cos(x)')
subplot(2,2,4);plot(x,b),title('sin(x)/cos(x)')
```

分割窗口见图 7. 15。

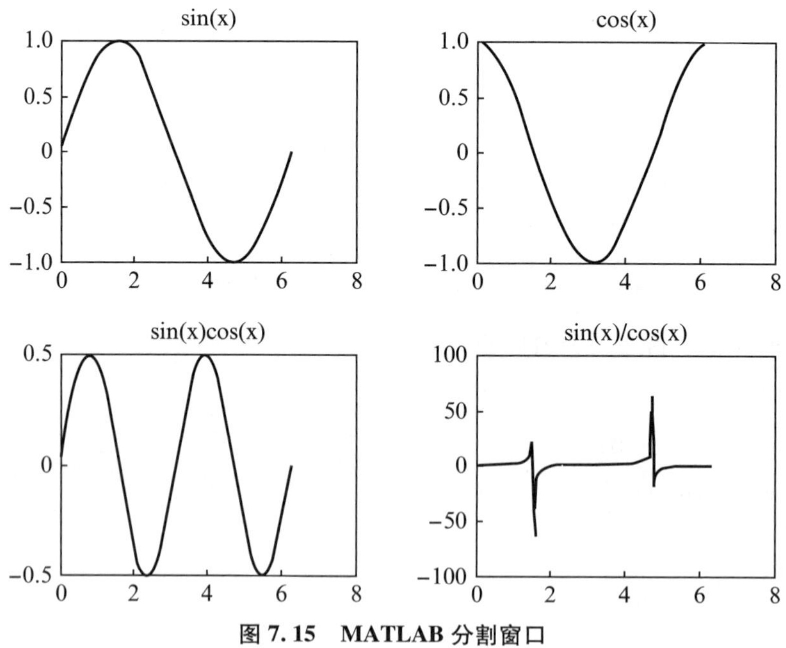

图 7. 15　MATLAB 分割窗口

5）缩放图形

缩放窗口的命令为

```
zoom on   %为当前图形打开缩放模式
```

单击鼠标左键，则在当前图形窗口中，以鼠标点中的点为中心的图形放大 2 倍；单击鼠标右键，则缩小至$\frac{1}{2}$。

```
zoom off   %关闭缩放模式
```

例：缩放 $y=\sin(x)$ 的图形。

解：输入命令

```
x=linspace(0,2*pi,30);
y=sin(x);
plot(x,y)
zoom on
```

6）改变视角

(1) view(a,b)　　%改变视角到(*a*,*b*)，*a* 是方位角，*b* 为仰角。缺省视角为(-37.5,30)

(2) view([x,y,z])　　%用空间矢量表示视角，只关心 3 个量的比例，与数值的大小无关，view([1,0,0])表示 *x* 轴，view([0,1,0])表示 *y* 轴，view([0,0,1])表示 *z* 轴。

例：画出曲面 $Z=(X+Y)^2$ 在不同视角的网格图。解：输入命令

```
x=-3:0.1:3;y=1:0.1:5;
[X,Y]=meshgrid(x,y);
Z=(X+Y).^2;
subplot(2,2,1), mesh(X,Y,Z)
subplot(2,2,2), mesh(X,Y,Z),view(50,-34)
subplot(2,2,3), mesh(X,Y,Z),view(-60,70)
subplot(2,2,4), mesh(X,Y,Z),view([0,1,1])
```

图 7.16 为改变视角后的图形。

7）动画

动画函数包括 moviein()，getframe，movie()。函数 moviein()产生一个帧矩阵来存放动画中的帧；函数 getframe 对当前的图象进行快照；函数 movie()按顺序回放各帧。

例：将曲面 *peaks* 做成动画。

解：输入命令

```
[x,y,z]=peaks(30);
surf(x,y,z)
axis([-3 3 -3 3 -10 10])
m=moviein(15);
```

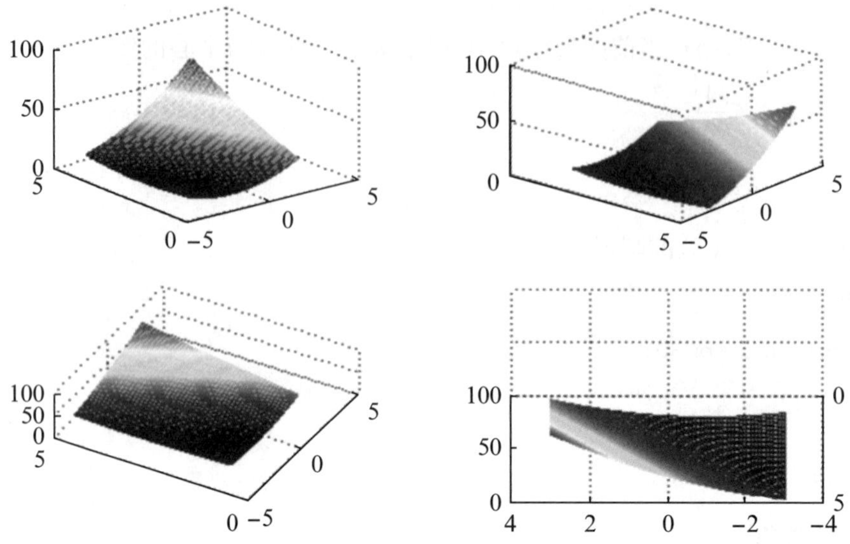

图 7.16　MATLAB 改变图形视角

```
for i=1:15
    view(-37.5+24*(i-1),30)
    m(:,i)=getframe;
end
movie(m)
```

7.1.2.4　特殊的二维、三维图形

1）特殊的二维图形函数

（1）极坐标图的命令为

polar (theta,rho,s)　%用角度 *theta*(弧度)和极半径 *rho* 作极坐标图,用 s 指定线型

例：绘制 $r=\sin2\theta\times\cos2\theta$ 的极坐标图形。

解：输入命令

```
theta=linspace(0,2*pi),
rho=sin(2*theta).*cos(2*theta);
polar(theta,rho,'g')
title('Polar plot of sin(2*theta).*cos(2*theta)');
```

绘制的极坐标图形,见图 7.17。

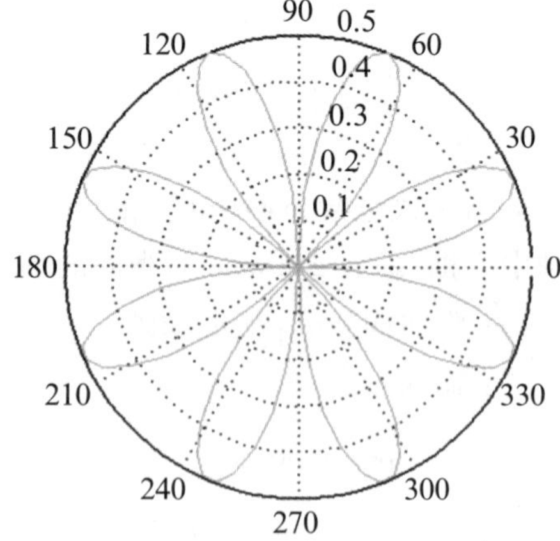

图 7.17　MATLAB 函数 polar 极坐标画图

（2）散点图的命令为

scatter(x,y,s,c)　%在向量 $\boldsymbol{x}$ 和 $\boldsymbol{y}$ 的指定位置显

示彩色圈,x 和 y 必须大小相同

例:绘制 seamount 散点图。

解:输入命令

```
load seamount
scatter(x,y,5,z)
```

绘制的散点图,见图 7.18。

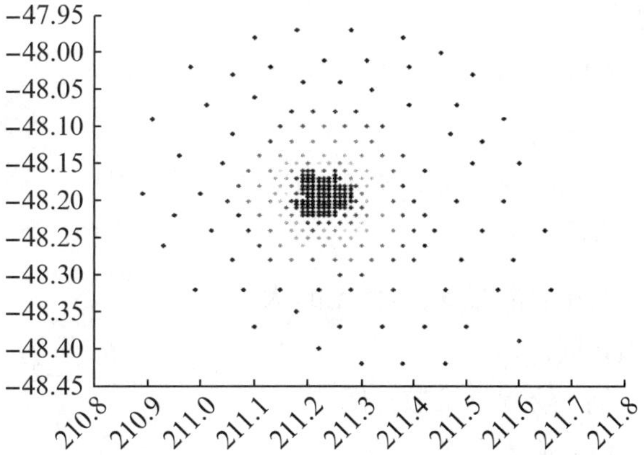

图 7.18 MATLAB 函数 scatter 散点图

(3) 平面等值线图的命令为

```
contour(x,y,z,n)    %绘制 n 个等值线的二维等值线图
```

例:在范围 $-2<x<2$,$-2<y<3$ 内绘制 $z=xe^{-x^2-y^2}$ 的等值线图。

解:输入命令

```
[X,Y]=meshgrid(-2:0.2:2,-2:0.2:3);
Z=X. * exp(-X.^2-Y.^2);
[C,h]=contour(X,Y,Z);
clabel(C,h)
colormap cool
```

绘制的平面等值见图 7.19。

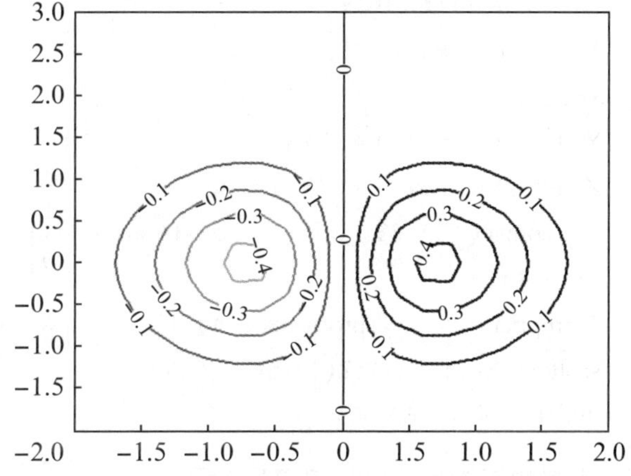

图 7.19 MATLAB 函数 contour 平面等值线图

2) 特殊的三维图形函数

(1) 空间等值线图的命令为

```
contour 3(x,y,z,n)    %其中 n 表示等值线数
```

例:绘制山峰的三维和二维等值线图。

解:输入命令

```
[x,y,z]=peaks;
subplot(1,2,1)
contour3(x,y,z,16,´s´)
grid,xlabel(´x-axis´),ylabel(´y-axis´)
zlabel(´z-axis´)
title(´contour3 of peaks´);
subplot(1,2,2)
contour(x,y,z,16,´s´)
grid, xlabel(´x-axis´), ylabel(´y-axis´)
title(´contour of peaks´);
```

绘制的空间等值线见图 7.20。

(2) 三维散点图的命令为

scatter3(x,y,z,s,c)　%在向量 ***x***,***y*** 和 ***z*** 指定的位置上显示彩色圆圈

其中:向量 ***x***,***y*** 和 ***z*** 的大小必须相同。

例:绘制三维散点图。

解:输入命令

```
[x,y,z]=sphere(16);
X = [x(:) *.5 x(:) *.75 x(:)];
Y=[y(:)*.5 y(:)*.75 y(:)];
Z=[z(:)*.5 z(:)*.75 z(:)];
S=repmat([1 .75 .5]*10,prod(size(x)),1);
C=repmat([1 2 3],prod(size(x)),1);
scatter3(X(:),Y(:),Z(:),S(:),C(:),'filled'),view(-60,60)
```

绘制的三维散点如图 7.21 所示。

图 7.20　MATLAB 函数 contour3 空间等值线图

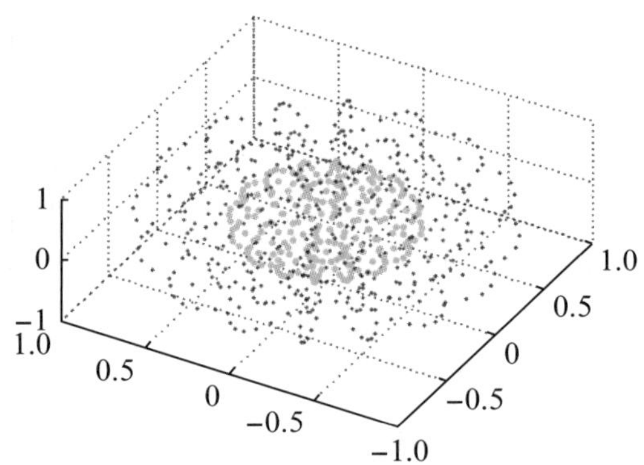

图 7.21　MATLAB 函数 scatter3 三维散点图

3) 绘制山区地貌图

要在某山区方圆大约 27 km² 的范围内修建一条公路,从山脚出发经过一个居民区,再到达一个矿区。横向、纵向每隔 400 m 各测量一次,得到一些地点的高程(见表 7.8,平面区域 $0 \leqslant x \leqslant 5\ 600, 0 \leqslant y \leqslant 4\ 800$),需作出该山区的地貌图和等高线图。

表 7.8　某山区一些地点的高程

$y\backslash x$	0	400	800	1 200	1 600	2 000	2 400	2 800	3 200	3 600	4 000	4 400	4 800	5 200	5 600
0	370	470	550	600	670	690	670	620	580	450	400	300	100	150	250
400	510	620	730	800	850	870	850	780	720	650	500	200	300	350	320
800	650	760	880	970	1 020	1 050	1 020	830	900	700	300	500	550	480	350
1 200	740	880	1 080	1 130	1 250	1 280	1 230	1 040	900	500	700	780	750	650	550
1 600	830	980	1 180	1 320	1 450	1 420	1 400	1 300	700	900	850	840	380	780	750
2 000	880	1 060	1 230	1 390	1 500	1 500	1 400	900	1 100	1 060	950	870	900	930	950

表7.8(续表)

2 400	910	1 090	1 270	1 500	1 200	1 100	1 350	1 450	1 200	1 150	1 010	880	1 000	1 050	1 100
2 800	950	1 190	1 370	1 500	1 200	1 100	1 550	1 600	1 550	1 380	1 070	900	1 050	1 150	1 200
3 200	1 430	1 430	1 460	1 500	1 550	1 600	1 550	1 600	1 600	1 600	1 550	1 500	1 500	1 550	1 550
3 600	1 420	1 430	1 450	1 480	1 500	1 550	1 510	1 430	1 300	1 200	980	850	750	550	500
4 000	1 380	1 410	1 430	1 450	1 470	1 320	1 280	1 200	1 080	940	780	620	460	370	350
4 400	1 370	1 390	1 410	1 430	1 440	1 140	1 110	1 050	950	820	690	540	380	300	210
4 800	1 350	1 370	1 390	1 400	1 410	960	940	880	800	690	570	430	290	210	150

输入命令：

```
x=0:400:5600;
y=0:400:4800;
z=[370 470 550 600 670 690 670 620 580 450 400 300 100 150 250;...
    510 620 730 800 850 870 850 780 720 650 500 200 300 350 320;...
    650 760 880 970 1020 1050 1020 830 900 700 300 500 550 480 350;...
    740 880 1080 1130 1250 1280 1230 1040 900 500 700 780 750 650 550;...
    830 980 1180 1320 1450 1420 1400 1300 700 900 850 840 380 780 750;...
    880 1060 1230 1390 1500 1500 1400 900 1100 1060 950 870 900 930 950;...
    910 1090 1270 1500 1200 1100 1350 1450 1200 1150 1010 880 1000 1050 1100;...
    950 1190 1370 1500 1200 1100 1550 1600 1550 1380 1070 900 1050 1150 1200;...
    1430 1430 1460 1500 1550 1600 1550 1600 1600 1600 1550 1500 1500
    1550 1550;...
    1420 1430 1450 1480 1500 1550 1510 1430 1300 1200 980 850 750 550 500;...
    1380 1410 1430 1450 1470 1320 1280 1200 1080 940 780 620 460 370 350;...
    1370 1390 1410 1430 1440 1140 1110 1050 950 820 690 540 380 300 210;...
    1350 1370 1390 1400 1410 960 940 880 800 690 570 430 290 210 150];
subplot(2,4,1:2);meshz(x,y,z),rotate3d
xlabel('X'),ylabel('Y'),zlabel('Z');
subplot(2,4,3:4);contour(x,y,z)
xlabel('X'),ylabel('Y');
subplot(2,4,6:7);contour3(x,y,z)
xlabel('X'),ylabel('Y'),zlabel('Z');
```

绘制的地貌图和等高线图，见图7.22。

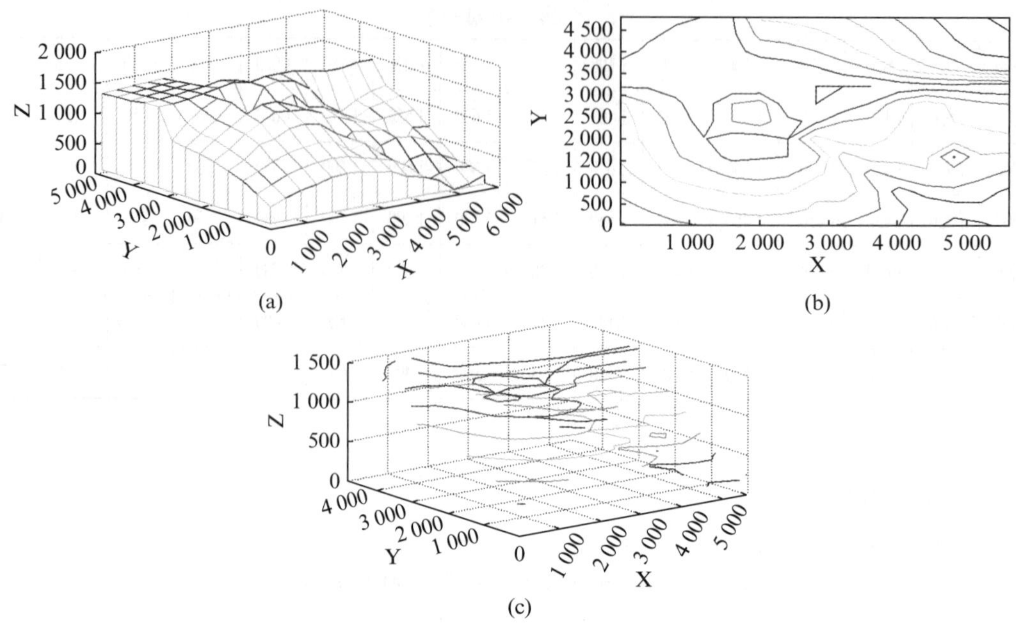

图 7.22 MATLAB 绘制某地区的地貌图和等高线图

7.1.3 上机实验 1

7.1.3.1 实验目的

熟悉 MATLAB 运行环境,学习数组、函数文件的组成和调用,MATLAB 程序的设计方法和 MATLAB 作图方法,熟悉在线帮助的使用和程序文件的管理、工作目录的设置。

7.1.3.2 实验要求

学习 MATLAB 编程方法、常用语句和可视化绘图技术。学会 M 文件的编制,通过不同的程序结构掌握 MATLAB 的编程方法。在 MATLAB 环境下运用相关指令作图,学会绘图函数的用法和简单图形标注。

7.1.3.3 上机实验 1 内容

1）MATLAB 基础实验内容

以下 5 题请选择 2 题作答。

题 1：编程求 Fibonacci 数列中第一个大于 10 000 的元素。

题 2：有一个 4×5 的矩阵,编程求出其最大值及其所处的位置。

题 3：编程求 $\sum_{n=1}^{20} n!$ （此题用 MATLAB 算精确值比较复杂）。

题 4：一球从 100 m 高度自由落下,每次落地后反跳回原高度的一半,再落下,求它在第 10 次落地时,共经过多少 m？ 第 10 次反弹有多高？

题 5：有一函数 $f(x,y)=x^2+\sin xy+2y$,写一程序,输入自变量的值,输出函数值。

2）MATLAB 作图实验内容

以下 2 题请选择 1 题作答。

题 1：在一个图形窗体中画出函数 $y=e^x$ 和 $y=\log x$ 的曲线。其中 $y=e^x$ 中 x 取值为（-2:0.1:2），$y=\log x$ 中 x 取值为（0.1:0.1:5）。

要求：要有标题（“二维图”）、坐标轴标签（“X 轴数据”和“Y 轴数据”），每条曲线的颜色自己设置。

题 2：绘制下面的函数在区间[-6,6]中的图像。

$$y(x)=\begin{cases}\sin x, x \leqslant 0 \\ x, 0 < x \leqslant 3 \\ -x+6, x > 3\end{cases}$$

7.1.3.4　上机实验 1 参考答案

1）MATLAB 基础实验参考答案

（1）题 1 输入命令

```
clear;clc;
a=[];
a(1)=1;
a(2)=1;
k=2;
while a(k)<=1e4
k=k+1;
a(k)=a(k-1)+a(k-2);
end
k
a(k)
```

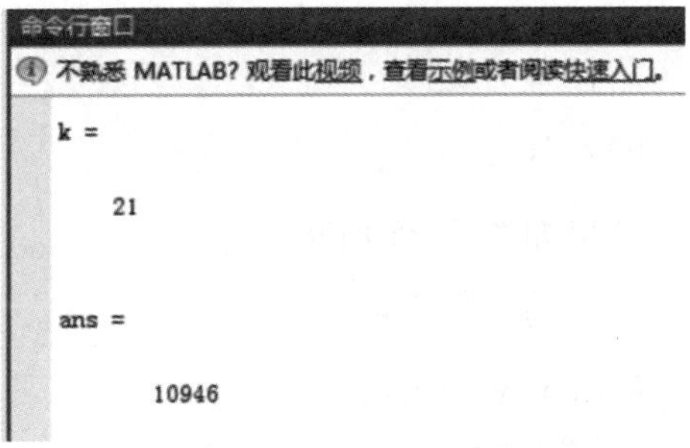

图 7.23　MATLAB 基础实验(1)结果截图

结果如图 7.23 所示。

（2）题 2 输入命令

```
function max_1(x)        %x 为任意维矩阵
[c,t]=max(x);            %先求出矩阵 x 每一列的最大值和最大值位于的行数
[y,i]=max(c);            %求出矩阵 x 的最大值和最大值的列下标
t(i);                    %最大值的行下标
disp(['最大值为:',num2str(y)]);      %显示结果
disp(['位置为',num2str(t(i)),'行',num2str(i),'列'])
```

（3）题 3 输入命令

```
function y=JC(n)      %求任意一个整数阶乘之和的程序(n 为待求整数)
```

```
y=1;                    %1 的阶乘
for i=1:n               %求各个数的阶乘
   for j=1:i
       z=(i-1) * i;
   end
% 求每个数阶乘的和
  y=y+z;
end
```

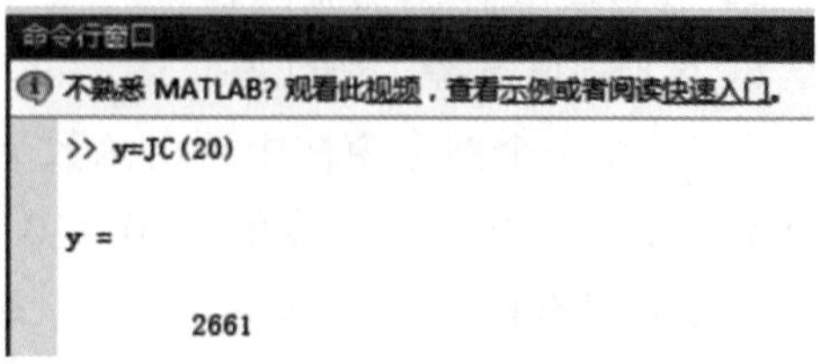

图 7.24　MATLAB 基础实验题 3 结果截图

结果如图 7.24 所示。

(4) 题 4 输入命令

```
%s 为次落地后总共的距离,h 为第 n 次落地后反弹的高度,n 为次数
function [s,h]=sh(n)
z=100;
s=z;
for i=1:n-1
    z=z/2;
    s=s+2 * z;
end
h=z/2;
```

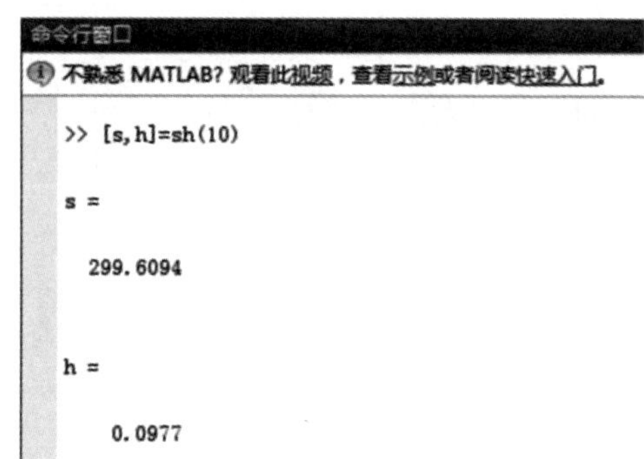

图 7.25　MATLAB 基础实验题 4 结果截图

结果如图 7.25 所示。

(5) 题 5 输入命令

```
function y=f(x,y)
y=x^2+sin(x * y)+2 * y;
```

2) MATLAB 作图实验参考答案

(1) 题 1 输入命令

```
x1=-2:0.1:2;
y1=exp(x1);
x2=0.1:0.1:5;
y2=log(x2);
plot(x1,y1,'r',x2,y2,'g');
title('二维图');
legend('y=exp(x)','y=logx');
xlabel('X 轴数据');ylabel('Y 轴数据');
grid on;
```

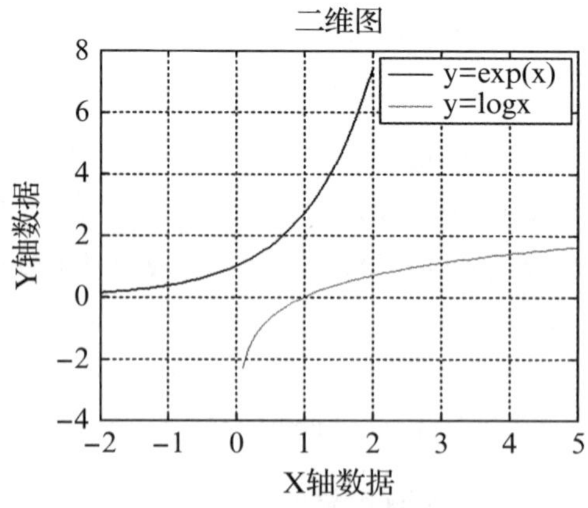

图 7.26　MATLAB 作图实验题 1 结果图

结果如图 7.26 所示。

(2) 题 2 输入命令

```
x=linspace(-6,6,100);
y=[ ];
for x0=x
    if x0<=0
        y=[y,sin(x0)];
    elseif x0<=3
        y=[y,x0];
    else
        y=[y,-x0+6];
    end
end
plot(x,y);
axis([-7 7-2 4]);
title('分段函数曲线');
text(-3*pi/2,1,'y=sin(x)');
text(2,2,'y=x');
text(4,2,'y=-x+6');
```

结果如图 7.27 所示。

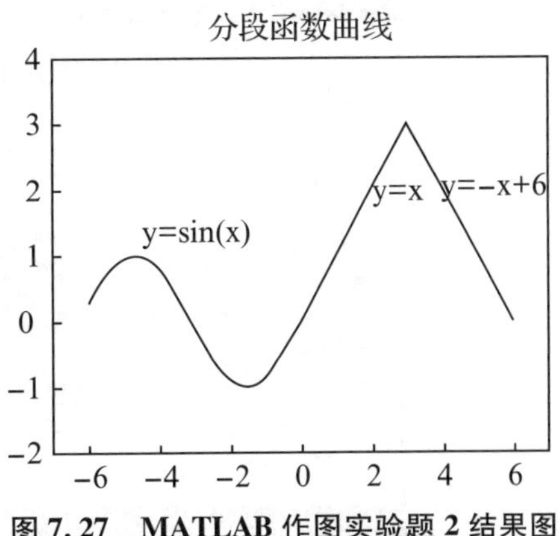

图 7.27　MATLAB 作图实验题 2 结果图

7.2　实验 2　Mathematica 绘图、运算及编程

7.2.1　Mathematica 软件基础

Mathematica 由美国的 Wolfram Research 公司于 1988 年首次推出,是一个功能强大的常用数学软件,不但可以解决数学中的数值计算问题,还可以解决符号演算问题,并且能够方便地绘出各种函数图形。Mathematica 的欢迎界面见图 7.28。

7.2.1.1　Mathematica 基本使用

(1) 在工作区(软件打开初始时,左侧的窗口上方标有"未命名-1")输入命令,按 Shift+Enter 组合键执行命令。如输入"2+3",按 Shift+Enter 执行后,窗口显示

```
In[1]:=  2+3
Out[1]=  5
```

其中,In[1]:=,Out[1]=为系统自动添加,In[1]括号内数字 1 表示第 1 次输入。如果不想显示此次输入的结果,只需在所输入命令的后面加上一个分号。

Mathematica 的工作区见图 7.29。

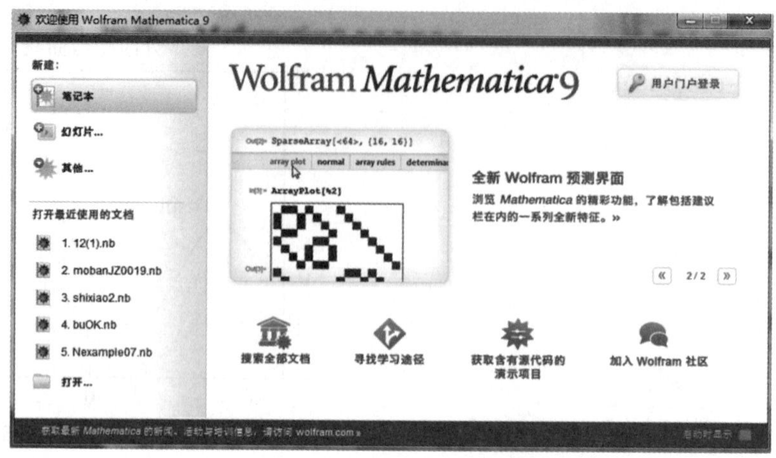

图 7.28　Mathematica 欢迎界面

图 7.29　Mathematica 工作区

(2) 除可以用直接键盘输入的方法进行输入外,还可以用“打开”的方式从磁盘中调入一个已经存在的文件进行操作。

(3) 通过按 F1 键或点击帮助菜单项“参考资料中心”调出帮助菜单,如图 7.30 所示,其中函数浏览器和虚拟全书作为 2 个搜索浏览器帮助查找所需内容。

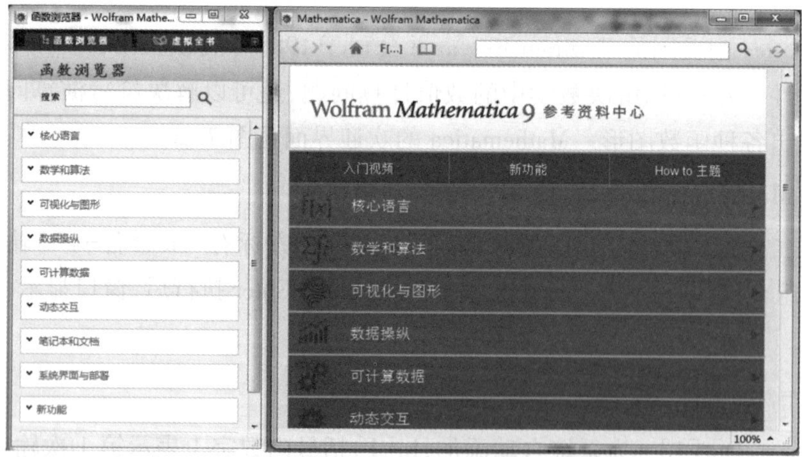

图 7.30　Mathematica 函数浏览器和虚拟全书

7.2.1.2　Mathematica 的基本语法特征

（1）Mathematica 中区分大、小写，如 Name、name、NAME 等是不同的变量名或函数名。

（2）系统所提供的功能大部分以系统函数的形式给出，内部函数一般写全称，而且一定是以大写英文字母开头，如 Sin[2]等。

（3）乘法既可以用“ * ”，又可以用空格表示，如 2 3=2 * 3=6、x y、2 Sin[x]等；乘幂可以用“^”表示，如 x^0.5、Tan[x]^y。

（4）自定义的变量可以取几乎任意的名称，长度不限，但不可以数字开头。

（5）当赋予变量任何一个值，除非明显地改变该值或使用“Clear[变量名]”或“变量名=.”取消该值，否则将始终保持原值。

（6）一定要注意 4 种括号的用法：()圆括号表示运算项的结合顺序，如(x+(y^x+1/(2x)))；[]方括号表示函数，如 Log[x]、BesselJ[x,1]；{}大括号表示一个“表”（一组数字、任意表达式、函数等的集合），如{2x,Sin[12 Pi]、{1+A,y * x}}；[[]]双方括号表示“表”或“表达式”的下标，如 a[[2,3]]、{1,2,3}[[1]]=1。

（7）Mathematica 的语句书写十分方便，一个语句可以分为多行写，同一行可以写多个语句(但要以分号间隔)。当语句以分号结束时，语句计算后不做输出(输出语句除外)，否则将输出计算的结果。

7.2.1.3　Mathematica 数的运算符

数的运算有加、减、乘、除和乘方，在 Mathematica 中对应的符号为：加(+)、减(-)、乘(*)、除(/)和乘方(^)。

不同类型的数参与运算，其结果的类型为：

（1）如果运算数有复数，则计算结果为复数类型。

（2）如果运算数没有复数，但有实数，则计算结果为实数类型。

（3）如果运算数没有复数和实数，但有分数，则计算结果为有理数类型。

（4）如果运算数只有整数，则计算结果或是整数类型(如果计算结果是整数)，或是有理数类型(如果计算结果不是整数)。

7.2.1.4　Mathematica 中的精确数与近似数

（1）Mathematica 的近似数是带有小数点的数；精确数是整数、有理数、数学常数以及函数在自变量取整数、有理数、数学常数时的函数值。如 62 243、2/3、E、Sin[4]都是精确数。如果参与运算或求值的数带有小数点，则运算结果通常为带有 6 位有效数字的近似数，例如：

```
In[3]:=1.2345678020/30
Out[3]=0.0411523              (结果为近似数)
In[4]:=2+Sin[1.0]
```

```
Out[4]=2.84147          (结果为近似数)
In[5]:=2+Sin[1]
Out[5]=2+Sin[1]          (结果为精确数)
```

（2）如果需要精确数的数值结果（除整数外），可以用 Mathematica 提供的 N 函数将其转化，N 函数可以得到该精确数的任意精度的近似结果，例如：

```
In[6]:=2 * E+Sin[ Pi/5 ] // N
Out[6]=6.02345                (输入 2 * E+Sin[ Pi/5 ]试试)
In[7]:=N[ 2 * E+Sin[Pi/5], 30 ]
Out[7]=6.02434890921056359988928089734
Input=N[Pi,20]
output=3.14159265358979323846264338328
```

7.2.1.5 Mathematica 中的表

表可以用来表示数学中的集合、向量、矩阵和数据库中的记录。在 Mathematica 中，任何用一对大括号括起来的一组元素都代表一个表，其中的元素用逗号分隔且各元素可以具有不同的类型，有的元素还可以是一个表。表的形式为{元素 1，元素 2，元素 3，……，元素 n}，如{1,3,5}、{3,x,{1,y},4}都是表。

建表命令有如下几种形式：

（1）命令形式 1：Table[f(i)，{i,$i$min,$i$max,h}]，其中 $h>0$。功能是产生一个表{f($i$min)，f($i$min+h)，f($i$min+2h)，…，f($i$min+nh)}。例如：

```
In[8]:=Table[ i^2, { i, 1, 19, 2} ]
Out[8]={1, 9, 25, 49, 81, 121, 169, 225, 289, 361}
```

（2）命令形式 2：Table[通项公式 f(i)，{i,$i$min,$i$max}]，相当于 $h=1$。功能是产生一个表{f($i$min)，f($i$min+1)，f($i$min+2)，…，f($i$min+n)}。例如：

```
In[9]:=Table[i^2,{i, 2, 10}]
Out[9]={4, 9, 16, 25, 36, 49, 64, 81, 100}
```

（3）命令形式 3：Table[通项公式f，{循环次数 n}]，f 为常数。功能是产生 n 个 f 的一个表{f,f,f,……,f}。例如：

```
In[10]:=Table[2, {8}]
Out[10]={2,2,2,2,2,2,2,2}
```

（4）命令形式 4：Table[通项公式 f(i,j)，{{i,$i$min,$i$max}，{j,$j$min,$j$max}]。功能是产生一个二维表{{f($i$min,$j$min)，f($i$min,$j$min+1)，f($i$min,$j$min+2)，……，f($i$min,$j$min+m)}，{f($i$min+1,$j$min)，f($i$min+1,$j$min+1)，f($i$min+1,$j$min+2)，……，f($i$min+1,$j$min+m)}，……{f($i$min+n,$j$min)，f($i$min+n,$j$min+1)，f($i$min+n,$j$min+2)，……，f($i$min+n,$j$min+

m)}。例如：

```
In[11]:=Table[i-j,{i,1,6},{j,1,2}]
Out[11]={{0,-1},{1,0},{2,1},{3,2},{4,3},{5,4}}
```

7.2.1.6 Mathematica 中的变量

1）Mathematica 的变量命名

（1）变量名规定为任何小写英文字母或以小写英文字母开头，后跟若干字母或数字表示的字符串，如 x、y、ae3、d3er45 都是合法的变量名。

（2）变量名一般不用大写字母。如果在某些情况下一定要用大写字母，应该注意不要与 Mathematica 中的数学常数和内部函数或命令混淆。Mathematica 中的变量名是区分大小写字母的，如在 Mathematica 中，*ab* 与 *Ab* 表示两个不同的变量。

（3）变量名中的字符之间不能有空格，因为变量名中的空格在 Mathematica 中被理解为变量的乘积。例如：*abcd* 与 *ab cd* 有不同的含义，前者表示一个变量 *abcd*，而后者表示两个变量 *ab* 和 *cd* 的乘积。

（4）变量名不能以数字开头的字符串来表示，因为数字开头的字符串在 Mathematica 中被理解为数字与变量的乘积。例如，以数字开头的字符串 3asd，在 Mathematica 中表示 3 乘以变量 *asd*，即 3asd 表示 3 * asd。

（5）变量使用前不必先定义变量类型。Mathematica 变量的类型可以不断变化，取决于其中所存数据的类型。变量不但可以存放前面所提到的四种数据数，而且可以存放一个方程式、一个图形或更复杂的关系式。

2）Mathematica 中的变量取值与清除

如果一个变量在程序运行中没有被存储内容，此时该变量名只是作为一般的数学符号参与程序的处理。如果变量被存储了内容，称为变量取值。变量取值之后，该变量就用存入的内容参与程序的处理。

在 Mathematica 中，变量获取值的方式有 3 种：变量赋值、键盘输入和变量替换。下面分别介绍这 3 种方式。

（1）变量赋值方式。Mathematica 中变量赋值的一般形式为

变量 = 表达式

这里“=”称为赋值号，表达式是广义的表达式，即其既可以是数值和通常意义的数学表达式，还可以是一个方程或图形等。例如：

```
In[20]:=x=2+2
Out[20]=4
In[21]:=x*x-x+1
Out[21]=13
```

（2）变量替换。变量替换类似于数学中的计算函数在某一点的函数值。变量替换的一般形式为

表达式 /. 变量名 1 -> 表达式 1

或

表达式 /. {变量名 1 -> 表达式 1,变量名 2 -> 表达式 2,…}

其中：符号"/."是由键盘上的两个符号"/"和"."组成的，中间不能有空格；符号"->"也是由键盘上的两个符号"-"和">"组成的，中间也不能有空格。例如：

```
In[24]:=2x+3y/.x->2.1
Out[24]=4.2+3y
In[25]:=2x+3y/.{x->2.1,y->1+a}
Out[25]=4.2+3(1+a)
```

（3）清除变量。清除变量的含义是清除给变量所赋的值，其命令形式为

变量名 =.

或

Clear[变量名 1,变量名 2,…]

清除变量后，变量名就还原成一般的数学符号了。

7.2.1.7 Mathematica 中的函数

1）Mathematica 的内部函数

Mathematica 有很丰富的内部函数，它们是 Mathematica 系统自带的函数，函数名一般为数学中常使用的英文单词，只要输入相应的函数名，就可以方便地使用这些函数。内部函数既有数学中常用的函数，又有工程中使用的特殊函数。如果用户想自己定义一个函数，Mathematica 也提供了这种功能。

Mathematica 的内部函数名字大部分是其英文单词的全名，如 Random 等。Mathematica 内部函数的名字第一个字母一定要大写，其后的字母一般小写，不过如果该名字有几个含义，则函数名字中体现每个含义的第一个字母也要大写，如反正切函数 arctan$x$ 中含有反"arc"和正切"tan"两个含义，故它的 Mathematica 函数表示为 ArcTan[x]。

Mathematica 中的函数自变量应该用方括号[ ]括起，不能用圆括号( )括起，即数学中的函数 $f(x,y,\cdots)$ 应该写为 f[$x,y,\cdots$]。

表 7.9 列举了一些常用的 Mathematica 内部函数。

表 7.9　Mathematica 常用的内部函数

函数名	含义
Abs[x]	表示 x 的绝对值 $\|x\|$
Round[x]	表示最接近 x 的整数
Floor[x]	表示不大于 x 的最大整数
Ceiling[x]	表示不小于 x 的最大整数
Sign[x]	表示 x 的符号函数 $\mathrm{sgn}(x)$
Exp[x]	表示以自然数为底的指数函数 e^x
Log[x]	表示以自然数为底的对数函数 $\ln x$
Log[a,x]	表示以数 a 为底的对数函数 $\log_a x$
Sin[x],Cos[x]	表示正弦函数 $\sin x$,余弦函数 $\cos x$
Tan[x],Cot[x]	表示正切函数 $\tan x$,余切函数 $\cot x$
ArcSin[x],ArcCos[x]	表示反正弦函数,反余弦函数
ArcTan[x],ArcCot[x]	表示反正切函数 $\arctan x$,反余切函数 $\mathrm{arccot}\ x$
Max[x1,x2,…,xn]	表示取出实数 $x_1,x_2,\cdots,x_n$ 的最大值
Max[s]	表示取出表 s 中所有数的最大值
Min[x1,x2,…,xn]	表示取出实数 $x_1,x_2,\cdots,x_n$ 的最小值
Min[s]	表示取出表 s 中所有数的最小值
n!	表示阶乘 $n(n-1)(n-2)\cdots1$
n!!	表示双阶乘 $n(n-2)(n-4)\cdots$
Mod[m,n]	表示整数 m 除以整数 n 的余数
Quotient[m,n]	表示整数 m 除以整数 n 的整数部分
GCD[m1,m2,…,mn]	表示取出整数 $m_1,m_2,\cdots,m_n$ 的最大公约数
GCD[s]	表示取出表 s 中所有数的最大公约数
LCM[m1,m2,…,mn]	表示取出整数 $m_1,m_2,\cdots,m_n$ 的最小公倍数
LCM[s]	表示取出表 s 中所有数的最小公倍数
Binomial[n, m]	表示二项式系数
Re[z]	取复数 z 的实部
Im[z]	取复数 z 的虚部
Conjugate[z]	取复数 z 的共轭复数
Sqrt[x]	表示 x 的平方根函数

2）Mathematica 中的自定义函数

Mathematica 自定义函数的一般命令为

函数名[自变量名 1_,自变量名 2_,…]:= 表达式其中：函数名与变量名的规定相同，方括号中的每个自变量名后都要有一个下划线“_”；中部的定义号“:=”的两个符号是一个整体，中间不能有空格。

（1）定义一个一元函数的命令形式为

函数名[自变量名_]:=表达式

例如：定义一个函数 $y=a\sin x+x^5$，a 是参数。其命令为

```
In[44]:=y[x_]:=a*Sin[x]+x^5
```

（2）定义一个二元函数的命令形式为

函数名[自变量名1_,自变量名2_]:=表达式

例如：定义一个函数 $z1=\tan(x/y)-ye^{5x}$。其命令为

```
In[45]:=z1[x_,y_]:=Tan[x/y]+y*Exp[5x]
```

分段函数定义方式：

```
f[x_]:=exp1/;condition1
f[x_]:=exp2/;condition2
f[x_]:=exp3/;condition3
```

有多少个分段就定义多少个 f[x_]。

如果该分段函数只使用一次或者用来作图，则可以使用 which 语句，其格式为

f[x_]:=which[条件1,表达式1,条件2,表达式2,...,条件 n,表达式 n]

其中：f[x_]后面的冒号可有可无，根据需要确定。

which 语句的执行过程：先从判断条件1是否为真开始，若为真，则执行表达式1；否则，判断条件2是否为真，以此类推，直到某一个条件为真时结束，并把该条件对应的表达式结果作为 which 语句的执行结果。例如：

$$f(x)=\begin{cases}e^x\sin x,\ x\leqslant 0\\ \ln x,\ 0<x\leqslant e\\ \sqrt{x},x>e\end{cases}$$

命令为

```
f[x_]:=E^x*Sin[x]/;x<=0 或者 f[x_]:=Exp[x]*Sin[x]/;x<=0
f[x_]:=Log[x]/;x>0 && x<=E
f[x_]:=Sqrt[x]/;x>E
```

或者

```
f[X_]=Which[X<=0,E^x,x>0 && x<=E,Log[x],x>E,Sqrt[x]]
```

自定义函数的几点注意事项：

（1）自定义函数名的第一个字母一般不大写，以利于区别内部函数。

（2）键入自定义函数并按下 Shift+Enter 键后，Mathematica 不在计算机屏幕显示输出结果 Out[n]，只是记住该自定义函数的函数名和对应的表达式，以利于后面的函数求值和运算使用。

（3）如果自定义函数不再使用，应该及时清除该自定义函数以释放被自定义函数占用的内存空间，清除自定义函数的命令与清除变量的命令相同，如 Clear[自定义函数名]。

3）Mathematica 中的函数求值

表示函数在某一点的函数值有两种方式：一种是数学方式，即直接在函数中把自变量用一个值或式子代替，如 Sin[2.3]、Sqrt[a+1]、z1[3,5]等；另一种变量替换的方式是

函数 /. 变量名-> 数值或表达式

或

函数 /. {变量名 1 -> 数值 1 或表达式 1，变量名 2 -> 数值 2 或表达式 2，…}

例如：

```
In[46]:=fn[x_]:=x * Cos[x]+Sqrt[x]
In[47]:=fn[2]
Out[47]=Sqrt[2]+2 Cos[2]
In[48]:=fn[x] /. x->8
Out[48]=2 Sqrt[2]+8 Cos[8]
In[49]:=fn[x] /. x-> a+1
Out[49]=Sqrt[1+a]+(1+a) Cos[1+a]
In[50]:=fn[x_,y_]:=x^3+y^2
In[51]:=fn[2, a]
Out[51]=8+a2
In[52]:=fn[x,y]/. {x-> a, y->b+2}
Out[52]=a3+(2+b) 2
```

7.2.1.8　Mathematica 中的表达式

数学中常用的表达式有算术表达式、关系表达式和逻辑表达式。

1）Mathematica 中的算术表达式

（1）在 Mathematica 中，算术表达式是由算术运算符[加(+)、减(-)、乘(*)、除(/)和乘方(^)]连接常数、变量、函数构成的一个式子。如 57、Sqrt[x]、2+3.2、3 * x-Exp[y]、(Sin[Pi/3]^4-1) * x+1、(a+1)/(3-a)-(b-1)/a 等都是算术表达式。

（2）在 Mathematica 中，符号%、%%、%n 分别表示最后一次、次后一次和第 n 次的输出结果。

(3) 算术表达式的运算顺序是：括号优先；同级运算遵守从左到右的先后顺序运算；算符运算顺序的优先级(按由高到低)为函数计算>乘幂>乘除>加减。

2) Mathematica 中的关系表达式

关系表达式也称为算术关系表达式，常用来比较两个算术表达式值的大小。在 Mathematica 中，关系表达式的一般形式为

< 算术表达式 > < 关系运算符 > < 算术表达式 >

Mathematica 的关系运算符有 6 种，其表示和含义见表 7.10。

表 7.10　Mathematica 关系运算符

关系运算符	含义	对应的数学符号	例子
==	相等关系	=	如 x+3=0 应该写为 x+3==0
! =	不等关系	≠	如 x+30 应该写为 x+3! =0
>	大于关系	>	如 x>4 应该写为 x>4
>=	大于等于关系	≥	如 x≥4 应该写为“x>=4”
<	小于关系	<	如 x<4 应该写为“x<4”
<=	小于等于关系	≤	如 x≤4 应该写为 x<=4

3) Mathematica 中的逻辑表达式

关系表达式只能表示一个条件，如果考虑的问题涉及多个条件的组合，用逻辑表达式最方便。关系表达式的形式有

< 关系表达式 > < 逻辑运算符 > < 关系表达式 >

或

< 逻辑运算符 > < 关系表达式 >

或

< 关系表达式 > < 逻辑运算符 1 > < 关系表达式 > < 逻辑运算符 2 > … < 关系表达式 >

常用的 Mathematica 逻辑运算符有 3 种，见表 7.11。

表 7.11　常用的 Mathematica 逻辑运算符

符号	名称	含义
!	逻辑非	当关系表达式 A 为真时，! A 为假；当关系表达式 A 为假时，! A 为真
&&	逻辑与	当关系表达式 A 和 B 都为真时，A&&B 为真，否则为假
‖	逻辑或	当关系表达式 A 和 B 都为假时，A‖B 为假，否则为真

其他的 Mathematica 逻辑运算符见表 7.12。

表 7.12 其他的 Mathematica 逻辑运算符

符号	含义
%	倒数第 1 次输出的内容
%%	倒数第 2 次输出的内容
% *n*	第 *n* 次输出内容,对应 Out[*n*]的输出式子
?	显示该命令的简单使用方法
??	显示该命令的详细使用方法
;	运算分号前面的表达式,但不显示计算结果
->	箭头右边的内容替换箭头左边的内容

逻辑表达式常用来表示数学条件,特别在描述变量的范围时比关系表达式更为简洁和方便,如:

$x \in (a,b]$ 的逻辑表达式为

$$x > a \&\& x <= b$$

$x \notin (a,b]$ 的逻辑表达式为

$$x <= a || x > b$$

2<*x*<4 或 1<=*y*<3 的逻辑表达式为

$$(x > 2 \&\& x < 4) || (y >= 1 \&\& y < 3)$$

7.2.1.9 绘图

Mathematica 绘图命令有如下一些常用形式。

(1) 绘制一元函数 $y=f(x)$ 的图形命令为

Plot[f[x],要绘图形的自变量 *x* 的范围,选择项参数]

例:输入命令

```
Plot[Sin[x],{x,0,10}]
```

结果见图 7.31。

(2) 绘制二元函数 $z=f(x,y)$ 的图形命令为

Plot3D[f[x,y],要绘图形的自变量 *x*,*y* 的范围,选择项参数]

例:输入命令

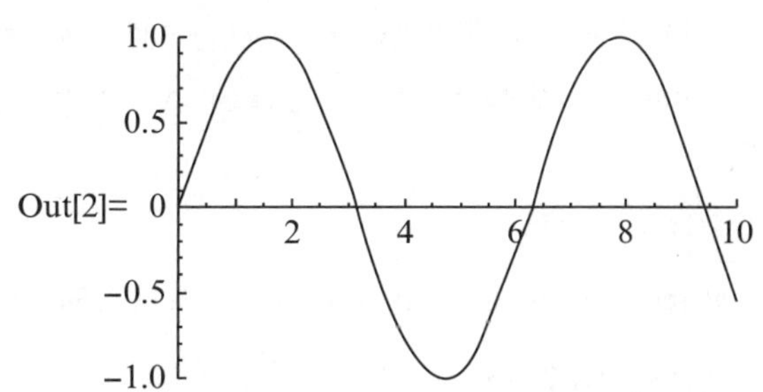

图 7.31 Mathematica 命令 Plot 一元函数作图

```
z[x_,y_]:=1/Sqrt[x^2+y^2];
Plot3D[z[x,y],{x,-2,2},{y,-2,2}]
```

结果见图 7.32。

(3) 绘制平面参数曲线{$x=x(t)$, $y=y(t)$}的图形命令为

ParametricPlot[{x[t],y[t]},要绘图形的参数 t 的范围,选择项参数]

例：输入命令

```
ParametricPlot[{Sin[t],Cos[t]},{t,0,9}]
```

结果见图 7.33。

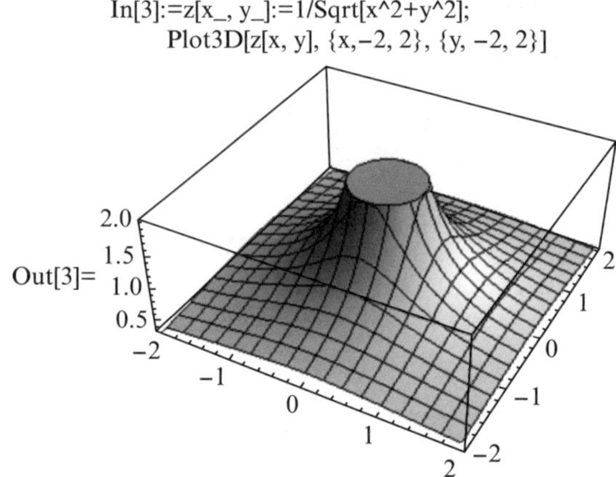

图 7.32 Mathematica 命令 Plot3D 二元函数作图

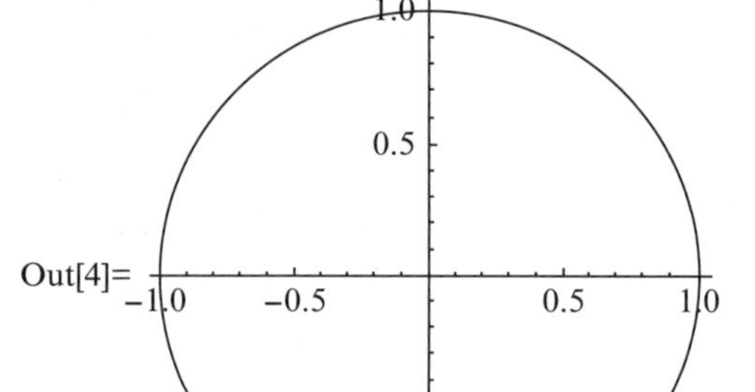

图 7.33 Mathematica 命令 ParametricPlot 平面参数曲线作图

(4) 绘制空间参数曲线{$x=x(t)$, $y=y(t)$, $z=z(t)$}的图形命令为

ParametricPlot3D[{x[t],y[t],z[t]},要绘图形的参数 t 的范围,选择项参数]

例：输入命令

```
ParametricPlot3D[{Sin[t],Cos[t],Sin[t]},{t,0,10}]
```

结果见图 7.34。

(5) 绘制参数曲面{$x=x(u,v)$, $y=y(u,v)$, $z=z(u,v)$}的图形命令为

ParametricPlot3D[{x[u,v],y[u,v],z[u,v]},要绘图形的参数 u、v 的范围,选择项参数]

例：输入命令

```
ParametricPlot3D[{Sin[x+y],Cos[x^2+y],Sin[x+y^2]},{x,0,3},{y,0,4}]
```

结果见图 7.35。

In[5]:=ParametricPlot3D[{Sin[t], Cos[t], Sin[t]}, {t, 0, 10}]

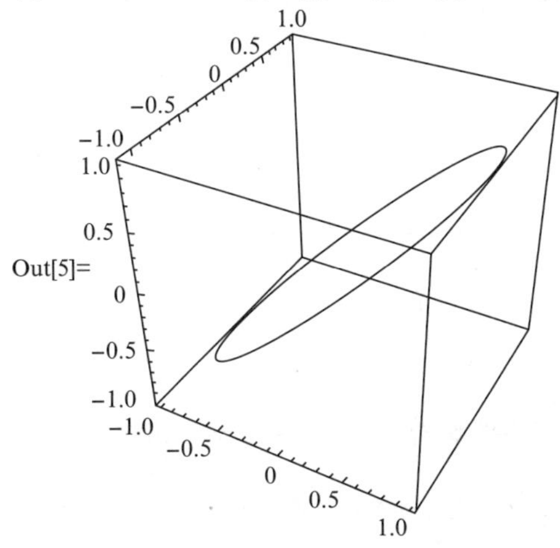

图 7.34 Mathematica 命令 ParametricPlot3D 空间参数曲线作图

In[6]:=ParametricPlot3D[{Sin[x+y], Cos[x^2+y], Sin[x+y^2]}, {x, 0, 3}, {y, 0, 4}]

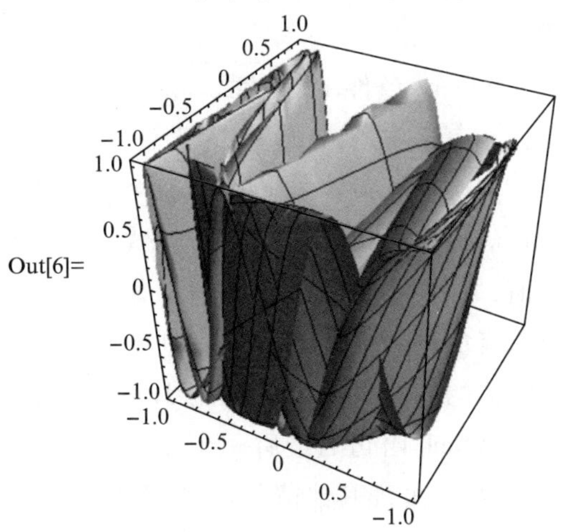

图 7.35 Mathematica 命令 ParametricPlot3D 参数曲面作图

7.2.1.10 过程编程

1）条件控制语句

在 Mathematica 中，1 个逻辑表达式的值有 3 个：真(True)、假(False)和非真非假。Mathematica 提供了 3 种描述条件分支的结构语句：If、Which 和 Switch。本节介绍较常用的 If 和 Which 的用法。

If 语句的结构与一般的程序设计语言中 If 的结构类似，有 3 种形式：

(1) If[逻辑表达式，表达式 1]

当逻辑表达式的值为真时计算表达式 1，表达式 1 的值就是整个 If 结构的值。

(2) If[逻辑表达式，表达式 1，表达式 2]

当逻辑表达式的值为真时计算表达式 1，为假时计算表达式 2。

(3) If[逻辑表达式，表达式 1，表达式 2，表达式 3]

当逻辑表达式的值为真时计算表达式 1，为假时计算表达式 2，其他情况计算表达式 3。

例：用 If 语句构造分段函数，见图 7.36。

```
In[7]:=x=100;
       If[x>0, 1, 0]
Out[8]=1
In[16]:= f[x_]:= If[x>1, (x+5)/6, x^2];
         Plot[f[x], {x, -1, 3}]
```

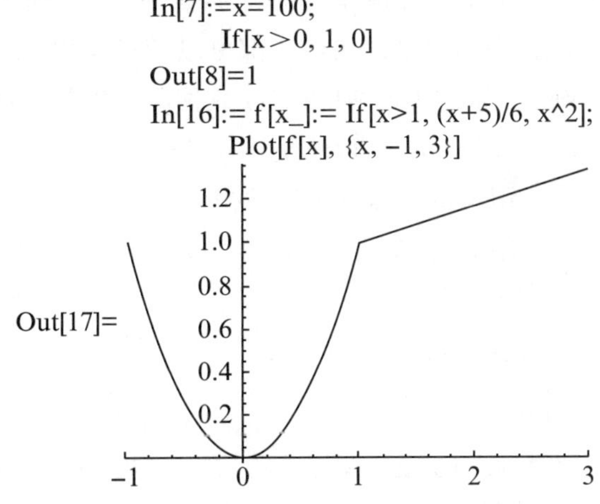

图 7.36 条件控制语句 If 构造分段函数

Which 语句的一般形式为

Which[条件 1,表达式 1,条件 2,表达式 2,…,条件 n,表达式 n]

Which[条件 1,表达式 1,…,条件 n,表达式 n,True,表达式]

依次计算条件 i,计算第一个为真(True)的条件对应的表达式的值,并作为整个结构的值。如果所有的值都为假(False),则整个结构的值为 Null(空)。用 True 作为 Which 语句的最后一个条件时,可用于处理其他情况,相当于 C 语言中 Switch 语句中的 default 的作用。

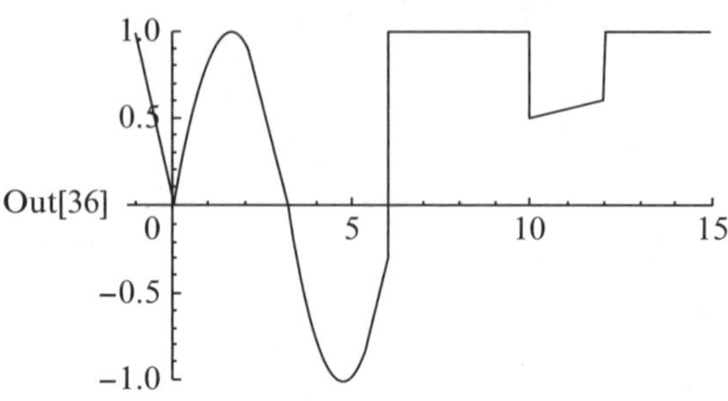

图 7.37　条件控制语句 Which 构造分段函数

例:用 Wich 语句构造分段函数,见图 7.37。

2)循环控制语句

Mathematica 中有 3 种描述循环的语句,分别是 For、While 和 Do 语句,其一般形式为

For[初值,条件,修正,循环体]

While[条件,循环体]

Do[循环体,{循环范围}]

For 语句相当于 C 语言的 for 循环语句,循环变量从初值开始执行循环体,直到条件为假时结束循环,执行一次则修正一次循环变量;While 语句相当于 C 语言的 while 循环语句,条件为真时一直执行循环,直到条件为假时退出循环;Do 语句是一种计数循环,对循环范围内的每个循环值执行一次循环。

这里要特别注意的是当循环体由多个语句构成时,中间必须用";"隔开(不能用","或换行),整个循环体作为一个参数使用,否则 Mathematica 会报告参数个数错误。另外在 C 语言中的很多语句格式都可以随意使用,比如 k++、++k、k−−,k+=2 等。

例:分别用 For、While、Do 三种循环语句计算 1+2+3+…+100。

解:用 For 语句计算,见图 7.38。

用 While 语句计算,见图 7.39。

用 Do 语句计算,见图 7.40。

```
In[43]:=s= 0;
      For[i=1, i<=100, i++, s+=i]
      s
Out[45]=5050
```

图 7.38　For 命令结果

```
In[52]:=s=0; i=1;
      while[i<=100, s+= i ; i++]
      s
Out[54]=5050
```

图 7.39　While 命令结果

```
ln[55]:=s= 0;
      Do[s+=i, {i, 1, 100}]
      s
Out[57]=5050
```

图 7.40　Do 命令结果

例：验证哥德巴赫猜想。

解：哥德巴赫猜想是数学上非常有名的猜想，它说的是："任何大于等于 4 的合数 n 都可以表示为两个素数的和"。哥德巴赫猜想至今还没有被完全证明，但我们可以借助计算机来验证当 n 较小时哥德巴赫猜想的正确性。利用 Mathematica 容易编写验证程序(图 7.41)。图中：n 为一个任给的合数；循环语句从 $i=1$ 开始寻找使得 n-Prime[i]是素数的 i，找到后输出结果。

```
In[62]:=n=12 345 678;
        For[i=1, ! PrimeQ[n-Prime[i]], i ++, ]
        j=n-Prime[i];
        Print[n, "=", Prime[i], "+",j]
        12 345 678=31+12 345 647
```

图 7.41　利用 Mathematica 验证哥德巴赫猜想

7.2.2　上机实验 2

7.2.2.1　实验目的

学习 Mathematica 运算规则、程序结构和控制。熟悉平面图形及空间图形的 Mathematica 绘制方法。完成 Mathematica 绘图、计算和编程等常用操作，学习其功能和语法。

7.2.2.2　实验要求

学会 Mathematica 数值计算，理解 Mathematica 程序结构。掌握使用 Mathematica 绘制图形的基本方法，掌握二维和三维函数的 Mathematica 图形处理，以便于直观观察和分析问题。

7.2.2.3　上机实验 2 内容

内容 1：用 Mathematica 软件作出以下函数的图形。

题 1：$y=x^3, x\in[-5,5]$。

题 2：$y=\dfrac{1}{x}, x\in[-20,20]$。

内容 2：作出函数 $z=\sin(\pi\sqrt{x^2+y^2}), x\in[-1,1], y\in[-1,1]$的图形。

内容 3：用 Mathematica 软件作出以下椭球面图形。

$$\begin{cases} x = R_1 \cos u \cos v \\ y = R_2 \cos u \sin v, u \in \left(-\dfrac{\pi}{2},\dfrac{\pi}{2}\right), v \in (0,2\pi), R_1, R_2, R_3 \text{ 自行给定} \\ z = R_3 \sin u \end{cases}$$

内容 4：用 Mathematica 软件编程计算。

题 1：计算 10!。

题 2：一根绳子长 50 000 m，每天截去一半长度，问多少天长度小于 1 m？

要求用 3 种循环函数 For、While、Do 中的 2 种来分别编写。

7.2.2.4 上机实验 2 参考答案

1）实验 2 内容 1 参考答案

（1）题 1 输入命令

```
Plot[x^3,{x,-5,5}]
```

结果如图 7.42 所示。

（2）题 2 输入命令

```
Plot[1/x,{x,-20,20}]
```

结果如图 7.43 所示。

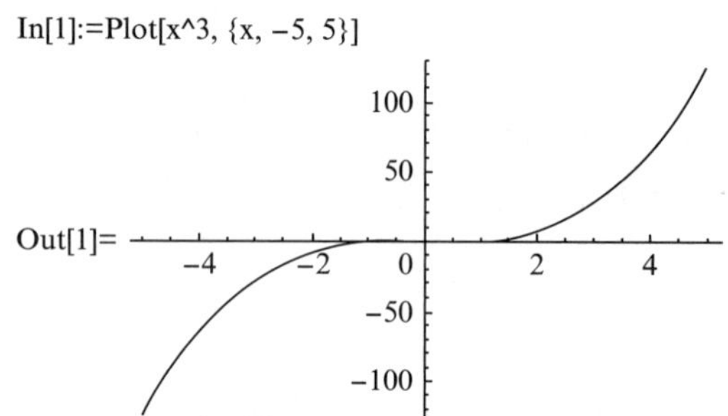

图 7.42 实验 2 内容 1 中题 1 的结果

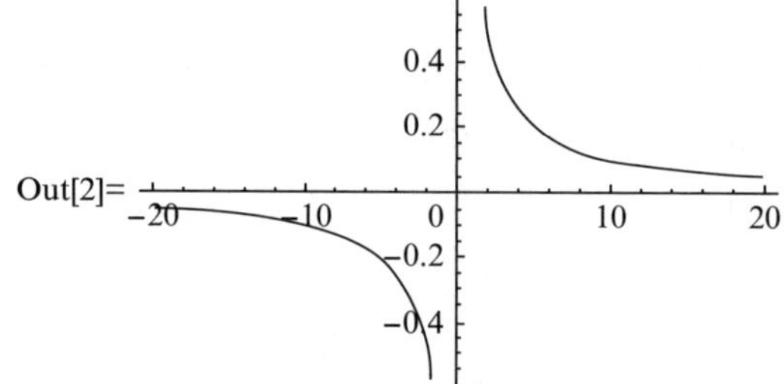

图 7.43 实验 2 内容 1 中题 2 的结果

2）实验 2 内容 2 参考答案

输入命令

```
z=Sin[Pi Sqrt[x^2+y^2]];
Plot3D[z,{x,-1,1},{y,-1,1},PlotPoints->30]
```

结果如图 7.44 所示。

3）实验 2 内容 3 参考答案

若取 $R_1=4,R_2=3,R_3=2$，则输入命令

```
ParametricPlot3D[{4 Cos[u] Cos[v], 3 Cos[u] Sin[v], 2 Sin[u]},{u,-Pi/2, Pi/2},{v, 0, 2 Pi}]
```

结果如图 7.45 所示。

4）实验 2 内容 4 参考答案

（1）题 1 For 函数输入命令

```
For[n=1;i=1,i<=10,i++,n=n*i];n
```

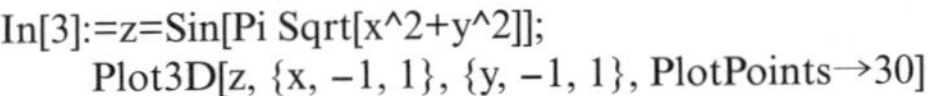

```
In[3]:=z=Sin[Pi Sqrt[x^2+y^2]];
     Plot3D[z, {x, -1, 1}, {y, -1, 1}, PlotPoints→30]
```

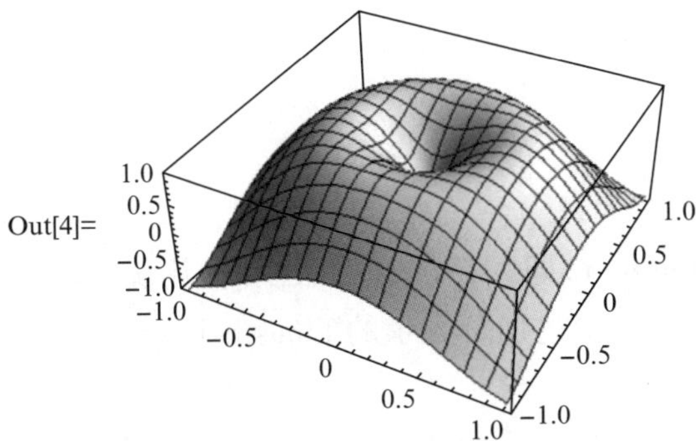

图 7.44　实验 2 内容 2 的结果

```
In[5]:=ParametricPlot3D[{4 Cos[u] Cos[v], 3 Cos[u] Sin[v],
     2 Sin[u]}, {u, -Pi/2, Pi/2}, {v, 0, 2 Pi}]
```

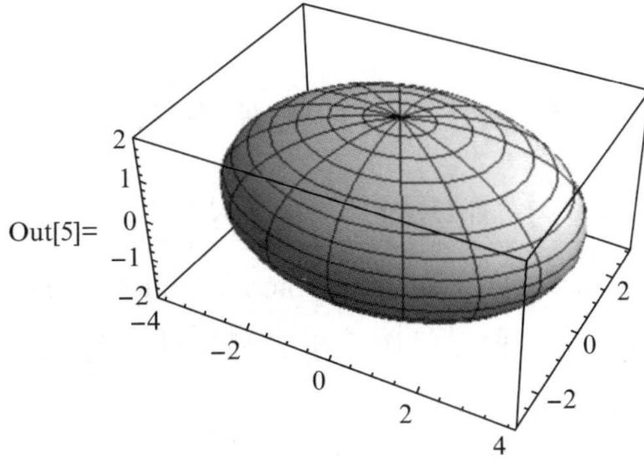

图 7.45　实验 2 内容 3 的结果

While 函数输入命令

```
n=1;i=1;While[i<=10,n=n*i;i++];n
```

Do 函数输入命令

```
n=1;Do[n=n*i,{i,1,10}];n
```

结果如图 7.46 所示。

(2) 题 2 For 函数输入命令

```
For[n=50000;i=0,n>=1,i++,n=n/2];i
```

While 函数输入命令

```
n=50000;i=0;While[n>=1,i++;n=n/2];i
```

Do 函数输入命令

```
n=50000;i=0;Do[If[n>=1,i++];n=n/2,{100}];i
```

结果如图 7.47 所示。

```
In[6]:=For[n=1; i=1, i≤10, i++, n=n*i];n
Out[6]=3 628 800
In[7]:=n=1; i=1; while[i≤10, n=n* i ; i++]; n
Out[7]=3 628 800
In[8]:=n=1; Do[n=n* i, {i, 1, 10}]; n
Out[8]=3 628 800
```

图 7.46　实验 2 内容 4 中题 1 的结果

```
In[9]:=For[n=50 000; i=0, n≥1, i++, n=n/2]; i
Out[9]=16
In[10]:=n=50 000; i=0; while[n≥1, i++; n=n/2]; i
Out[10]=16
In[11]:=n=50 000; i=0; Do[If[n≥1, i++]; n=n/2, {100}]; i
Out[11]=16
```

图 7.47　实验 2 内容 4 中题 2 的结果

7.3 实验3 LINGO的基本编程方法

7.3.1 LINGO 软件基础

7.3.1.1 LINGO 软件介绍

LINGO(Linear Interactive and General Optimizer),即“交互式的线性和通用优化求解器”,是一种专门用于求解最优化问题的软件,由美国芝加哥大学的 Linus Schrage 教授于1980年开发。

LINGO 软件能够求解的优化模型主要是线性规划和二次规划模型。

7.3.1.2 LINGO 的基本特征

例1:用 LINGO 软件求解二次规划模型。

目标函数

$$\max\ 98x_1 + 277x_2 - x_1^2 - 0.3x_1x_2 - 2x_2^2 \tag{7.3.1}$$

约束条件

$$\begin{cases} x_1 + x_2 \leqslant 100 \\ x_1 \leqslant 2x_2 \\ x_1, x_2 \geqslant 0 \text{ 且为整数} \end{cases} \tag{7.3.2}$$

解:在 LINGO 的模型窗口中输入图7.48所示程序。

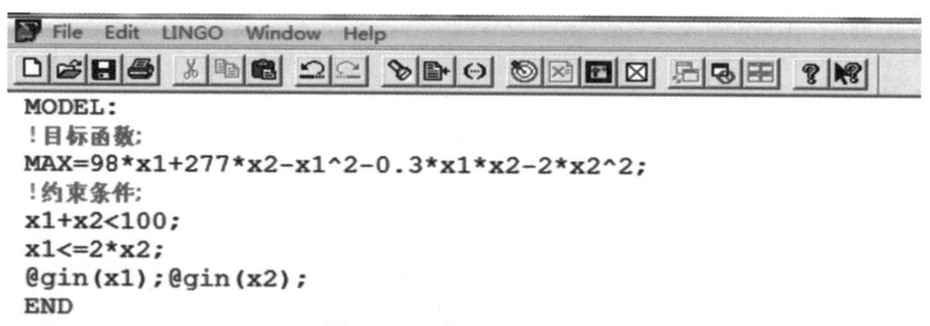


```
MODEL:
!目标函数:
MAX=98*x1+277*x2-x1^2-0.3*x1*x2-2*x2^2;
!约束条件:
x1+x2<100;
x1<=2*x2;
@gin(x1);@gin(x2);
END
```

图7.48 例1求解程序

1) 程序语言说明

(1) LINGO 程序以“MODEL”开始,以“END”结束,它们之间由程序语句组成,且每个语句都以分号“;”结尾。

(2) 一行中感叹号“!”后面的文字是注释语句,不参与模型的建立(内容为绿色字符)。

（3）LINGO 中的语句顺序是不重要的，因为 LINGO 总是根据“MAX =”或者“MIN =”语句寻找目标函数，其他语句都是约束条件。

（4）LINGO 中不区分大小写字母(实际上任何小写字符将被转换为大写字符)。

（5）LINGO 中的变量必须以字母开头，且最多不能超过 32 个字符。

（6）LINGO 中，以“@”开头代表函数的调用。

（7）LINGO 已假定所有变量非负，可用限定变量取值范围的函数@ BIN、@ GIN、@ FREE、@ BND 改变变量的非负假定。

2）关键字说明

LINGO 中主要的关键字见表 7.13，程序中多用蓝色字体表示。

表 7.13 Lingo 程序中的关键字

关键字	含义
MODEL	模型的开始
END	模型的结束
TITLE	对模型命名
MAX	目标最大化
SETS：	集合段开始
ENDSETS	集合段结束
DATA：	数据段开始
ENDDATA	数据段结束

3）LINGO 函数说明

LINGO 中主要的函数类型有基本的数学函数、变量定界函数、文件的输入输出函数、集合循环函数、集合操作函数、概率中的函数、结果报告函数等。

（1）基本的数学函数见表 7.14。

表 7.14 Lingo 程序中基本的数学函数

函数名	含义
@ ABS(x)	绝对值函数，返回 x 的绝对值
@ COS(x)	余弦函数，返回 x 的余弦
@ EXP(x)	指数函数，返回 e^x 的值
@ LOG(x)	自然对数函数，返回 x 的自然对数值
@ FLOOR(x)	取整函数，返回 x 的整数部分
@ MOD(x,y)	模函数，返回 x 对 y 取模的结果
@ POW(x,y)	指数函数，返回 x^y 的值

表7.14(续表)

函数名	含义
@SQR(x)	平方函数,返回 x 的平方值
@SQRT(x)	平方根函数,返回 x 的正的平方根值
@SIGN(x)	符号函数,返回 x 的符号值
@SMAX(list)	最大值函数,返回一列数(list)的最大值

(2) 变量定界函数见表7.15。

表7.15　Lingo程序中的变量定界函数

函数名	含义
@GIN(x)	限制 x 为整数
@BIN(x)	限制 x 为0或者1
@FREE(x)	取消对 x 的符号限制
@BND(L,x,U)	限制 $L \leqslant x \leqslant U$

4) LINGO运算符说明

(1) 运算符有以下分类。

算术运算符:+(加法);-(减法);*(乘法);/(除法);^(求幂)。

关系运算符:<(即<=,小于等于);=(等于);>(即>=,大于等于)。

注:优化模型中的约束一般没有严格小于、严格大于关系。

逻辑运算符:#AND#(与);#OR#(或);#NOT#(非);#EQ#(等于);#NE#(不等于);#GT#(大于);#GE#(大于等于);#LT#(小于);#EQ#(小于等于)。

注:逻辑运算的结果为真(TRUE)和假(FALSE),LINGO中用数字1代表TRUE,其他值都代表FALSE。

(2) 运算的优先级见表7.16。

表7.16　LINGO程序中运算的优先级

优先级	运算符
最高	#NOT#(非),-(负号)
↑	^(求幂)
	*(乘法),/(除法)
	+(加法),-(减法)
	#EQ#(等于),#NE#(不等于),#GT#(大于),#GE#(大于等于),#LT#(小于),#EQ#(小于等于)
↓	#AND#(与),#OR#(或)
最低	<,=,>

5）LINGO 中的窗口说明

LINGO 中的窗口有主窗口、模型窗口、状态窗口、报告窗口，如图 7.49 所示。

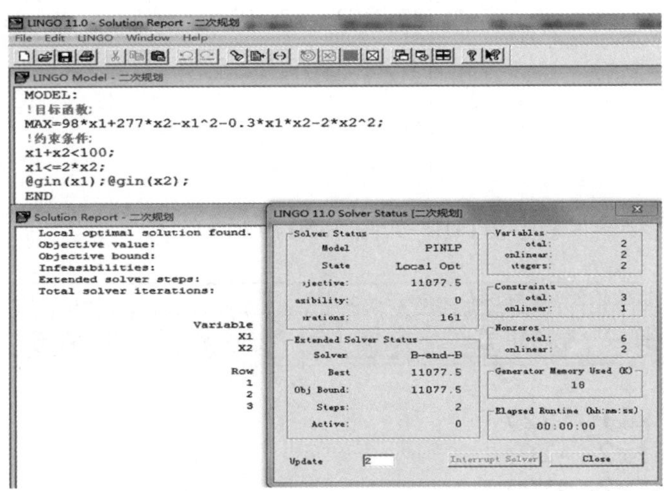

图 7.49　Lingo 中的窗口

6）LINGO 中保存的文件类型

LINGO 中保存文件类型如表 7.17 所示。

表 7.17　LINGO 中的文件类型

扩展名	类型
.lg4	LINGO 格式的模型文件
.lng	文本格式的模型文件
.ldt	LINGO 数据文件
.ltf	LINGO 命令脚本文件
.lgr	LINGO 报告文件
.ltx	LINGO 格式的文本文件
.mps	数学规划系统格式的模型文件

7）LINGO 的建模语言优点

（1）可以用类似于标准数学符号的方式表示模型。

（2）可以用一个紧凑的语句表示一系列约束。

（3）数据可独立于模型。LINGO 可以从文本文件、电子数据表、数据库中读取数据。

7.3.2　LINGO 基本编程方法

7.3.2.1　基本编程

简单的 LINGO 程序，可采用“所见即所得”的输入方式，将命令直接写在模型窗口中。

例 2：求解线性规划问题

$$\max z = 2x_1 + 3x_2$$

$$\begin{cases} 4x_1 + 3x_2 \leqslant 10 \\ 3x_1 + 5x_2 \leqslant 12 \\ x_1 \geqslant 0 \\ x_2 \geqslant 0 \end{cases} \tag{7.3.3}$$

解：将程序直接输入模型窗口中，如图 7.50 所示。

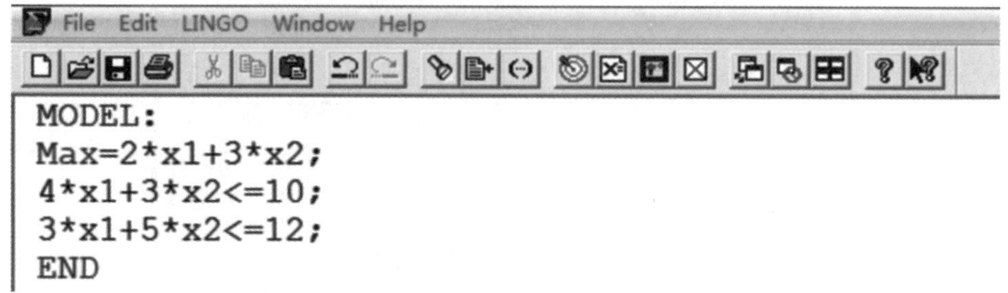

图 7.50　例 2 求解程序

选择菜单 LINGO→Solve 或者按工具栏的，LINGO 开始编译模型，如有语法错误将返回一个错误的消息并指明错误出现的位置；如果通过编译，LINGO 将激活 Solver 运算器寻求模型的最优解。

求解时，首先出现 Solver Status 窗口，如图 7.51 所示，其作用是监控 Solver 的进展和显示模型的维数等信息；计算完成后出现 Solution Report 窗口，如图 7.52 所示，显示模型解的详细信息。

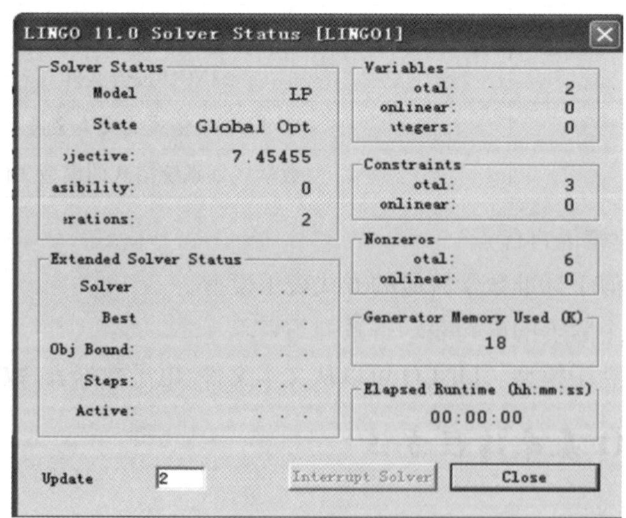

图 7.51　例 2 求解 Solver status 窗口

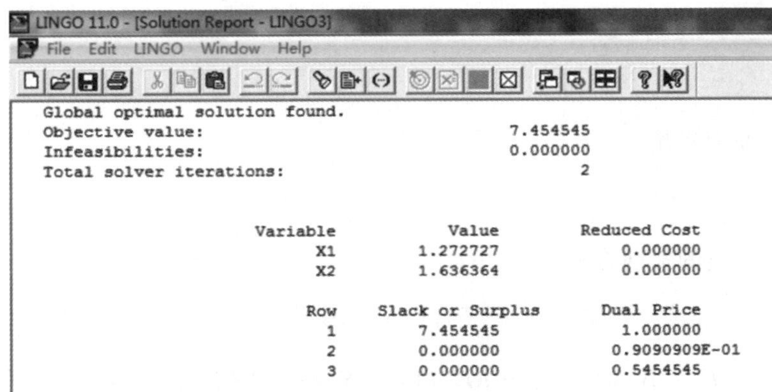

图 7.52　例 2 求解 Solution Report 窗口

在 max 模型中，Reduced Cost 值列出最优单纯形表中判别数所在行的变量的系数，表示当变量有微小变动时，目标函数的变化率。其中基变量的 Reduced Cost 值应为 0，对于非基变量 X_j，相应的 Reduced Cost 值表示当某个变量 X_j 增加 1 个单位时目标函数减少的量（max 型问题），例 2 中此值均为 0。

Solution Report 窗口中同时给出约束条件的松弛变量或剩余变量的值。小于等于约束为松弛变量（SLACK），大于等于约束为剩余变量（SURPLUS）。

Dual Prices 表示当对应约束有微小变动时，目标函数的变化率，即约束条件右端的常数项每增加 1 个单位，目标函数相应获得的改变量。显然，如果在最优解处约束正好取等号（紧约束），该值才可能不是 0；对于非紧约束该值必为 0，表示对应约束中不等式右端项的微小扰动不影响目标函数。

7.3.2.2　基本集合

例 3：某帆船公司需要决定下 4 个季度的帆船生产量，下 4 个季度的帆船需求量分别是 40 条、60 条、75 条、25 条，这些需求必须按时满足。每个季度正常的生产能力是 40 条帆船，每条船的生产费用为 400 美元。如果加班生产，每条船的生产费用为 450 美元。每个季度末，每条船的库存费用为 20 美元。假定生产提前期为 0，初始库存为 10 条帆船，如何安排生产可使总费用最小？

分析：该问题考虑的是 4 个季度，求解过程中需要设 16 个变量（需求量、正常生产的产量、加班生产的产量、库存量等），若考虑的是更多季度（如 1 000 个）的时候，则问题比较麻烦。下面利用集合的概念，可简化问题的求解。

解：用 *DEM*、*RP*、*OP*、*INV* 分别表示需求量、正常生产的产量、加班生产的产量、库存量，则 *DEM*、*RP*、*OP*、*INV* 对每个季度都应该有一个对应的值，即它们都是由 4 个元素组成的数组。

目标函数是所有费用的和，即

$$\min \sum_{I=1}^{4} [400RP(I) + 400OP(I) + 20INV(I)] \tag{7.3.4}$$

约束条件有：

（1）生产能力限制

$$RP(I) \leqslant 40, I = 1, \cdots, 4 \tag{7.3.5}$$

（2）产品数量的平衡方程

$$INV(0) = 10 \tag{7.3.6}$$

$$INV(I) = INV(I-1) + RP(I) + OP(I) - DEM(I), I = 1, \cdots, 4 \tag{7.3.7}$$

（3）非负约束

$$DEM(I), RP(I), OP(I), INV(I) \geqslant 0, I = 1, \cdots, 4 \tag{7.3.8}$$

记 4 个季度组成的集合为 $QUARTERS=\{1,2,3,4\}$，则数组 DEM、RP、OP、INV 分别对应集合 $QUARTERS$ 中一个元素的值（图 7.53），把 DEM、RP、OP、INV 称为该集合的属性。

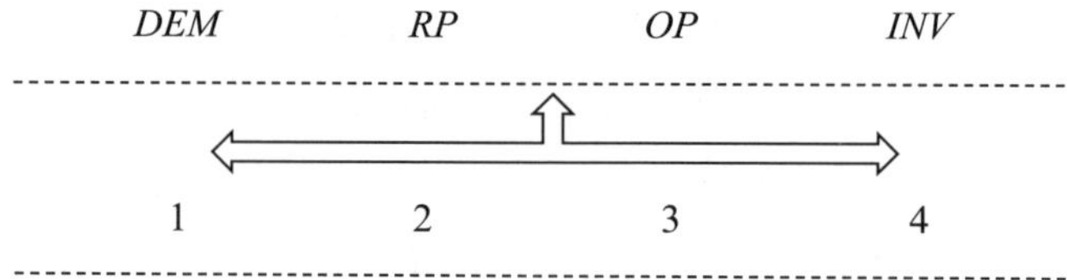

图 7.53　集合 *QUARTERS* 的属性

该模型的 LINGO 程序如图 7.54 所示。

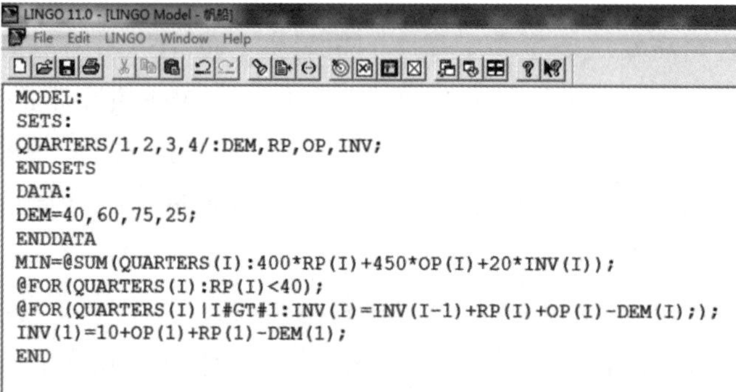


```
MODEL:
SETS:
QUARTERS/1,2,3,4/:DEM,RP,OP,INV;
ENDSETS
DATA:
DEM=40,60,75,25;
ENDDATA
MIN=@SUM(QUARTERS(I):400*RP(I)+450*OP(I)+20*INV(I));
@FOR(QUARTERS(I):RP(I)<40);
@FOR(QUARTERS(I)|I#GT#1:INV(I)=INV(I-1)+RP(I)+OP(I)-DEM(I););
INV(1)=10+OP(1)+RP(1)-DEM(1);
END
```

图 7.54　例 3 求解程序

程序说明：

集合段。语句“QUARTERS/1, 2, 3, 4/: DEM, RP, OP, INV;”就是定义了集合 $QUARTERS=\{1,2,3,4\}$，以及对应于该集合的属性 DEM、RP、OP、INV，其结果是定义 16 个变量名 $DEM(1)$、$DEM(2)$、$DEM(3)$……

数据段。语句“DEM = 40,60,75,25;”给出了已知的常量 *DEM* 的值,即 *DEM*(1)= 40,*DEM*(2)= 60,*DEM*(3)= 75,*DEM*(4)= 25。

目标与约束段。①目标函数是用求和函数“@ SUM(集合(下标):关于集合属性的表达式)”的方式定义的。②约束是用循环函数“@ FOR(集合(下标):关于集合属性的约束关系)”的方式定义的。语句“@ FOR(QUARTERS(I):RP(I)<40);”的含义为每个季度正常的生产能力是 40 条船。

对于产品数量的平衡方程而言,由于下标 $I=1$ 时的约束关系与 $I=2,3,4$ 时有所区别[因为定义的变量 *INV* 不包含 *INV*(0)],因此把 $I=1$ 时约束关系单独写出“INV(1)= 10+OP(1)+RP(1)-DEM(1);”,而对 $I=2,3,4$ 对应的约束,增加了一个逻辑表达式来刻划:

“@ FOR(QUARTERS(I)|I#GT#1:

INV(I)= INV(I-1)+RP(I)+OP(I)-DEM(I););”

运行该 LINGO 程序得到解答报告,见图 7.55。

```
LINGO 11.0 - [Solution Report - 帆船]
File  Edit  LINGO  Window  Help

  Global optimal solution found.
  Objective value:                              78450.00
  Infeasibilities:                              0.000000
  Total solver iterations:                             8


                       Variable           Value        Reduced Cost
                        DEM( 1)        40.00000            0.000000
                        DEM( 2)        60.00000            0.000000
                        DEM( 3)        75.00000            0.000000
                        DEM( 4)        25.00000            0.000000
                         RP( 1)        40.00000            0.000000
                         RP( 2)        40.00000            0.000000
                         RP( 3)        40.00000            0.000000
                         RP( 4)        25.00000            0.000000
                         OP( 1)        0.000000            20.00000
                         OP( 2)        10.00000            0.000000
                         OP( 3)        35.00000            0.000000
                         OP( 4)        0.000000            50.00000
                        INV( 1)        10.00000            0.000000
                        INV( 2)        0.000000            20.00000
                        INV( 3)        0.000000            70.00000
                        INV( 4)        0.000000            420.0000

                            Row    Slack or Surplus      Dual Price
                              1        78450.00           -1.000000
                              2        0.000000            30.00000
                              3        0.000000            50.00000
                              4        0.000000            50.00000
                              5        15.00000            0.000000
                              6        0.000000            450.0000
                              7        0.000000            450.0000
                              8        0.000000            400.0000
                              9        0.000000            430.0000
```

图 7.55　例 3 求解报告

全局最优解:*RP*=(40,40,40,25),*OP*=(0,10,35,0);最小成本为 78 450 美元。

7.3.2.3　派生集合

例 4:建筑工地的位置[用平面坐标 a,b 表示,距离(km)]及水泥日使用量 $d(t)$ 由表 7.18 给出。

题 1:目前有两个临时料场位于 $P(5,1)$、$Q(2,7)$,日储量各有 20 t,求从 P、Q 两料场分别向各工地运送多少吨水泥,使总的吨公里数最小。

题 2:为了进一步减少吨公里数,打算改建两个日储量仍各为 20 t 的新料场,两个新料场应建在何处? 节省的吨公里数有多少?

表 7.18 选址问题

工地	1	2	3	4	5	6
a	1.25	8.75	0.50	5.75	3.00	7.25
b	1.25	0.75	4.75	5.00	6.50	7.75
d/t	3	5	4	7	6	11

解：记工地的位置为(a_i,b_i)，水泥的日使用量为d_i，料场位置为(x_j,y_j)，日储量为e_j，从料场j向工地i的运送量为$c_{ij}(i=1,\cdots,6;j=1,2)$。

目标函数：总的吨公里数最小，即

$$\min f=\sum_{j=1}^{2}\sum_{i=1}^{6}c_{ij}\sqrt{(x_j-a_i)^2+(y_j-b_i)^2} \tag{7.3.9}$$

约束条件1：各工地的日用量必须满足

$$\sum_{j=1}^{2}c_{ij}=d_i, i=1,\cdots,6 \tag{7.3.10}$$

约束条件2：各料场的运送量不能超过日储量，即

$$\sum_{i=1}^{6}c_{ij}\leqslant e_j, j=1,2 \tag{7.3.11}$$

当使用临时料场时(题1)，决策变量只有c_{ij}，此时的优化模型为线性规划模型；当为新建料场选址时(题2)，决策变量为c_{ij}和x_j、y_j，此时的优化模型是非线性规划模型。

下面先用集合的概念求解题2，而把现有临时料场的位置作为初始解告诉Lingo。

定义需求点*demand*和供应点*supply*两个集合，分别有6个和2个元素(下标)；利用集合*demand*和*supply*定义一个二维集合

$$link=\{(s,t)\mid s\in demand, t\in supply\}$$

然后将c_{ij}(运送量)定义为这个新集合的属性。

注：类似于*demand*和*supply*这种直接把元素列举出来的集合称为基本集合；而把*link*这种基于其他集合而派生出来的多维集合称为派生集合。

具体的程序输入如图7.56所示。

运行该LINGO程序得到局部最优解：

$$x(1)=3.254\,883, y(1)=5.652\,332;$$
$$x(2)=7.250\,000, y(2)=7.750\,000。$$

此时最小运量为85.266 04，如图7.57所示。

如果要把料场$P(5,1)$、$Q(2,7)$的位置看成是已知并且固定的，这时模型变为LP模型(即题1)。只要在上述程序中把初始段的“x=5,2;y=1,7;”语句移到数据段就可以了。

运行结果得到全局最优解，最小运量为136.227 5，如图7.58所示。

```
LINGO 11.0 - [LINGO Model - 选址]
File  Edit  LINGO  Window  Help
MODEL:
TITLE LOCATION PROBLEM;
SETS:
demand/1..6/:a,b,d;
supply/1..2/:x,y,e;
link(demand,supply):c;
ENDSETS
DATA:
a=1.25,8.75,0.5,5.75,3,7.25;
b=1.25,0.75,4.75,5,6.5,7.75;
d=3,5,4,7,6,11;
e=20,20;
ENDDATA
INIT:
x=5,2;
y=1,7;
ENDINIT
!objective function;
[OBJ]MIN=@SUM(link(i,j):c(i,j)*((x(j)-a(i))^2+(y(j)-b(i))^2)^(1/2));
!demand constraints;
[DEMAND_CON]@FOR(demand(i):@sum(supply(j):c(i,j)=d(i););
!supply constraints;
[SUPPLY_CON]@FOR(supply(i):@sum(demand(j):c(j,i)<=e(i););
@FOR(supply(i):@bnd(0.5,x,8.75);@bnd(0.75,y,7.75););
END
```

图 7.56　例 4 求解程序

```
Local optimal solution found.
Objective value:                              85.26604
Infeasibilities:                              0.000000
Total solver iterations:                            61

Model Title: Location Problem

                       Variable           Value        Reduced Cost
                          A( 1)        1.250000            0.000000
                          A( 2)        8.750000            0.000000
                          A( 3)       0.5000000            0.000000
                          A( 4)        5.750000            0.000000
                          A( 5)        3.000000            0.000000
                          A( 6)        7.250000            0.000000
                          B( 1)        1.250000            0.000000
                          B( 2)       0.7500000            0.000000
                          B( 3)        4.750000            0.000000
                          B( 4)        5.000000            0.000000
                          B( 5)        6.500000            0.000000
                          B( 6)        7.750000            0.000000
                          D( 1)        3.000000            0.000000
                          D( 2)        5.000000            0.000000
                          D( 3)        4.000000            0.000000
                          D( 4)        7.000000            0.000000
                          D( 5)        6.000000            0.000000
                          D( 6)        11.00000            0.000000
                          X( 1)        3.254883            0.000000
                          X( 2)        7.250000        0.6335133E-06
                          Y( 1)        5.652332            0.000000
                          Y( 2)        7.750000        0.5438639E-06
                          E( 1)        20.00000            0.000000
                          E( 2)        20.00000            0.000000
                       C( 1, 1)        3.000000            0.000000
                       C( 1, 2)        0.000000            4.008540
                       C( 2, 1)        0.000000           0.2051358
                       C( 2, 2)        5.000000            0.000000
                       C( 3, 1)        4.000000            0.000000
                       C( 3, 2)        0.000000            4.487750
                       C( 4, 1)        7.000000            0.000000
                       C( 4, 2)        0.000000           0.5535090
                       C( 5, 1)        6.000000            0.000000
                       C( 5, 2)        0.000000            3.544853
                       C( 6, 1)        0.000000            4.512336
                       C( 6, 2)        11.00000            0.000000
```

图 7.57　例 4 题 2 求解报告

7.3.2.4　集合使用小结

一般 LINGO 模型最基本的组成要素为集合段(SETS)、目标与约束段、数据段(DATA)、初始段(INIT)、计算段(CALC)。

集合的类型主要包含基本集合和派生集合。集合中元素的列举方法主要有直接列举法、隐式列举法以及元素过滤法等。

基本集合的一般定义格式为

```
Global optimal solution found.
Objective value:                              136.2275
Infeasibilities:                              0.000000
Total solver iterations:                             1

Model Title: Location Problem

                       Variable           Value        Reduced Cost
                          A( 1)        1.250000            0.000000
                          A( 2)        8.750000            0.000000
                          A( 3)       0.5000000            0.000000
                          A( 4)        5.750000            0.000000
                          A( 5)        3.000000            0.000000
                          A( 6)        7.250000            0.000000
                          B( 1)        1.250000            0.000000
                          B( 2)       0.7500000            0.000000
                          B( 3)        4.750000            0.000000
                          B( 4)        5.000000            0.000000
                          B( 5)        6.500000            0.000000
                          B( 6)        7.750000            0.000000
                          D( 1)        3.000000            0.000000
                          D( 2)        5.000000            0.000000
                          D( 3)        4.000000            0.000000
                          D( 4)        7.000000            0.000000
                          D( 5)        6.000000            0.000000
                          D( 6)        11.00000            0.000000
                          X( 1)        5.000000            0.000000
                          X( 2)        2.000000            0.000000
                          Y( 1)        1.000000            0.000000
                          Y( 2)        7.000000            0.000000
                          E( 1)        20.00000            0.000000
                          E( 2)        20.00000            0.000000
                       C( 1, 1)        3.000000            0.000000
                       C( 1, 2)        0.000000            3.852207
                       C( 2, 1)        5.000000            0.000000
                       C( 2, 2)        0.000000            7.252685
                       C( 3, 1)        0.000000            1.341700
                       C( 3, 2)        4.000000            0.000000
                       C( 4, 1)        7.000000            0.000000
                       C( 4, 2)        0.000000            1.992119
                       C( 5, 1)        0.000000            2.922492
                       C( 5, 2)        6.000000            0.000000
                       C( 6, 1)        1.000000            0.000000
                       C( 6, 2)        10.00000            0.000000
```

图 7.58　例 4 题 1 求解报告

setname[/member_list/][:attribute_list];

其中：setname 为定义的集合名；member_list 为元素列表；attribute_list 为属性列表。

派生集合的一般定义格式为

Setname(parent_set_list)[/member_list/][:attribute_list];

其中：parent_set_list 为基本集合列表。

7.3.3　上机实验 3

7.3.3.1　实验目的

熟悉 LINGO 软件的启动步骤。学习 LINGO 语言中集合与函数的运用。熟悉 LINGO 软件的各菜单、命令按钮的作用以及线性规划等模型的输入方法。

7.3.3.2　实验要求

学习 LINGO 软件的使用方法、功能。学会输入线性规划等模型的基本格式及求解命令，学会 LINGO 编程中集合的使用，学会用 LINGO 软件求解一般的数学规划问题。

7.3.3.3　上机实验内容

内容 1：求解线性规划

$$\max z = x_1 + 3x_2$$

$$\text{s. t.}\begin{cases} 2x_1 + 5x_2 \geqslant 12 \\ x_1 + 2x_2 \leqslant 8 \\ x_1, x_2 \geqslant 0 \end{cases}$$

内容 2：原料钢管每根 19 m，客户需要 4 m 的钢管 50 根，6 m 的钢管 20 根，8 m 的钢管 15 根，问如何下料最节省原料？你选择的节省标准是什么？

内容 3：给出求向量(7,5,14,6,3,9,12,2)前 6 个数的最小值，后 5 个数的最大值的 LINGO 程序。

内容 4：使用 LINGO 的集合建模言语编写如下“酋长嫁女儿”问题的程序并运行。

非洲某酋长想把他的女儿嫁出去，记他的女儿为 A、B、C，现假设有三位求婚者 X、Y、Z。每位求婚者对 A、B、C 愿意支付的彩礼数视其喜欢程度的不同而不同

	A	B	C
X	3	5	26
Y	27	10	28
Z	1	4	7

问酋长应如何嫁女儿，才能获得最多彩礼？

7.3.3.4　上机实验 3 参考答案

1）实验 3 内容 1 参考答案

程序如图 7.59 所示。

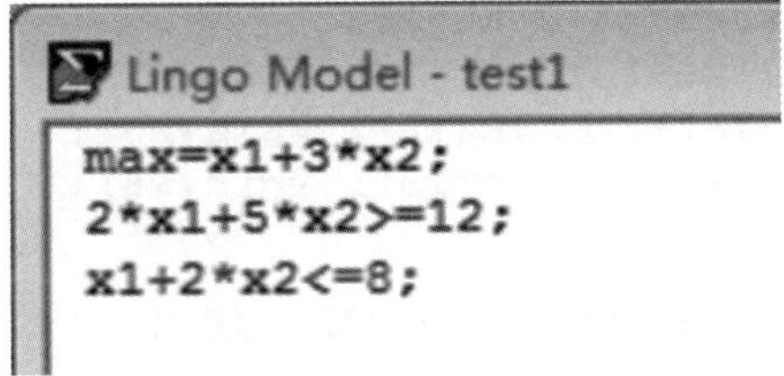

图 7.59　实验 3 内容 1 程序

结果如图 7.60 所示。

```
Solution Report - test1
Global optimal solution found.
Objective value:                              12.00000
Infeasibilities:                              0.000000
Total solver iterations:                             1

Model Class:                                        LP

Total variables:                      2
Nonlinear variables:                  0
Integer variables:                    0

Total constraints:                    3
Nonlinear constraints:                0

Total nonzeros:                       6
Nonlinear nonzeros:                   0

                                Variable           Value        Reduced Cost
                                      X1        0.000000           0.5000000
                                      X2        4.000000            0.000000
```

图 7.60　实验 3 内容 1 结果

2）实验 3 内容 2 参考答案

若考虑剩下料头最少，可设计如表 7.19 所示的下料方案。

表 7.19　下料方案

方案	下料根数/根			合计料长/m	料头长/m
	4 m 钢管	6 m 钢管	8 m 钢管		
Ⅰ	1	1	1	18	1
Ⅱ	3	1	0	18	1
Ⅲ	0	3	0	18	1
Ⅳ	0	0	2	16	3
Ⅴ	1	2	0	16	3
Ⅵ	4	0	0	16	3

程序如图 7.61 所示。

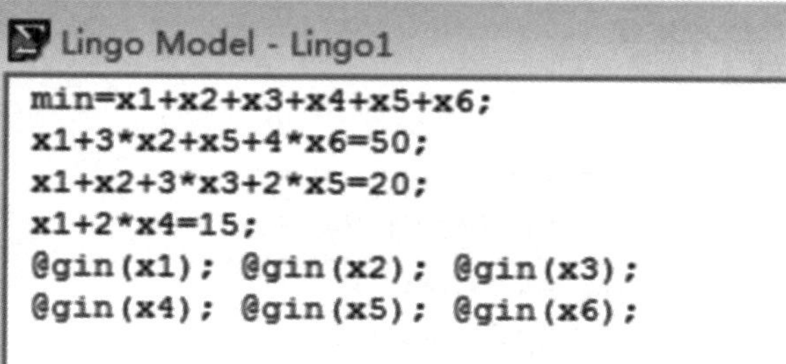

Lingo Model - Lingo1

```
min=x1+x2+x3+x4+x5+x6;
x1+3*x2+x5+4*x6=50;
x1+x2+3*x3+2*x5=20;
x1+2*x4=15;
@gin(x1); @gin(x2); @gin(x3);
@gin(x4); @gin(x5); @gin(x6);
```

图 7.61　实验 3 内容 2 程序截图

结果如图 7.62 所示。

Solution Report - Lingo1

```
Global optimal solution found.
Objective value:                              25.00000
Objective bound:                              25.00000
Infeasibilities:                              0.000000
Extended solver steps:                               0
Total solver iterations:                             4

Model Class:                                      PILP

Total variables:                     6
Nonlinear variables:                 0
Integer variables:                   6

Total constraints:                   4
Nonlinear constraints:               0

Total nonzeros:                     16
Nonlinear nonzeros:                  0

                              Variable           Value        Reduced Cost
                                    X1        5.000000            1.000000
                                    X2        15.00000            1.000000
                                    X3        0.000000            1.000000
                                    X4        5.000000            1.000000
                                    X5        0.000000            1.000000
                                    X6        0.000000            1.000000
```

图 7.62　实验 3 内容 2 结果截图

3）实验 3 内容 3 参考答案

程序如图 7.63 所示。

```
Lingo Model - test3
model:
        data:
            N=8;
        enddata
        sets:
            number/1..N/:x;
        endsets
        data:
            x = 5 7 14 6 3 9 12 2;
        enddata
         minv=@min(number(I) | I #le# 6: x);
         maxv=@max(number(I) | I #ge# N-4: x);
end
```

图 7.63 实验 3 内容 3 程序截图

结果如图 7.64 所示。

```
Solution Report - test3
  Feasible solution found.
  Total solver iterations:                          0

  Model Class:                                  . . .

  Total variables:                   0
  Nonlinear variables:               0
  Integer variables:                 0

  Total constraints:                 0
  Nonlinear constraints:             0

  Total nonzeros:                    0
  Nonlinear nonzeros:                0

                                          Variable           Value
                                                 N        8.000000
                                              MINV        3.000000
                                              MAXV        12.00000
```

图 7.64 实验 3 内容 3 结果截图

4）实验 3 内容 4 参考答案

程序如图 7.65 所示。

```
MODEL:
        SETS:
          DAUGHTER/D1..D3/;
          MATCHER/M1..M3/;
          LINKS(DAUGHTER,MATCHER):C,X;
         ENDSETS
         DATA:
              C=3,5,26,
                27,10,28,
                1,4,7;

        ENDDATA
        MAX=@SUM(LINKS:C*X);
        @FOR(DAUGHTER(I):@SUM(MATCHER(J):X(I,J))=1);
        @FOR(MATCHER(J):@SUM(DAUGHTER(I):X(I,J))=1);
        @FOR(LINKS:@BIN(X));
        END
```

图 7.65　实验 3 内容 4 程序截图

结果如图 7.66 所示。

```
Objective value:                              57.00000
Objective bound:                              57.00000
Infeasibilities:                              0.000000
Extended solver steps:                               0
Total solver iterations:                             0

Model Class:                                      PILP

Total variables:                     9
Nonlinear variables:                 0
Integer variables:                   9

Total constraints:                   7
Nonlinear constraints:               0

Total nonzeros:                     27
Nonlinear nonzeros:                  0

                     Variable           Value        Reduced Cost
                   C( D1, M1)        3.000000            0.000000
                   C( D1, M2)        5.000000            0.000000
                   C( D1, M3)        26.00000            0.000000
                   C( D2, M1)        27.00000            0.000000
                   C( D2, M2)        10.00000            0.000000
                   C( D2, M3)        28.00000            0.000000
                   C( D3, M1)        1.000000            0.000000
                   C( D3, M2)        4.000000            0.000000
                   C( D3, M3)        7.000000            0.000000
                   X( D1, M1)        0.000000           -3.000000
                   X( D1, M2)        0.000000           -5.000000
                   X( D1, M3)        1.000000           -26.00000
                   X( D2, M1)        1.000000           -27.00000
                   X( D2, M2)        0.000000           -10.00000
                   X( D2, M3)        0.000000           -28.00000
                   X( D3, M1)        0.000000           -1.000000
```

图 7.66　实验 3 内容 4 结果截图

7.4　实验 4　MATLAB 数据拟合

7.4.1　数据拟合问题引例及基本理论

1）拟合问题引例

例 1：已知热敏电阻数据如表 7.20 所示，求 60 ℃时的电阻 R。

表 7.20 热敏电阻数据

温度 t/℃	20.5	32.7	51.0	73.0	95.7
电阻 R/Ω	765	826	873	942	1 032

解：输入命令

```
t=[20.5 32.7 51.0 73.0 95.7];
R=[765 826 873 942 1032];
plot(t,R,'*')
```

绘得热敏电阻散点图,见图 7.67。

输入命令

```
plot(t,R,'o-')
```

绘得热敏电阻线性插值图,见图 7.68。

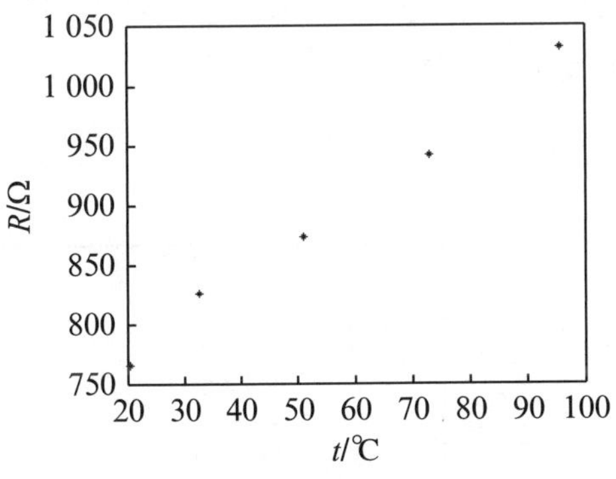

图 7.67 热敏电阻散点图

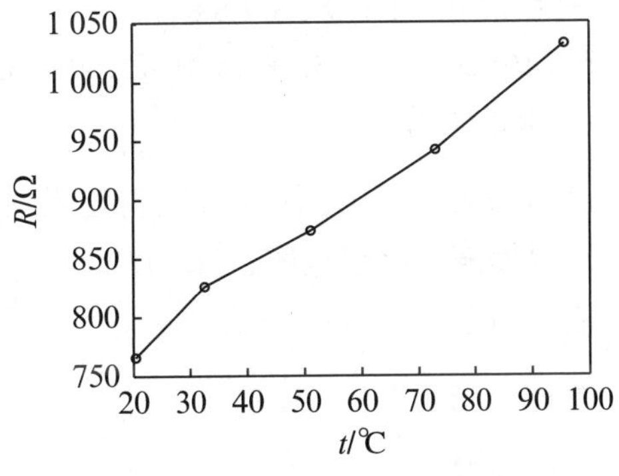

图 7.68 热敏电阻线性插值图

设 $R=at+b$,其中：a,b 为待定系数。

输入命令

```
cftool
```

结果如下：

```
Linear model Poly1:
       f(x)=p1 * x+p2
Coefficients(with 95% confidence bounds):
       p1 =        3.401    (2.887,3.915)
       p2 =          702    (669.3,734.7)
```

即 $R=3.401t+702$。

```
Goodness of fit:
```

SSE：2.605e+005

R-square：0.9933

Adjusted R-square：0.991

RMSE：294.6

绘得热敏电阻的拟合图，见图 7.69。

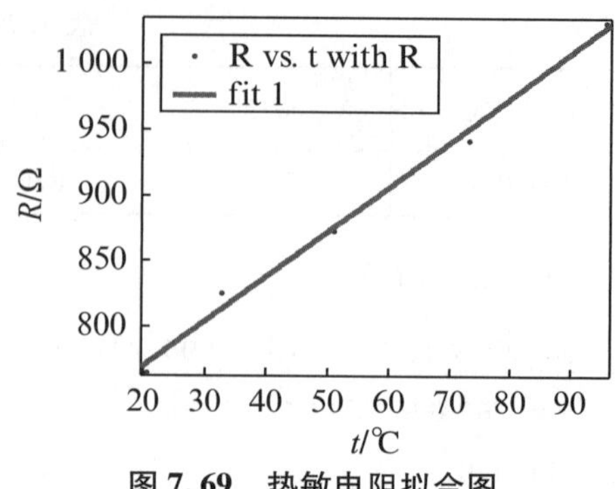

图 7.69　热敏电阻拟合图

例 2：已知一室模型 a 静脉注射下的血药浓度数据如表 7.21 所示（t=0 时，注射 300 mg），求血药浓度随时间的变化规律 $c(t)$。

表 7.21　血药浓度数据

t/h	0.25	0.50	1.00	1.50	2.00	3.00	4.00	6.00	8.00
c/(μg/ml)	19.21	18.15	15.36	14.10	12.89	9.32	7.45	5.24	3.01

解：作半对数坐标系（semilogy）下的图形，输入命令

```
t=[0.25 0.5 1 1.5 2 3 4 6 8];
c=[19.21 18.15 15.36 14.10 12.89 9.32 7.45 5.24 3.01];
semilogy(t,c,'+')
```

设 $c(t)=c_0e^{-kt}$，其中：c,k 为待定系数。

绘得血药浓度散点图，见图 7.70。

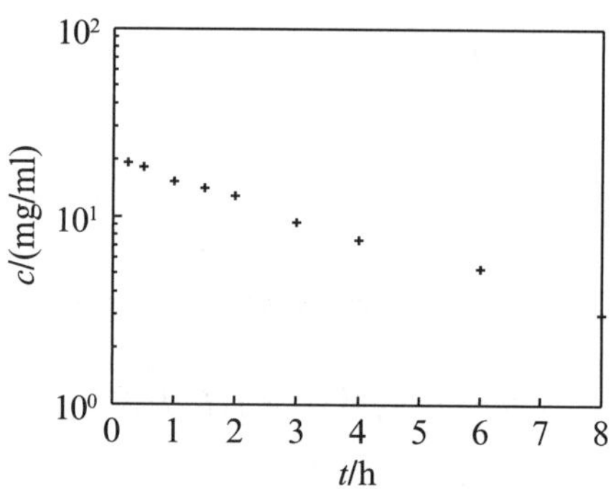

图 7.70　血药浓度散点图

输入命令

```
cftool
```

结果如下：

General model Exp1：

f(x)=a * exp(b * x)

Coefficients (with 95% confidence bounds)：

a=　　20.33　(19.75, 20.92)

b=　　-0.2455　(-0.2671, -0.2239)

即 $c=20.33e^{-0.2455t}$。

Goodness of fit：

SSE：11.46

R-square：0.9947

Adjusted R-square：0.994

RMSE：1.279

绘得血药浓度拟合图，见图 7.71。

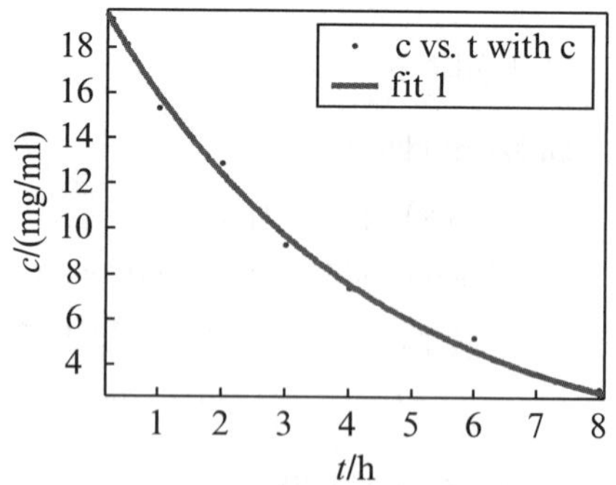

图 7.71　血药浓度拟合图

2）曲线拟合问题的提法

已知一组（二维）数据，即平面上 n 个点 $(x_i, y_i)(i=1,2,\cdots,n)$，寻求一个函数（曲线）$y=f(x)$，使 $f(x)$ 在某种准则下与所有数据点最为接近，即曲线拟合得最好。

3）曲线拟合问题最常用的解法——线性最小二乘法的基本思路

第一步，选定一组函数 $r_1(x), r_2(x), \cdots, r_m(x)(m<n)$，令

$$f(x) = a_1 r_1(x) + a_2 r_2(x) + \cdots + a_m r_m(x)$$

式中：$a_1, a_2, \cdots, a_m$ 为待定系数。

第二步，确定 $a_1, a_2, \cdots, a_m$ 的准则（最小二乘准则）：使 n 个点 (x_i, y_i)，$(i=1,2,\cdots, n)$ 与曲线 $y=f(x)$ 的距离 δ_i 的平方和最小。

记

$$J(a_1, a_2, \cdots, a_m) = \sum_{i=1}^{n} \delta_i^2 = \sum_{i=1}^{n} [f(x_i) - y_i]^2 = \sum_{i=1}^{n} [\sum_{k=1}^{m} a_k r_k(x_i) - y_i]^2$$

问题归结为求 $a_1, a_2, \cdots, a_m$ 使 $J(a_1, a_2, \cdots, a_m)$ 最小。

4）线性最小二乘法求解的预备知识

超定方程组：方程个数大于未知量个数的方程组，一般是不存在解的矛盾方程组。例如：

$$\begin{cases} r_{11}a_1 + r_{12}a_2 + \cdots + r_{1m}a_m = y_1 \\ \cdots\cdots \\ r_{n1}a_1 + r_{n2}a_2 + \cdots + r_{nm}a_m = y_n \end{cases} \quad (n > m)$$

即

$$\boldsymbol{Ra} = \boldsymbol{y}$$

式中：$\boldsymbol{R} = \begin{pmatrix} r_{11} & r_{12} & \cdots & r_{1m} \\ \cdots & \cdots & \cdots & \cdots \\ r_{n1} & r_{n2} & \cdots & r_{nm} \end{pmatrix}$，$\boldsymbol{a} = \begin{pmatrix} a_1 \\ \vdots \\ a_m \end{pmatrix}$，$\boldsymbol{y} = \begin{pmatrix} y_1 \\ \vdots \\ y_n \end{pmatrix}$。

如果有向量 $\boldsymbol{a}$ 使得 $\sum_{i=1}^{n} (r_{i1}\boldsymbol{a}_1 + r_{i2}\boldsymbol{a}_2 + \cdots + r_{im}\boldsymbol{a}_m - y_i)^2$ 达到最小，则称 $\boldsymbol{a}$ 为上述超定方程的最小二乘解。

5）线性最小二乘法的求解

曲线拟合的最小二乘法要解决的问题，实际上就是求以下超定方程组的最小二乘解的问题。

定理：当 $\boldsymbol{R}^{\mathrm{T}}\boldsymbol{R}$ 可逆时，超定方程组 $\boldsymbol{Ra}=\boldsymbol{y}$ 存在最小二乘解，且为方程组

$$\boldsymbol{R}^{\mathrm{T}}\boldsymbol{Ra} = \boldsymbol{R}^{\mathrm{T}}\boldsymbol{y}$$

的解 $\boldsymbol{a}=(\boldsymbol{R}^{\mathrm{T}}\boldsymbol{R})^{-1}\boldsymbol{R}^{\mathrm{T}}\boldsymbol{y}$。

6）线性最小二乘拟合中函数 $r_1(x),r_2(x),\cdots,r_m(x)(m<n)$ 的选取

（1）通过机理分析建立数学模型来确定 $f(x)$。

（2）将数据 $(x_i,y_i)(i=1,2,\cdots,n)$ 作图，通过直观判断确定 $f(x)$。

7.4.2 用 MATLAB 求解数据拟合问题

1）用 MATLA 作线性最小二乘拟合

（1）作多项式 $f(x)=a_1x^m+a_2x^{m-1}+\cdots+a_mx+a_{m+1}$ 拟合，命令为

```
a=polyfit(x,y,m)
```

其中：输入项为同长度的数组 x,y；输出项为拟合多项式系数 $a=(a_1,a_2,\cdots,a_m,a_{m+1})$（数组）；$m$ 为拟合多项式次数。

（2）对超定方程组 $\boldsymbol{R}_{n\times m}\boldsymbol{a}_{m\times 1}=\boldsymbol{y}_{n\times 1}(m<n)$，用 $\boldsymbol{a}=\boldsymbol{R}\backslash\boldsymbol{y}$ 可得最小二乘意义下的解。命令为

```
a=R\y
```

（3）计算多项式在 x 处的值 y，命令为

```
y=polyval(a,x)
```

例 1：对下面一组数据（表 7.22）作二次多项式拟合。

表 7.22　数据

x_i	0	0.1	0.2	0.4	0.5	0.6	0.7	0.8	0.9	1
y_i	−0.447	1.978	3.280	6.160	7.340	7.660	9.580	9.480	9.300	11.200

解：本例即要求出二次多项式 $f(x)=a_1x^2+a_2x+a_3$ 中的 $a=(a_1,a_2,a_3)$，使得 $\sum_{i=1}^{11}[f(x_i)-y_i]^2$ 最小。

解法 1，用解超定方程的方法。

此时

$$\boldsymbol{R}=\begin{pmatrix} x_1^2 & x_1 & 1 \\ x_2^2 & x_2 & 1 \\ \cdots & \cdots & \cdots \\ x_{10}^2 & x_{10} & 1 \\ x_{11}^2 & x_{11} & 1 \end{pmatrix}$$

输入命令

```
x=0:0.1:1;
```

```
y=[-0.447 1.978 3.28 6.16 7.08 7.34 7.66 9.56 9.48 9.30 11.2];
R=[(x.^2)' x' ones(11,1)];
a=R\y'
```

结果如下：

```
a=
   -9.8108
   20.1293
   -0.0317
```

故

$$f(x)=-9.810\,8x^2+20.129\,3x-0.031\,7$$

解法2,用多项式拟合的命令。

输入命令

```
x=0:0.1:1;
y=[-0.447 1.978 3.28 6.16 7.08 7.34 7.66 9.56 9.48 9.30 11.2];
a=polyfit(x,y,2)
z=polyval(a,x);
plot(x,y,'k+',x,z,'r')          %绘出数据点和拟合曲线的图形
```

结果如下：

```
a=
   -9.8108
   20.1293
   -0.0317
```

故

$$f(x)=-9.810\,8x^2+20.129\,3x-0.031\,7$$

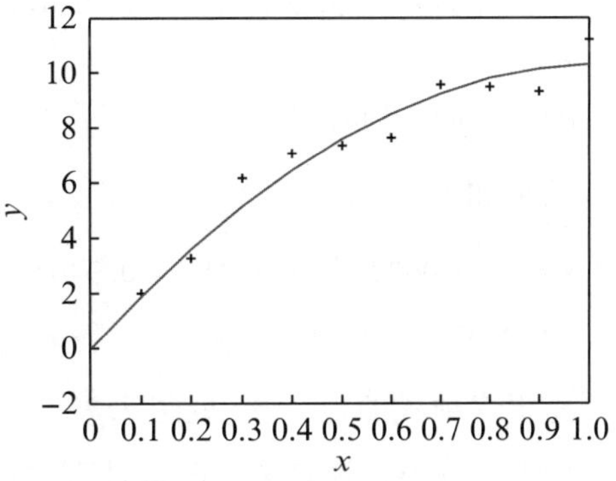

绘得多项式拟合图,见图7.72。

图7.72　例1多项式拟合图

2）用MATLAB作非线性最小二乘拟合

非线性曲线拟合命令为lsqcurvefit。例如：

```
x=lsqcurvefit(fun, x0, xdata, ydata)
[x, resnorm]=lsqcurvefit(fun, x0, xdata, ydata)
```

根据给定的数据 *xdata*,*ydata*(对应点的横、纵坐标),按函数文件fun给定的函数,以 x_0 为初值作最小二乘拟合,返回函数fun中的系数向量 x 和残差的平方和 *resnorm*。

例 2：已知观测数据点如表 7.23 所示，求 3 个参数 a,b,c 的值，使曲线 $f(x)=ae^x+bx^2+cx^3$ 与已知数据点在最小二乘意义上充分接近。

表 7.23 观测数据点

x	0.00	0.10	0.20	0.30	0.40	0.50	0.60	0.70	0.80	0.90	1.00
y	3.10	3.27	3.81	4.50	5.18	6.00	7.05	8.56	9.69	11.25	13.17

解：编写存储拟合函数的函数文件。

输入命令

```
function   f=nihehanshu(x,xdata)
f=x(1) * exp(xdata)+x(2) * xdata.^2+x(3) * xdata.^3
end
```

即保存为文件 nihehanshu.m。

编写程序调用拟合函数。

输入命令

```
xdata=0:0.1:1;
ydata=[3.1,3.27,3.81,4.5,5.18,6,7.05,
8.56,9.69,11.25,13.17];
x0=[0,0,0];
[x,resnorm] = lsqcurvefit(@ nihehanshu,x0,
xdata,ydata)
plot(xdata,ydata,'r')
```

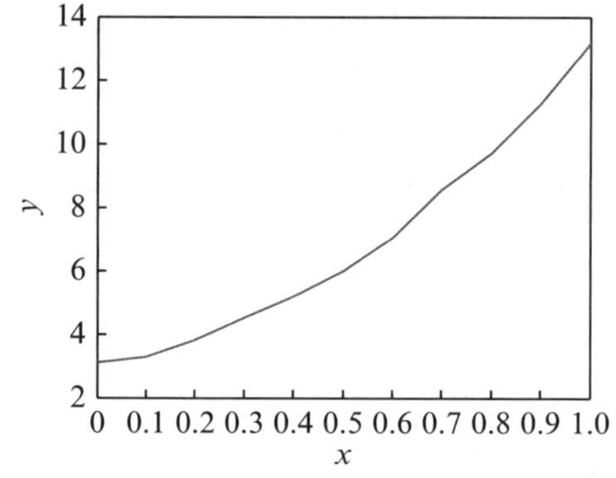

图 7.73 例 2 多项式拟合图

结果如下：

```
x=      3.0022      4.0304      0.9404
resnorm=      0.0912
```

绘得多项式的拟合图，见图 7.73。

说明：最小二乘意义上的最佳拟合函数为

$$y = 3.0022e^x + 4.0304x^2 + 0.9404x^3$$

此时的残差是 0.0912。

7.4.3 MATLAB 解应用问题实例

7.4.3.1 给药方案问题

一种新药用于临床之前，必须设计给药方案。

药物进入机体后随血液输送到全身，在这个过程中不断地被吸收、分布、代谢，最终排出体外,药物在血液中的浓度,即单位体积血液中的药物含量,称为血药浓度。

一室模型:将整个机体看作一个房室,称中心室,室内血药浓度是均匀的。快速静脉注射后,浓度立即上升;然后迅速下降。临床上,每种药物有一个最小有效浓度 c_1 和一个最大有效浓度 c_2。设计给药方案时,要使血药浓度保持在 $c_1 \sim c_2$ 之间。

本题设 $c_1 = 10$ μg/ml,$c_2 = 25$ μg/ml。

要设计给药方案,必须知道给药后血药浓度随时间变化的规律。在实验方面,对某人用快速静脉注射方式一次注入该药物 300 mg 后,在一定时刻 t 采集血药样本,测得血药浓度 c 如表 7.24 所示。

表 7.24 测得血药浓度随时间变化规律

t/h	0.25	0.50	1.00	1.50	2.00	3.00	4.00	6.00	8.00
c/(μg/ml)	19.21	18.15	15.36	14.10	12.89	9.32	7.45	5.24	3.01

1) 给药方案

(1) 在快速静脉注射的给药方式下,研究血药浓度的变化规律。

(2) 给定药物的最小有效浓度和最大治疗浓度,设计给药方案:每次注射剂量多大,间隔时间多长。

对血药浓度数据作拟合,符合负指数变化规律。

2) 模型假设

(1) 机体看作一个房室,室内血药浓度均匀——一室模型。

(2) 药物排除速率与血药浓度成正比,比例系数为 $k(k>0)$。

(3) 血液容积为 v,$t>0$,注射剂量为 d,血药浓度立即为$\frac{d}{v}$。

3) 模型建立及求解

由模型假设(2)得

$$\frac{\mathrm{d}c}{\mathrm{d}t} = -kc$$

由模型假设(3)得

$$c(0) = \frac{d}{v}$$

$$\Rightarrow c(t) = \frac{d}{v}\mathrm{e}^{-kt}$$

已知,$d = 300$ mg,t 及 $c(t)$ 在某些点处的值见表 7.24,需经拟合求出参数 k,v。

用线性最小二乘法拟合 $c(t)$

$$\left.\begin{aligned}c(t)=\frac{d}{v}\mathrm{e}^{-kt}\Rightarrow\ln c=\ln\frac{d}{v}-kt\\ y=\ln c,a_1=-k,a_2=\ln\frac{d}{v}\end{aligned}\right\}\Rightarrow\begin{aligned}y=a_1t+a_2\\ k=-a_1,v=\frac{d}{\mathrm{e}a^2}\end{aligned}$$

输入命令

```
d=300;
t=[0.25 0.5 1 1.5 2 3 4 6 8];
c=[19.21 18.15 15.36 14.10 12.89 9.32 7.45 5.24 3.01];
y=log(c);
a=polyfit(t,y,1)
k=-a(1)
v=d/exp(a(2))
```

结果如下：

```
a=   -0.2347      2.9943
k=    0.2347
v=    15.0219
```

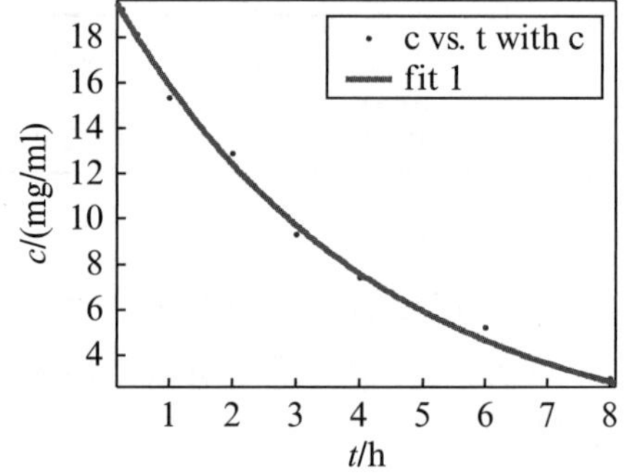

图 7.74　血药浓度拟合图

绘得血药浓度拟合图，见图 7.74。

给药方案设计：

(1) 设每次注射剂量为 D，间隔时间为 τ。

(2) 血药浓度 $c(t)$ 应满足 $c_1 \leqslant c(t) \leqslant c_2$。

(3) 初次剂量 D_0 应加大。

给药方案记为 $\{D_0, D, \tau\}$，有

$$D_0=vc_2, D=v(c_2-c_1)$$

$$c_1=c_2\mathrm{e}^{-k\tau}\Rightarrow\tau=\frac{1}{k}\ln\frac{c_2}{c_1}$$

计算结果：$D_0=375.5, D=225.3, \tau=3.9$。

给药方案：$D_0=375$ mg，$D=225$ mg，$\tau=4$ h，即首次注射 375 mg，其余每次注射 225 mg，注射的间隔时间为 4 h。

7.4.3.2　电阻问题

由热敏电阻数据(表 7.25)拟合 $R=a_1t+a_2$。

表 7.25　热敏电阻数据

温度 t/℃	20.5	32.7	51.0	73.0	95.7
电阻 R/Ω	765	826	873	942	1 032

方法 1,用命令 polyfit(x,y,m)。

输入命令

```
t=[20.5 32.5 51 73 95.7];
r=[765 826 873 942 1032];
aa=polyfit(t,r,1);
a=aa(1)
b=aa(2)
y=polyval(aa,t);
plot(t,r,'k+',t,y,'r')
```

结果如下:

```
a=      3.3940
b=   702.4918
```

即 $R=3.394\,0t+702.491\,8$。

绘得热敏电阻拟合图,见图 7.75。

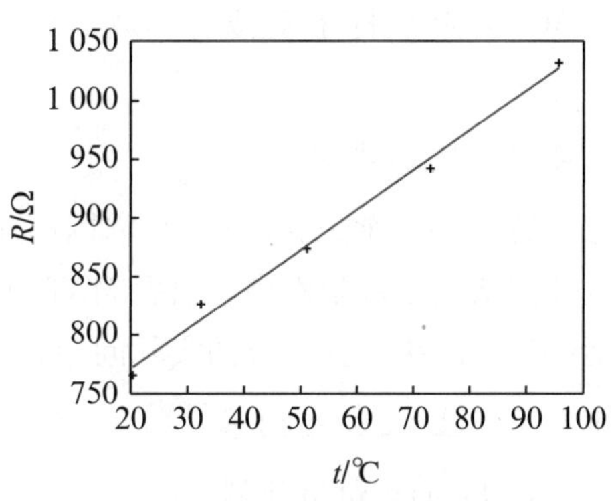

图 7.75　热敏电阻拟合图

方法 2(见 7.4.1 节中例 1),用命令 cftool。

输入命令

```
t=[20.5 32.5 51 73 95.7];
r=[765 826 873 942 1032];
cftool
```

方法 3,直接用 $a=R\backslash y$,结果与方法 1 相同。

输入命令

```
t=[20.5 32.5 51 73 95.7];
r=[765 826 873 942 1032];
R=[t' ones(5,1)];
aa=R\r';
a=aa(1)
b=aa(2)
y=polyval(aa,t);
plot(t,r,'k+',t,y,'r')
a=  3.3940
b=  702.4918
```

7.4.4 上机实验4

7.4.4.1 实验目的

了解拟合基本的内容,学习用 MATLAB 作最小二乘多项式拟合和曲线拟合的方法,掌握 MATLAB 软件求解拟合问题。对预测和确定参数的实际问题,建立数学模型并求解。

7.4.4.2 实验要求

了解最小二乘拟合的原理,掌握用 MATLAB 作最小二乘拟合的方法,学会利用曲线拟合的方法建立数学模型。熟悉 MATLAB 中各种常见的拟合方法。鼓励创新思维,能够灵活编程来解决数据拟合的实际问题。

7.4.4.3 上机实验内容

内容 1:旧车价格预测。

某年美国旧车价格的调查资料如表 7.26 所示,其中:x_j 表示轿车的使用年数,y_j 表示相应的平均价格。试分析用什么形式的曲线来拟合上述的数据,并预测使用 4.5 年后轿车的平均价格大致为多少?

表 7.26 旧车价格的调查数据

x_j/年	1	2	3	4	5	6	7	8	9	10
y_j/美元	2 615	1 943	1 494	1 087	765	538	484	290	226	204

内容 2:Malthus 人口指数增长模型。

1790—1980 年美国每隔 10 年的人口记录如表 7.27 所示。用表中数据检验马尔萨斯人口指数增长模型,根据检验结果进一步讨论马尔萨斯人口模型的改进。

表 7.27 1790—1980 年美国每隔 10 年的人口记录

年份	1790	1800	1810	1820	1830	1840	1850
人口数/(10^6 人)	3.9	5.3	7.2	9.6	12.9	17.1	23.2
年份	1860	1870	1880	1890	1900	1910	1920
人口数/(10^6 人)	31.4	38.6	50.2	62.9	76.0	92.0	106.5
年份	1930	1940	1950	1960	1970	1980	
人口数/(10^6 人)	123.2	131.7	150.7	179.3	204.0	226.5	

7.4.4.4 上机实验 4 参考答案

1) 实验 4 内容 1 参考答案

输入命令

```
x=[1 2 3 4 5 6 7 8 9 10];
y=[2615  1943  1494  1087  765  538  484  290  226  204];
plot(x,y,'.')
```

绘得美国旧车价格调查数据散点图,见图 7.76。

输入命令

```
plot(x,y,'o-')
```

绘得美国旧车价格调查数据线性插值图,见图 7.77。

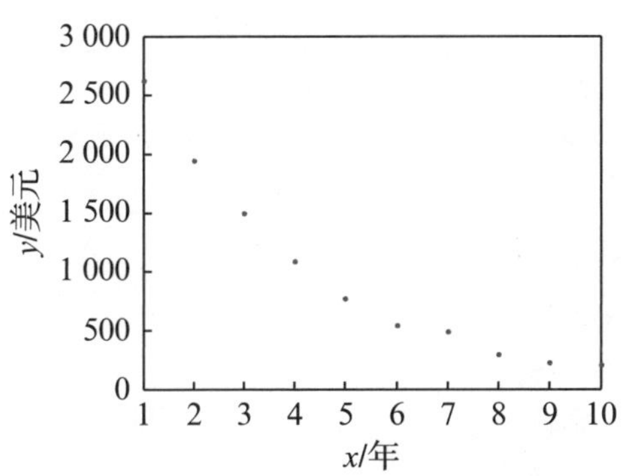

图 7.76　美国旧车价格的调查数据散点图

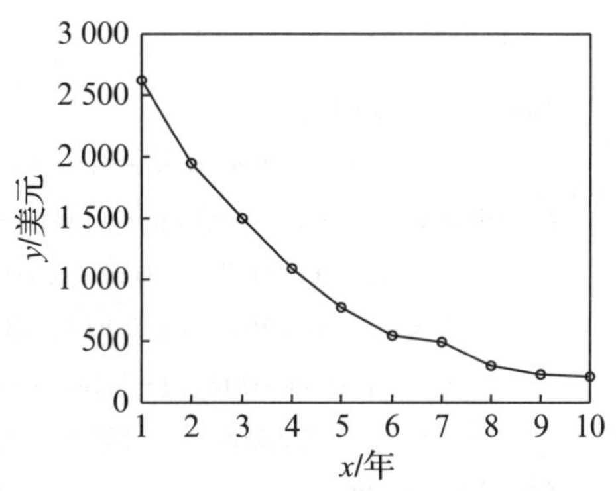

图 7.77　美国旧车价格的调查数据线性插值图

输入命令

```
cftool
```

选择 3 种不同的拟合方式。

(1) 方式 1。

```
General model Exp1:
     f(x)=a*exp(b*x)
Coefficients (with 95% confidence bounds):
       a=         3519   (3435, 3602)
       b=      -0.2951   (-0.3069,-0.2833)
```

则有函数

$$y = 3\,519e^{-0.295\,1x}$$

```
Goodness of fit:
  SSE: 7.453e+006
  R-square: 0.9988
  Adjusted R-square: 0.9987
  RMSE: 965.2
```

```
x=[11, 12, 13, 14,14.5]
y=3519 * exp(-0.2951 * x)
```

结果如下：

```
x=
  11.0000   12.0000   13.0000   14.0000   14.5000
y=
  136.9796   101.9755   75.9164   56.5165   48.7635
```

用拟合方式 1 绘得的拟合图，见图 7.78。

(2) 方式 2。

```
General model Exp2:
      f(x)=a * exp(b * x)+c * exp(d * x)
Coefficients(with 95% confidence bounds):
        a=-1.048e+007   (-1.307e+016, 1.307e+016)
        b=      -0.2297   (-1.132e+004, 1.132e+004)
        c=   1.049e+007   (-1.307e+016, 1.307e+016)
        d=      -0.2297   (-1.132e+004, 1.132e+004)
Goodness of fit:
  SSE: 6.52e+006
  R-square: 0.999
  Adjusted R-square: 0.9984
  RMSE: 1042
```

则有函数

$$y = -10\,480\,000e^{-0.229\,7x} + 10\,490\,000e^{-0.229\,7x}$$

用拟合方式 2 绘得的拟合图，见图 7.79。

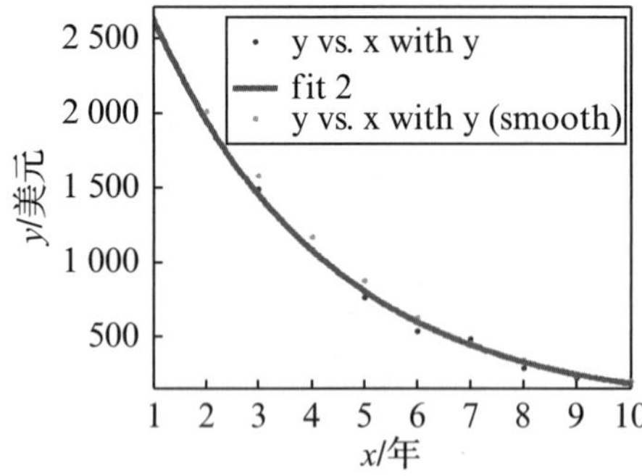

图 7.78 美国旧车价格的调查数据拟合图(方式 1)

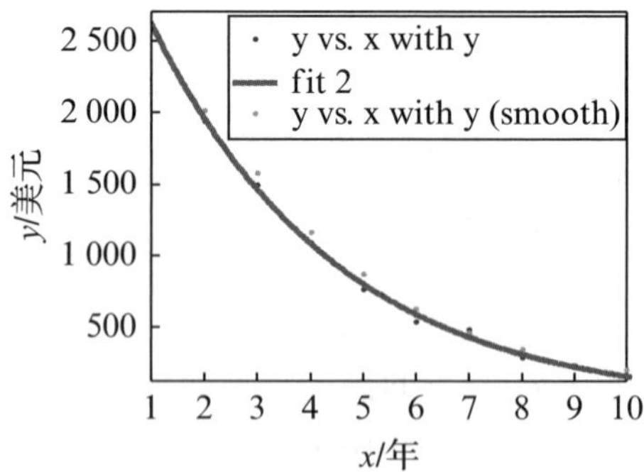

图 7.79 美国旧车价格的调查数据拟合图(方式 2)

（3）方式3。

```
x=[1  2  3  4  5  6  7  8  9  10];
y=[2615  1943  1494  1087  765  538  484  290  226  204];
y=log(y');
d=[1 1 1 1 1 1 1 1 1 1];
a=[d;x];
b=a*y;
a=a*a';
c=a\b
```

结果如下：

```
c =
        8.1591
      -0.2969
```

预测

```
y=exp(8.1591-0.2969*x)
```

$y = 3\,495e^{-0.296\,9x}$

结果如下：

```
x=
   11.0000   12.0000   13.0000   14.0000   14.5000
ans=
  133.3797   99.1169   73.6556   54.7348   47.1838
```

2）实验4内容2参考答案

输入命令

```
function x=fun(r,t)
x=r(1)*exp(r(2)*t)
end
```

调用拟合函数

```
r0=[1,0];
tdata=[1790:10:1980];
xdata=[3.9 5.3 7.2 9.6 12.9 17.1 23.2 31.4 38.6 50.2 62.9 76.0 92.0
106.5 123.2 131.7 150.7 179.3 204.0 226.5];
[r,resnorm,residual,flag]=lsqcurvefit('fun',r0,tdata,xdata);
plot(tdata,xdata,'r')
```

绘得人口指数增长模型拟合图，见图7.80。

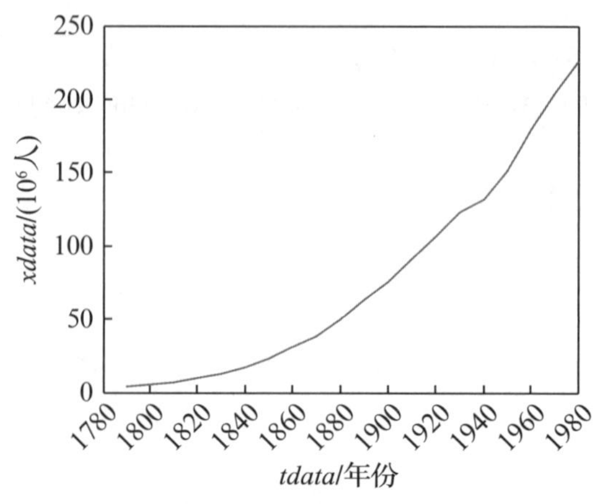

图 7.80　人口指数增长模型拟合图

7.5　实验 5　数学建模中的 Word 及 MathType 应用

7.5.1　数学建模中的公式输入

数学建模中，公式输入必不可缺。相比 Word，编辑软件 LaTeX 在公式输入及排版方面更为强大。但是就大多数问题而言，用 Word 更加方便（不必专门学习 LaTex 基本知识，更不必编写代码），因此，在 Word 中找到最有效的公式输入方法非常重要。在此，推荐使用 MathType 工具。MathType 也叫数学公式编辑器，是一款专业的数学公式编辑工具，能够在各种文档中轻松插入复杂的数学公式和符号，可以与 Office 文档完美结合，显示效果好，比 Office 自带的公式编辑器强大一些。需要指出的是，当前高版本 Office 自带的公式编辑器越来越完善，因此可以根据实际需要选择使用。

7.5.2　上机实验 5

7.5.2.1　实验目的

掌握数学建模中的 Word 应用，例如文档的格式化、页面排版、公式的自动标号等。能够利用 MathType 进行公式的创建和处理。

7.5.2.2　实验要求

熟悉 Word 在数学建模论文写作中的技巧，了解文档的格式化和页面排版，学会公式的自动标号。掌握数学公式的创建与格式化，学会数学公式的编辑处理。

7.5.2.3　实验内容

学习数学建模，不仅需要培养应用计算机、应用数学软件以及运用互联网的能力，还需要培养独立查找资料,在短时间内阅读、消化、应用的能力。对于应变能力的培养,平时的锻炼和积累极为重要。请上网搜索“数学建模 Word 排版”“Word 如何设置多级符号和编号”“MathType 公式自动编号和引用”等内容,解决下列问题。

题 1:某道数学建模题共有两问。请创建如下的论文目录。

包括:1　摘要

2　问题一

2.1 问题一的分析

2.2 问题一的模型

2.3 问题一的求解

3　问题二

3.1 问题二的分析

3.2 问题二的模型

3.3 问题二的求解

4　总结

5　参考文献

题 2:运用 MathType 在 Word 中输入如下模型。

$$\max z = 24x_1 + 16x_2 + 44x_3 + 32x_4 - 3x_5 - 3x_6$$

$$\text{s.t.} \frac{x_1 + x_5}{3} + \frac{x_2 + x_6}{4} \leqslant 50$$

$$4(x_1 + x_5) + 2(x_2 + x_6) + 2x_5 + 2x_6 \leqslant 480$$

$$x_1 + x_5 \leqslant 100$$

$$x_3 = 0.8x_5$$

$$x_4 = 0.75x_6$$

$$x_1, x_2, x_3, x_4, x_5, x_6 \geqslant 0$$

题 3:请进行公式字号大小的批量调整,将以下模型的字号统一改成 14p。

$$\max z = 72x_1 + 64x_2$$

$$\text{s.t.} \ x_1 + x_2 \leqslant 50$$

$$12x_1 + 8x_2 \leqslant 480$$

$$3x_1 \leqslant 100$$

$$x_1 \geqslant 0, x_2 \geqslant 0$$

7.5.2.4　上机实验 5 提示

(1) 题 1 的目录由 Word 软件自动生成,在网上搜索资料时,必须注意电脑中 Word 软件的版本,版本不同操作也会有区别。

（2）题 2 可在 Word 软件中点击“插入”，再点击“对象”，选择“MathType”，在 MathType 内输入公式。

（3）题 3 公式字号大小批量调整，可参阅 MathType 中文官网“详解 MathType 中如何批量修改公式字体和大小”。

网址：http://www.mathtype.cn/jiqiao/piliang-xiugai-zitidaxiao.html

第8章 论文格式规范

1985年,美国首次创办了一个名为“数学建模竞赛”(简称MCM)的一年一度的大学水平的竞赛。竞赛要求3人(本科生)为一组,在4天时间内,就指定的问题完成从建立模型、求解、验证到论文撰写的全部工作,体现了参赛选手研究问题、提出解决方案的能力及团队合作精神。该竞赛为现今各类数学建模竞赛之鼻祖。第一届MCM,就有美国70所大学的90支队伍参加,到1992年已经有美国及其他国家的189所大学的292支队伍参加。据主办方公布,2019年美国大学生数学建模竞赛吸引了包括美国、中国在内的来自全球17个国家和地区的25 370支队伍参赛,该竞赛已经成为国际性竞赛,影响极其广泛。

我国的全国大学生数学建模竞赛(简称CUMCM)创办于1992年,每年一届,是首批列入“高校学科竞赛排行榜”的19项竞赛之一。2019年全国大学生数学建模竞赛时间是2019年9月12日(周四)18时至9月15日(周日)20时。有42 992支队伍(本科39 293支、专科3 699支),近13万人报名参赛。2019年赛题于竞赛开始时发布在全国大学生数学建模竞赛官方网站、中国大学生在线、高等教育出版社、中国高校数学建模课程中心、中国数模等网站上,报名参赛、论文提交需要通过中国知网进行。

全国大学生数学建模竞赛是一个彻底公开的竞赛,每年给出若干个实际问题,学生以3人组成一队的形式参赛,在3天内任选一题,完成该实际问题的数学建模的全过程,并就问题的重述、简化和假设及其合理性的论述、数学模型的建立和求解(及软件)、检验和改进、模型的优缺点及其可能的应用范围的自我评述等内容写出论文。由专家组成的评阅组进行评阅,评出优秀论文。评阅原则体现数学建模的主要步骤:假设的合理性、建模的创造性、结果的合理性(正确性)和表达的清晰性。数学建模竞赛为充分发挥参赛学生的创造性提供了广阔的空间。在竞赛期间参赛队员不得与队外任何人(包括指导教师)讨论赛题,但可以利用任何图书资料、互联网上的资料、任何类型的计算机和软件等。

全国大学生数学建模竞赛论文格式规范

（全国大学生数学建模竞赛组委会，2020 年修订稿）

为了保证竞赛的公平、公正性，便于竞赛活动的标准化管理，根据评阅工作的实际需要，竞赛要求参赛队分别提交纸质版和电子版论文，特制定本规范。

一、纸质版论文格式规范

第一条，论文用白色 A4 纸打印（单面、双面均可）；上下左右各留出至少 2.5 厘米的页边距；从左侧装订。

第二条，论文第一页为承诺书，第二页为编号专用页，具体内容见本规范第三、第四页。

第三条，论文第三页为摘要专用页。摘要内容（含标题和关键词，无需翻译成英文）不能超过一页；论文从此页开始编写页码，页码位于页脚中部，用阿拉伯数字从“1”开始连续编号。

第四条，论文从第四页开始是正文内容（不要目录，尽量控制在 20 页以内）；正文之后是论文附录（页数不限），附录内容必须打印并与正文装订在一起提交。

第五条，论文附录内容应包括支撑材料的文件列表，建模所用到的全部完整、可运行的源程序代码（含 Excel、SPSS 等软件的交互命令）等。如果缺少必要的源程序、程序不能运行或运行结果与论文不符，都可能会被取消评奖资格。如果确实没有用到程序，应在论文附录中明确说明“本论文没有用到程序”。

第六条，论文摘要专用页、正文和附录中任何地方都不能有显示参赛者身份和所在学校及赛区的信息。

第七条，所有引用他人或公开资料（包括网上资料）的成果必须按照科技论文的规范列出参考文献，并在正文引用处予以标注。

第八条，本规范中未作规定的，如论文的字号、字体、行距、颜色等不做统一要求。在不违反本规范的前提下，各赛区可以对论文做相应的要求。

二、电子版论文格式规范

第九条，参赛队应按照《全国大学生数学建模竞赛报名和参赛须知》的要求提交参赛论文和支撑材料两个电子文件。

第十条，参赛论文电子版内容必须与纸质版内容及格式（包括附录）完全一致；必须是一个单独的文件，文件格式为 PDF 或者 Word 格式之一（建议使用 PDF 格式）；文件大小不超过 20 MB。注意参赛论文电子版文件不要压缩，承诺书和编号专用页不要放在电子版论文中，即电子版论文的第一页必须为摘要专用页。

第十一条，支撑材料内容包括用于支撑模型、结果、结论的所有必要材料，至少应包含建模所用到的所有可运行源程序、自主查阅使用的数据资料（赛题中提供的原始数据除外)、较大篇幅中间结果的图表等。将所有支撑材料文件使用 WinRAR 软件压缩在一个文件中(后缀为 rar 或 zip,大小不超过 20 MB)。支撑材料的文件列表应放入论文附录;如果确实没有需要提供的支撑材料,可以不提供支撑材料文件,并在论文附录中注明"本论文没有支撑材料"。如果支撑材料文件与论文内容不相符,该论文可能会被取消评奖资格。注意竞赛的承诺书和编号专用页不要放在支撑材料中,所有文件中不能有显示参赛者身份和所在学校及赛区的信息。

三、本规范的实施与解释

第十二条,本规范自发布之日起试行,以前的规范与本规范不相符的,以本规范为准。不符合本规范的论文将被视为违反竞赛规则,可能被取消评奖资格。

第十三条,本规范的解释权属于全国大学生数学建模竞赛组委会。

说明:

(1) 本科组参赛队从 A、B、C 题中任选一题,专科组参赛队从 D、E 题中任选一题。

(2) 各赛区可自行决定是否在竞赛结束时收集纸质版论文,但对于送全国评阅的论文,各赛区必须提供符合本规范要求的纸质版论文。注意纸质版论文应包括论文正文和附录的内容,支撑材料无须打印。

(3) 各赛区评阅前将纸质版论文第一页(承诺书)取下保存,同时在第一页和第二页建立"赛区评阅编号"。评阅完成后,各赛区对送全国评阅的论文按全国组委会规定的编号方式编制"送全国评阅统一编号",并填写在第二页上,然后送全国评阅。

(4) 在不违反本规范原则的前提下,各赛区组委会可对论文格式提出更高要求。

附录 1　2018 年高教社杯全国大学生数学建模竞赛题目

B 题智能 RGV 的动态调度策略

图 1 是一个智能加工系统的示意图，由 8 台计算机数控机床（Computer Number Controller，CNC）、1 辆轨道式自动引导车（Rail Guide Vehicle，RGV）、1 条 RGV 直线轨道、1 条上料传送带、1 条下料传送带等附属设备组成。RGV 是一种无人驾驶、能在固定轨道上自由运行的智能车。它根据指令能自动控制移动方向和距离，并自带一个机械手臂、两只机械手爪和物料清洗槽，能够完成上下料及清洗物料等作业任务。

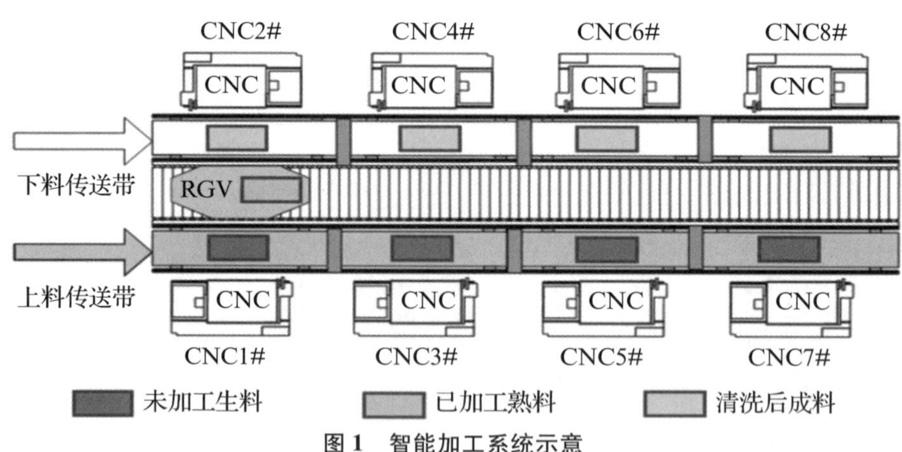

图 1　智能加工系统示意

针对下面的三种具体情况：

（1）一道工序的物料加工作业情况，每台 CNC 安装同样的刀具，物料可以在任一台 CNC 上加工完成；

（2）两道工序的物料加工作业情况，每个物料的第一和第二道工序分别由两台不同的 CNC 依次加工完成；

(3) CNC 在加工过程中可能发生故障(据统计：故障的发生概率约为 1%)的情况，每次故障排除(人工处理，未完成的物料报废)时间介于 10~20 分钟之间，故障排除后即刻加入作业序列。要求分别考虑一道工序和两道工序的物料加工作业情况。

请你们团队完成下列两项任务：

任务 1：对一般问题进行研究，给出 RGV 动态调度模型和相应的求解算法；

任务 2：利用表 1 中系统作业参数的 3 组数据分别检验模型的实用性和算法的有效性，给出 RGV 的调度策略和系统的作业效率，并将具体的结果分别填入附件的 Excel 表中。

表 1　智能加工系统作业参数的 3 组数据表　　单位：秒

系统作业参数	第 1 组	第 2 组	第 3 组
RGV 移动 1 个单位所需时间	20	23	18
RGV 移动 2 个单位所需时间	33	41	32
RGV 移动 3 个单位所需时间	46	59	46
CNC 加工完成一个一道工序的物料所需时间	560	580	545
CNC 加工完成一个两道工序物料的第一道工序所需时间	400	280	455
CNC 加工完成一个两道工序物料的第二道工序所需时间	378	500	182
RGV 为 CNC1#,3#,5#,7#一次上下料所需时间	28	30	27
RGV 为 CNC2#,4#,6#,8#一次上下料所需时间	31	35	32
RGV 完成一个物料的清洗作业所需时间	25	30	25

注：每班次连续作业 8 小时。

附录 2　2018 年全国竞赛优秀参赛论文

智能 RGV 的动态调度策略

队员：林谢芳　王兆瑞　李霞光
指导老师：朱小林
（2018 年全国一等奖）

摘要：本文根据动态车间的生产流程，建立周期调度模型和实时调度模型。设计了 6 个调度算法利用计算机模拟仿真对模型进行求解。提出一系列优化生产的合理化建议。

针对情况一，在单工序生产过程中实现 RGV 的最优化调度，本文确定 8 小时内生产尽可能多的产品作为目标函数。通过对 RGV 位置、完成产品数和时间等因素的动态转移方程的刻画，进而得出 RGV 的动态调度模型以及相关算法。然后，本文基于现实情况对整个生产系统进行模拟仿真，在尽可能多次的 RGV 随机调度策略的尝试下，得出整体最优的调度方案下八小时内三组参数分别生产 371，354，381 件产品。通过观察结果以及生产时间与 RGV 移动时间的对比从而证明在调度过程中会出现刚开始时候的初始状态的短暂波动和后面周期性的稳定状态，对现实生产具有更好的指导意义。

针对情况二，在多工序加工过程中，将每台 CNC 执行第几道工序和 RGV 每一步的调度策略作为决策变量，通过 RGV 位置、完成产品数量、半成品数量和时间等因素的动态转移方程进行刻画，建立多工序情况下 RGV 动态调度模型以及相关算法。由于优化模型求解较为繁琐，本文基于现实情况下的模拟仿真，尽可能地遍历所有的情况，得出整体最优的调度方案下三组参数分别生产 186，159，188 件产品，提出在不同作业参数下的机器比例和排布策略。为了更好指导现实生产，本文考虑找出一个周期性调度策略，通过相应指标的刻画，与最优策略对比，给出较好的周期性策略建议。

针对情况三，对故障发生概率的考虑，本文分别用二项分布、均匀分布和正态分布随机产生在 8 小时作业期间每台 CNC 发生故障的次数、发生故障的时间点和维修时间，结合上述模型，得出有故障下调度模型及算法。本文考虑 RGV 在接收到故障信号后，会立即执行完全重调度模型，对故障后调度方案立即重新决策，基于本文程序的运行时间很短，满足实现条件。在单工序与双工序两种工作状态下，分别对 CNC 发生故障下策略的模拟仿真，得出在单工序状态下，故障发生后，调度策略仍然会逐步趋向周期性变化。在双工序下，故障的产生对生产个数影响较小，这是由于多工序下 RGV 空闲时间较多，稀释了故障对其影响，与前面智能预判结果相呼应。

智能 RGV 的调度改进方案，在上述情况的考虑中，RGV 均是接收到信号才能动作。通过对结果的分析本文考虑具有预判功能的智能 RGV，在 RGV 空闲时间内，会向最先完成生产的 CNC 移动，达到时间上的高效利用。通过有预判情况下的模拟仿真出最优策略与无预判时候对比，得出单工序情况下多生产 14 件左右产品，双工序情况下多生产 40 个左右产品的结果，给出相应建议。

关键词：模拟仿真，状态转移方程，周期调度，实时调度，TSP

一、问题重述

1.1　问题背景

生产调度策略的构造是一个生产线实现高效率生产的核心。现有一个由 8 台计算机数控机床、1

辆轨道式自动引导车、1 条 RGV 直线轨道、1 条上料传送带、1 条下料传送带等附属设备组成的智能加工系统，如图 1.1 所示：

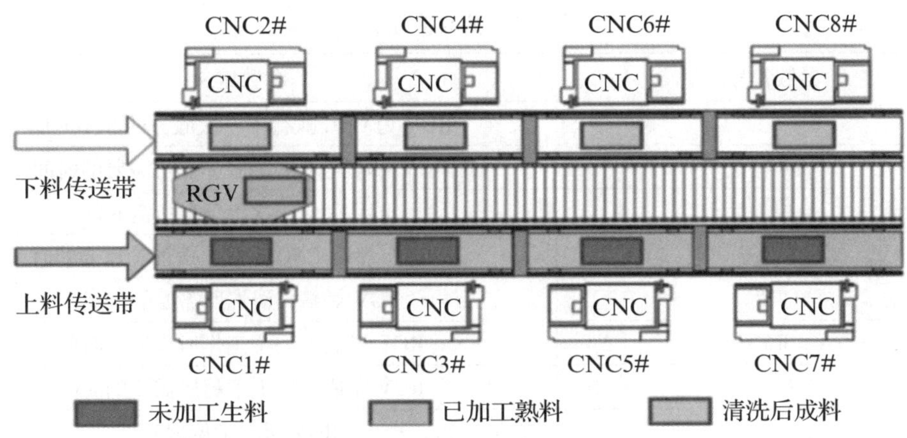

图 1.1　智能加工系统示意图

如图所示，RGV 是一种无人驾驶、能在固定轨道上自由运行的智能车。它根据指令能自动控制移动方向和距离，并自带一个机械手臂、两只机械手爪和物料清洗槽，能够完成上下料及清洗物料等作业任务。

在一个实际的生产线运转过程中，会遇到下列三种情况：

（1）一道工序的物料加工作业情况，每台 CNC 安装同样的刀具，物料可以在任一台 CNC 上加工完成；

（2）两道工序的物料加工作业情况，每个物料的第一和第二道工序分别由两台不同的 CNC 依次加工完成；

（3）CNC 在加工过程中有 1%可能发生故障的情况，每次故障排除（人工处理，未完成的物料报废）时间介于 10~20 分钟之间，故障排除后即刻加入作业序列。要求分别考虑一道工序和两道工序的物料加工作业情况。

1.2　问题的提出

基于上述三种情况，高效地完成下列任务是实现高效调度的关键：

任务 1：对一般问题进行研究，给出 RGV 动态调度模型和相应的求解算法；

任务 2：利用表 1 中系统作业参数的 3 组数据分别检验模型的实用性和算法的有效性，给出 RGV 的调度策略和系统的作业效率，得出相应的结果。

二、问题假设

1. 假设 CNC 仅在工作状态会发生故障，且当 CNC 发生故障时，会立即向 RGV 发出信号，然后 RGV 立即接收信号做出响应。

2. 假设可提供的加工物料数远大于最优产出量。

3. 假设 CNC 以外的设备不会出现故障。

4. 假设 CNC 维修期间不可更换刀具。

三、符号说明

参数符号说明见表 1.1。

表 3.1　参数符号说明

参数符号	参数定义
t_i	RGV 为 CNC 执行下一次服务的起始时间
MT_n	RGV 移动至下一个服务点所需要的时间
LT_{x_i}	RGV 完成一次上下科所需时间
PT_{x_i}	一道工序时 CNC 完成一次加工需要的时
WT	TGV 对熟料清洗所需要的时间
WT	RGV 开始下一个工作所要等待时间
LT_{x_i}	RGV 完成一次上下料所需要的时间
S_i	RGV 所在工位编号
CT	RGV 对熟料清洗所需要的时间

四、问题分析

4.1　情况一的分析

为了实现在单工序生产方式下对 RGV 的调度，本文首先设置在 8 小时内生产的产品数量 N 作为目标函数，分别找出 RGV 在动态运作过程中的，时间、位置、生成产品数量等因素转移方程。根据所需要工序的不同，将整个调度阶段分为开始阶段与稳定阶段，通过模拟仿真找出单工序下的最优调度策略，通过观察结果以及相应证明得出在稳定阶段，RGV 的调度呈现周期性的变化。基于 TSP 模型找到开始阶段的最优策略加之稳定状态下，周期性调度方案的最优策略，从而得出在整个生产周期内，RGV 动态调度的最优策略。通过对题目所提供的三组数据的求解，从而达到对模型进行检验与求解的目的。

4.2　情况二的分析

在两道工序生产的情况下，仍然将 8 小时内的产品完成数量作为目标函数。在物料需要两道工序时，除 RGV 在作业期间服务 CNC 先后次序的决策变量外，加工不同工序的 CNC 数量配比和产线布置也极大地影响了产品的产出数量。同时，第一道工序的半成品生成量也会制约产线的生产流程。类比情况一，得出时间、位置、半成品数量、产品数量等因素的状态转移方程。由于状态转移方程复杂，优化模型直接求解较为困难，我们采取模拟仿真的方法，尽可能地遍历所有的情况，得出最优解策略，然后对结果进行分析是否具有周期性，若周期性不明显，考虑周期性策略，并设置指标与最优策略类比，找出相对较优的周期性策略，对实际生产具有更好的指导意义与较高的可靠性。

4.3　情况三的分析

CNC 以 1%的概率随机发生故障，且各个 CNC 是否发生故障是相互独立的，本文分别用二项分布、均匀分布和正态分布随机产生在 8 小时作业期间每台 CNC 发生故障的次数、发生故障的时间点和维修时间。从而得出每个时刻的故障 CNC 的状态转移方程。本文假设当 CNC 发生故障时会立即给 RGV 发出信号并且 RGV 接收信号。然后本文利用不同时刻故障机器的状态转移方程，模拟 RGV 做决策时，如若此时存在故障 CNC,会自动避开故障机器。区别于第二问的求解,在模拟仿真过程中,当有 CNC 发生故障后,RGV 会生成即这之后全新的先后服务次序。进而基于单工序与双工序两种状态下随机发生故障的仿真,得出在有故障干扰下的最优策略,通过对结果分析,给出相应的建议与生产方案。

五、模型的建立与求解

5.1　情况一

5.1.1　单工序调度模型的建立与算法

在实际的生产过程中,作为生产者总是希望在同样的时间内,生产线能够生产更多的产品,进而创造更高的价值。

基于这个目标,本文基于现实情况的 RGV 的调度状况得出下列的约束模型:

首先,本文基于现实情况与题目信息,做如下假设与定义:

(1) 在每一时刻 RGV 的位置状态共有四种情况,分别定义为 $S_t=1,2,3,4$,假定,在 $t=0$ 时刻,RGV 的初始状态为 1 位置,若定义相邻位置之间的距离为一常数 a,则 RGV 总是以整数倍 a 的大小移动,且移动不同 a 对应时间已知。RGV 位置示意见图 5.1。

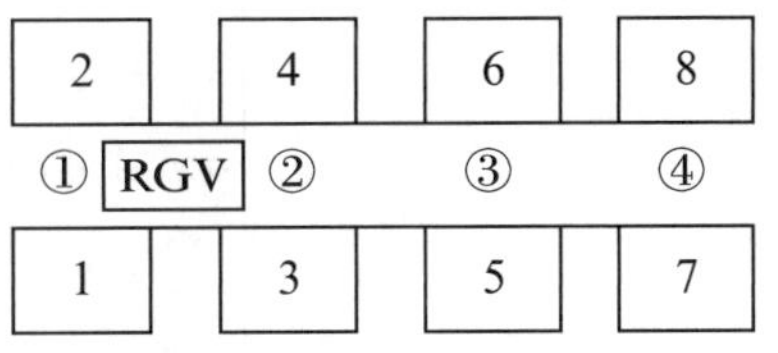

图 5.1　RGV 位置示意

$y_{jt_i}=1$: 如果 t_i 时刻第 j 台 CNC 处于工作状态,否则为 0;

A_{t_i}: t_i 时刻空闲的 CNC 集合;

$p_{ij}=1$: 如果 t_i 时刻第 j 台 CNC 是第一次上料,否则为 0;

O_j: 第 j 台 CNC 在 t_i 时刻接受过 RGV 的服务次序;

i': 第 j 台 CNC 离 t_i 时刻最近的服务次序;

FT_{x_i}: CNC 离 t_i 时刻最近的一次的完成时间;

t_i: RGV 为 CNC 执行下一次服务的起始时间;

MT_n: RGV 移动至下一个服务点所需要的时间;

LT_{x_i}: RGV 完成一次上下料所需时间;

PT_{x_i}: CNC 完成一次加工需要的时间;

s_i: CNC 即将执行第 i 次服务的当前位置;

x_i: RGV 第 i 次服务的 RGV 编号;

CT: CNC 清洗熟料的时间;

W_{t_i}: RGV 执行下一时刻指令的等待时间。

完成产品数、时间以及 RGV 所在位置的状态转移方程为:

产品完成数量的状态转移方程

$$N=f_i(N,p_{ij})=\begin{cases}N+1,p_{ij}=0\\N,p_{ij}=1\end{cases}\tag{5-1}$$

RGV 位置状态转移方程

$$S_{i+1}=\left[\frac{x_i}{2}\right],n=\left|\left[\frac{x_i}{2}\right]-S_i\right|\tag{5-2}$$

S_i 表示完成第 i 个产品 RGV 所在位置,x_i 表示第 i 个完成的任务所对应的工位。

时间状态转移方程为：

$$t_{i+1}=T(t_i,P_{ij})=\begin{cases}t_i+MT_n+LT_{x_i}+CT+WT,P_{ij}=0\\ t_i+MT_n+LT_{x_i},P_{ij}=1\end{cases} \tag{5-3}$$

其中：MT_n、LT_{x_i}、CT、WT 分别对应 RGV 在调度过程中的移动时间、上下料时间、对熟料的清洗时间、等待下一个指令的等待时间。

所以，综上所述，单个加工工序时的生产线调度模型为

$$\max N$$
$$\text{s.t.}\begin{cases}N=f_i(N,p_{ij})\\ S_{i+1}=\left[\dfrac{x_i}{2}\right]\\ t_{i+1}=T(t_i,p_{ij})\\ FT_{x_i}=t'_i+MT_n+LT_{x_i}+PT_{x_i}\\ O_j=\{k\mid x_k=x_i,k<i\},i'=\min(i-k),k\in O_j\\ A_{t_i}=\{j\mid y_{jt_i}=0\}\\ WT=W(WT,FT_{x_i})\\ t_{i+1}\leqslant T\\ p_{ij}=0,1x_i,x_i\in\{1,2,\cdots,7,8\}\end{cases} \tag{5-4}$$

单工序动态调度模型求解算法见图 5.2。

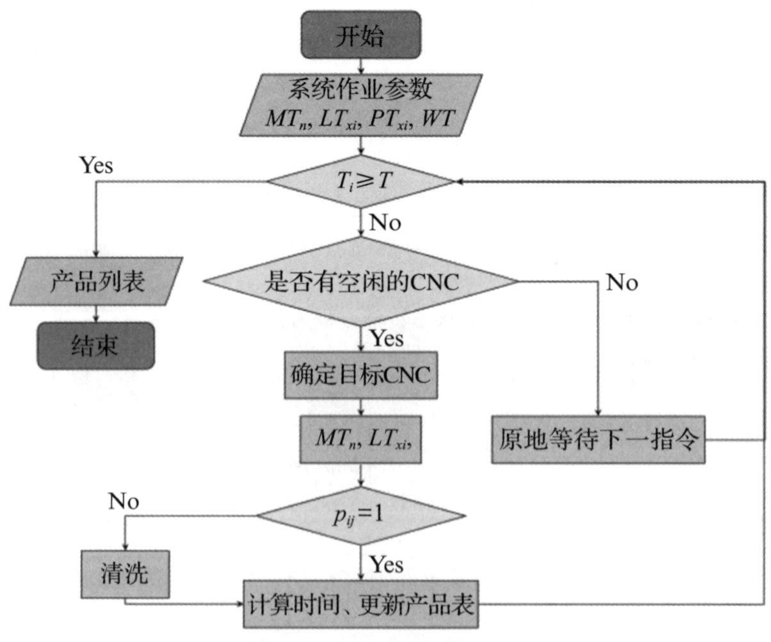

图 5.2　单工序调度算法流程

5.1.2 单工序动态调度模型的检验与求解

通过观察三组不同的数据,我们发现每一道工作的事件是固定的,而 RGV 移动并不是匀速运动,由上文定义知 RGV 的移动时间为 MT_n,n 为 RGV 移动的单位数。RGV 在任意位置为任意 CNC 服务的总时间 Txi 是确定的。因此我们猜想,车间在工作一定时间后回答道一个稳定的状态,RGV 会周期性的为每个 CNC 服务。考虑到当 CNC 完成加工后,RGV 需要清洗孰料,而在工作开始阶段,所有的 CNC 都没有加工物料,不需要下料以及清洗的时间,因此我们将加工过程分为两种情况,分别为开始阶段和稳定阶段。

$$T_{x_i} = \begin{cases} MT_n + LT_{x_i} & \text{开始阶段} \\ MT_n + LT_{x_i} + CT & \text{稳定阶段} \end{cases} \tag{5-5}$$

因此 RGV 为所有的 CNC 全部服务一遍结束所用的总时间 T 为:

$$T = \sum_{x_i=1}^{8} T_{x_i} \tag{5-6}$$

本文基于题目所给的该生产线完成各部分所需要的时间,通过计算,验证得知:

$$T + MT' \leqslant PT_{x_i} \tag{5-7}$$

所以,可以得出以下结论:

(1) 当 RGV 为八个 CNC 全部服务一遍并赶回第一次服务的 CNC 的位置时所用的总时间不大于 CNC 生产一个熟料所用的时间。

(2) RGV 周期性地为每一个 CNC 服务,考虑一个周期内,RGV 调度方案的最优解,进而得出整体的全局最优方案。

基于 TSP 模型的初始状态求解

本文类比旅行商问题(TSP),每一台 CNC 为每一个节点,T_{xi} 为边的权值,计算得到的邻接矩阵 $\boldsymbol{A}$ 如下:

$$\begin{pmatrix} 0 & 27 & 45 & 45 & 59 & 59 & 73 & 73 \\ 32 & 0 & 32 & 50 & 50 & 64 & 64 & 78 \\ 45 & 27 & 0 & 27 & 45 & 45 & 59 & 59 \\ 50 & 50 & 32 & 0 & 32 & 50 & 50 & 64 \\ 59 & 45 & 45 & 27 & 0 & 27 & 45 & 45 \\ 64 & 64 & 50 & 5 & 32 & 0 & 32 & 50 \\ 73 & 59 & 59 & 45 & 45 & 27 & 0 & 27 \\ 78 & 78 & 64 & 64 & 50 & 50 & 32 & 0 \end{pmatrix} \tag{5-8}$$

初始阶段:

然后,本文基于贪心算法,在初始状态内寻找最优策略,通过对上述模型求解,从而得到在初始阶段内的最优 RGV 服务的 CNC 编号的顺序为 1、2、3、4、5、6、7、8。

稳定阶段:

本文基于模拟仿真,通过对最优策略的搜索发现,从第九步开始,RGV 的调度方案呈现规律性变化，对于 RGV 呈现规律性变化的阶段，本文称之为稳定阶段，针对工作稳态部分，我们通过计算机模拟仿真，搜索到最优策略下的稳态调度方案，RGV 服务顺序为 1、2、3、5、7、8、6、4，后面总是按照这种周期性周而复始运动。相关示意见图 5.3。

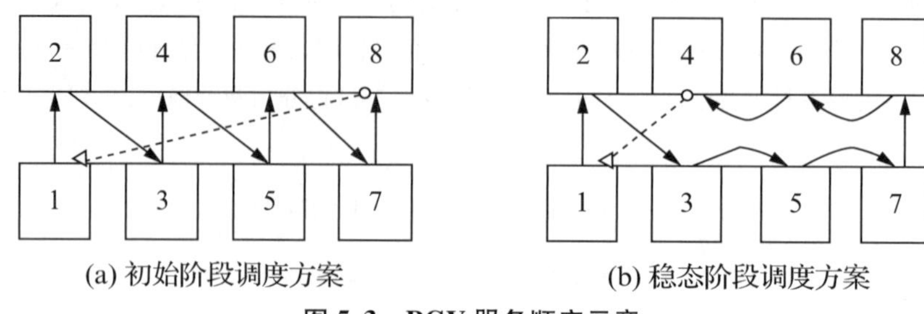

图 5.3　RGV 服务顺序示意

基于本文得出的最优调度方案，在 8 个小时内，每组数据分别所完成的产品数量如表 5.1 所示，具体每一步 RGV 所有的调度方案见附件。

表 5.1　三组数据下完成产品数量对比表

组别	第一组	第二组	第三组
完成产品数量	371	354	381

5.2　情况二

5.2.1　双工序调度模型的建立与算法

在情况二中，完成每件产品需要两道工序在不同的 CNC 上完成，此时，如何分配每台 CNC 完成的工序类型以及产线布置，以达到生产线在固定的时间内效率最高的目的，是解决此任务的核心。基于上述模型的讨论，本文仍然将获取更多的成品作为本调度模型的目标。

然后，确定在每台 CNC 完成的工序类型以及 RGV 前去服务的 CNC 的编号次序为决策变量，如下所示：

$$CNC_i, x_i \tag{5-9}$$

其中，CNC_i 有两种取值情况 1 和 2，分别代表每台 CNC 所完成的工序类型，x_i 则是 RGV 第 i 次工作的 CNC 的编号数，取值在 1,2,…,7,8 内。

所以，此时完成第一道工序与完成第二道工序的机器 CNC 的集合为

$$F = \{i \mid CNC = 1\}, S = \{i \mid CNC = 2\} \tag{5-10}$$

与单工序调度模型类似，判断该台 CNC 是否为第一次上料对 RGV 的运行动作有一定影响，同样用下列模型对 CNC 的工作状态进行描述：

$$p_{ij} = \begin{cases} 0, x_i \in \{x_1, x_2, \ldots, x_{n-1}\} \\ 1, x_i \notin \{x_1, x_2, \ldots, x_{n-1}\} \end{cases} \tag{5-11}$$

由于在由两道工序加工产品时，完成第二道工序的 CNC 只能用来加工完成第一道工序的 CNC 生产的半成品，此时 RGV 可选择的加工工位模型为：

$$x_i \in \begin{cases} F \cup S, & g_{t_i} > 0 \\ F, & g_{t_i} = 0 \end{cases} \tag{5-12}$$

所以,此时类比一道工序时各因素的状态转移方程为:

半成品数量状态转移方程

$$g_{t_{i+1}} = G(g_{t_t}, CNC_{x_i}, p_{ij}) = \begin{cases} g_{t_i}, & CNC_{x_i} = 1 \cap p_{ij} = 1 \\ g_{t_i} + 1, & CNC_{x_i} = 1 \cap p_{ij} = 0 \\ g_{t_i} - 1, & CNC_{x_i} = 2 \end{cases} \tag{5-13}$$

其中: CNC_{xi} 为 RGV 移动到第 i 台 CNC 时,该台 CNC 在两道。

完工产品数量的状态转移方程

$$N = f_i(N, p_{ij}) = \begin{cases} N + 1, p_{ij} = 0 \\ N, p_{ij} = 1 \end{cases} \tag{5-14}$$

RGV 位置状态转移方程

$$s_{i+1} = \left[\frac{x}{2}\right], n = \left|\left[\frac{x_i}{2}\right] - s_i\right| \tag{5-15}$$

时间状态转移方程

$$t_{i+1} = T(t_i, p_{ij}) = \begin{cases} t_i + MT_n + LT_{x_i} + CT + WT, p_{ij} = 0 \\ t_i + MT_n + LT_{x_i}, p_{ij} = 1 \end{cases} \tag{5-16}$$

所以,综上所述,多个加工工序时的生产线调度模型为:

$$M2: \max N$$

$$\text{s.t.}\ (5-6)-(5-10)$$

$$t_{i+1} < T$$

$$g_{t_{i+1}} = G(g_{t_i}, CNC_{x_i}, p_{ij})$$

$$F = \{i \mid CNC = 1\}, S = \{i \mid CNC = 2\}$$

$$x_i \in \begin{cases} F \cup S & g_{t_i} > 0 \\ F & g_{t_i} = 0 \end{cases}$$

$$s_0 = 1, g_0 = 0, N_0 = 0$$

双工序动态调度模型求解算法见图 5.4。

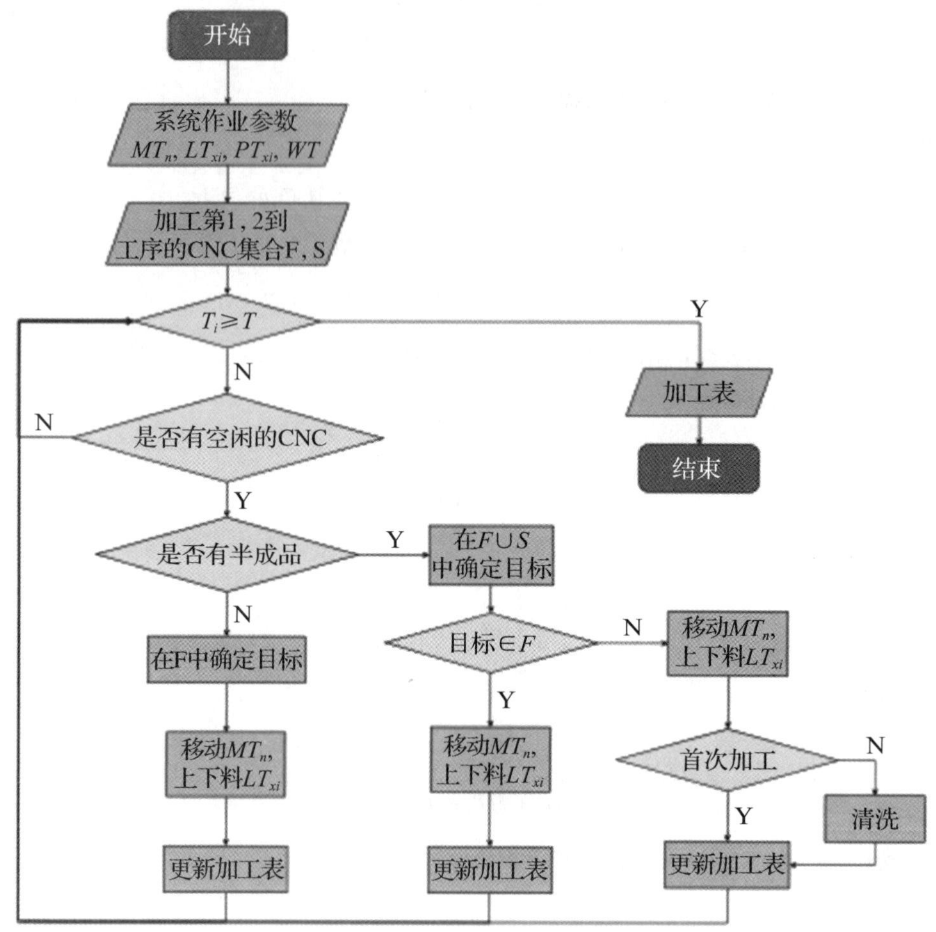

图 5.4　双工序调度算法流程

5.2.2　双工序动态调度模型的检验与求解

基于现实的模拟仿真过程

本文基于上述调度模型将完成每一道工序的 CNC 编号以及位置作为决策变量,8 个小时内生产系统完成的产品数作为目标函数。对 RGV 的每一步调度方案进行随机模拟,通过足够多次的遍历与搜索,得出最优策略,得出在最优策略下系统完成的产品数量为 174 个。在遍历过程中完成产品数的变化曲线见图 5.5。

周期运转下较优调度方案的猜想

但是,通过对 RGV 调度方案的分析,我们发现 RGV 服务顺序不呈现固定的顺序变化,这在实际生产中给生产调度带来很多困难,因此本文基于单道工序下的周期性调度策略的启发,考虑寻找在两道工序情况下,调度方案的周期性策略,通过在周期性策略与最优策略的对比,寻找与最优策略最相近的周期性调度方案,进而给现实生产带来更高的效益与较好的操作性。

为了评价我们的周期调度策略的实用性,我们定义效益度 γ 来评价周期调度策略的效果,其计算公式如下:

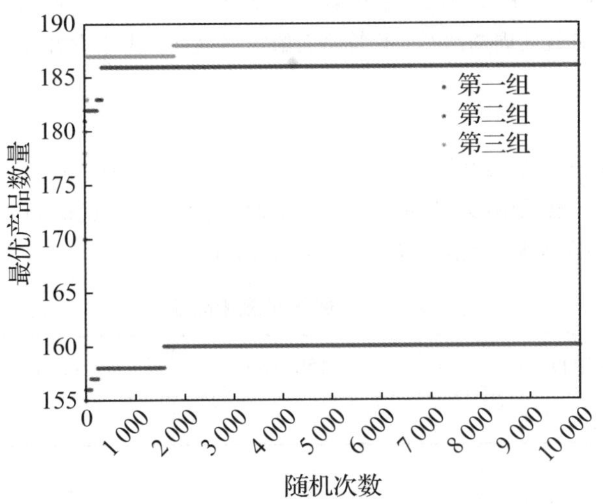

图 5.5 遍历过程中完成产品数收敛图

$$\gamma = 1 + \frac{N_R - N_B}{N_B} \tag{5-17}$$

其中：N_R 为周期调度策略所生产的总工件数，N_B 为最优调度策略所生产的总工件数。

我们将根据 γ 的大小将其划分成了若干等级，以此来评价本文周期调度策略的实用性与可靠性，具体等级划分见表 5.2。

表 5.2 γ 等级划分

γ	0.9~1.0	0.8~0.9	0.6~0.8	<0.6
实用性指标	很好	较好	一般	较差

本文基于模拟得到的最优调度策略，挑选了如下几种周期性调度策略方案，根据每种周期性方案利用计算模拟仿真得到生产结果 N_R，选取几种可能周期，由于当产品有两道工序来完成时，因其工序较多周期步长也会变大。预计其从第 30 步开始进行周期性运作，对几种周期下效益度进行刻画见表 5.3。

表 5.3 不同周期选取下效益度对比表

周期步策略	周期步长	完成件数	效益度以及评价
6、5、4、7、3、8、6、2、1、5、3、4	12	168	0.903 2，很好
5、3、4、6、8、7、2、1、3、4、6、5、8、7	14	182	0.978 5，很好
1、6、5、8、3、7、1、2、6、5、4、7、3、8、6、2	16	160	0.860 2，较好
4、8、3、1、6、5、2、4、8、7、1、3、5、2、8、7、4、1	18	162	0.871 0，较好
2、1、4、3、5、8、7、6、2、3、4、5、8、7、1、6、4、5、2、3	20	160	0.860 2，较好

通过对上述表格的分析,初步得出如果从第 30 步开始以 14 为步长,遵循上述调度策略,效益度与最优策略最较为接近。并且其周期性的变化策略会给实际生产带来很大方便,具有更高的实用性与可靠性。

最优排班策略

通过分析我们模拟仿真的三组结果,我们发现当一二道工序所需时间差不同时,对生产一二道工序的机器安排也会不同。我采用第一组的作业参数,将两道工序所需的时间差作为变量,利用计算机模拟仿真,分析所有可能的结果,得出了以下排班策略(表 5.4)。

表 5.4　最优排班策略表

两道工序加工时间差	(-150,150)	>150	<-150
一二道工序机器比例	1∶1	5∶3	3∶5

5.3　RGV 的调度改进方案

增加 RGV 预判功能后,生产方案的优化。

在上述方案中,本文认为当所有的 CNC 都处于加工产品的状态时,RGV 将不会接收到其他作业指令,从而选择原地等待下一次指令的接受,这些空闲状态会造成时间上的浪费,然后很大程度上阻碍了生产线的优化。为此,本文对 RGV 新增预判功能,即 RGV 会在未接收到指令时,提前开始向最先完成加工的 CNC 移动,这就带来时间上的优化。本文通过进一步模拟仿真,在新增预判功能后分别在单工序与双工序情况下得到如下的最优的产品数量,并将其与没有预判功能的 RGV 输出结果进行比较(表 5.5 和 5.6)。

表 5.5　单工序下有无预判功能下的方案结果比较　　单位:件

产品数量	第一组数据	第二组数据	第三组数据
无预判	371	354	381
有预判	384	369	394
对比增加	13	15	13

表 5.6　双工序下有无预判功能下的方案结果比较　　单位:件

产品数量	第一组数据	第二组数据	第三组数据
无预判	186	159	188
有预判	251	195	236
对比增加	65	36	46

从上述两个表格结果可以看出,在单工序情况下增加在预判功能后在相同的时间内会比没有的多生产 14 个产品左右,而双工序有预判功能会比没有预判多生产 40 个左右,这是因为在双工序生产过程中 RGV 在调度过程中原地等待的时间很长,增加预判功能会大大减少 RGV 的等待时间。由此,基于上

述结果,本文给出如下建议:

(1) 对 RGV 的研究应该向着更智能化的方向进行研究,使得 RGV 自身能够计算各个工位完成工作的时间,进而能在未发出指令前做出提前的动作。

(2) 在双工序的生产流程中,由于在没有预判的情况下 RGV 会存在很多的空闲时间,加大对双工序生产线的优化可以使生产性能大大提升,比如:增加预判功能或者调整 CNC 以及 RGV 的数量来达到产线整体优化的目的。

5.4 情况三

5.4.1 有故障情况下 RGV 调度模型构建与算法

由题意可知,CNC 在工作的过程中,CNC 会以 1%的概率发生故障,从而对生产系统造成影响。本文对故障的随机发生的情况做如下解释:

(1) 任意一台 CNC 发生故障的情况是独立的,各个机器之间是否发生故障的情况是互不影响的。

(2) 任意一台 CNC j 在一个周期 8 小时内发生故障的概率服从二项分布

$$m_j \sim b(\overline{N}, 0.01) \tag{5-18}$$

(3) 由题意可知,维修时间为 10~20 之间,所以当 CNC j 发生故障时,维修时间服从正态分布

$$RT_{jm} \sim N(900s, 1) \tag{5-19}$$

(4) 由题意可知,机器故障发生在 CNC 的工作状态。在 8 个小时内,故障发生的时间点服从均匀分布

$$BT_{jm} \sim U(OT_j) \tag{5-20}$$

其中,OTj 为编号为 jd 的 CNC 工作时间区间。

所以,在 ti 时刻,在所有 CNC 中,发生故障的 CNC 集合的状态转移方程为:

$$B_i = D_{i-1}(B_{i-1}, t_i) = B_{i-1} \cup \{j \mid t_{i-1} < BT_{jm} \leqslant t_i\} - \{j \mid t_{i-1} < BT_{jm} + RT_m \leqslant t_i\} \tag{5-21}$$

在单程序生产过程中,发生故障后 RGV 调度策略的变化为:

$$x_i \in \{1, 2, \ldots, 7, 8\} - B_i \tag{5-22}$$

在两道工序的生产过程中,发生故障后 RGV 调度策略变化为

$$x_i \in \begin{cases} (F \cup S) - B_i, g_{ti} > 0 \\ F - B_i, g_{ti} = 0 \end{cases} \tag{5-23}$$

综上所述,根据情况 1,2 中各个因素的状态转移方程以及故障发生情况得出在单工序以及双工序生产过程中,有可能发生故障情况下 RGV 的调度模型为:各个

单工序情况:

$$
\begin{aligned}
&M3: \max N \\
&\text{s.t.}\ (5-5)-(5-10),(5-28)-(5-30) \\
&t_{i+1} < T \\
&B_i = D_{i-1}(B_{i-1}, t_i) \\
&g_{t_{i+1}} = G(g_{t_i}, CNC_{x_i}, p_{ij}) \\
&F = \{i \mid CNC = 1\}, S = \{i \mid CNC = 2\} \\
&x_i \in \begin{cases} (F \cup S) - B_i & g_{t_i} > 0 \\ F - B_i & g_{ti} = 0 \end{cases}
\end{aligned}
$$

单工序有故障情况下 RGV 调度算法见图 5.6。

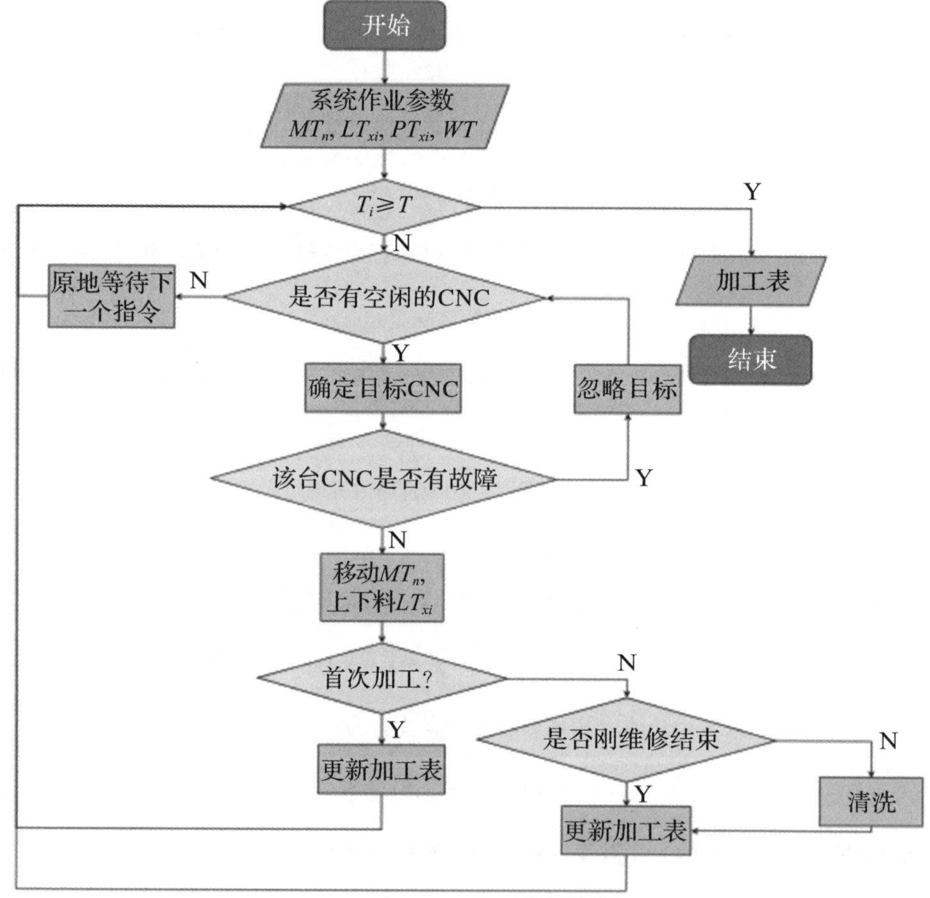

图 5.6　单工序有故障情况调度算法流程

两道工序有故障情况下 RGV 调度算法见图 5.7。

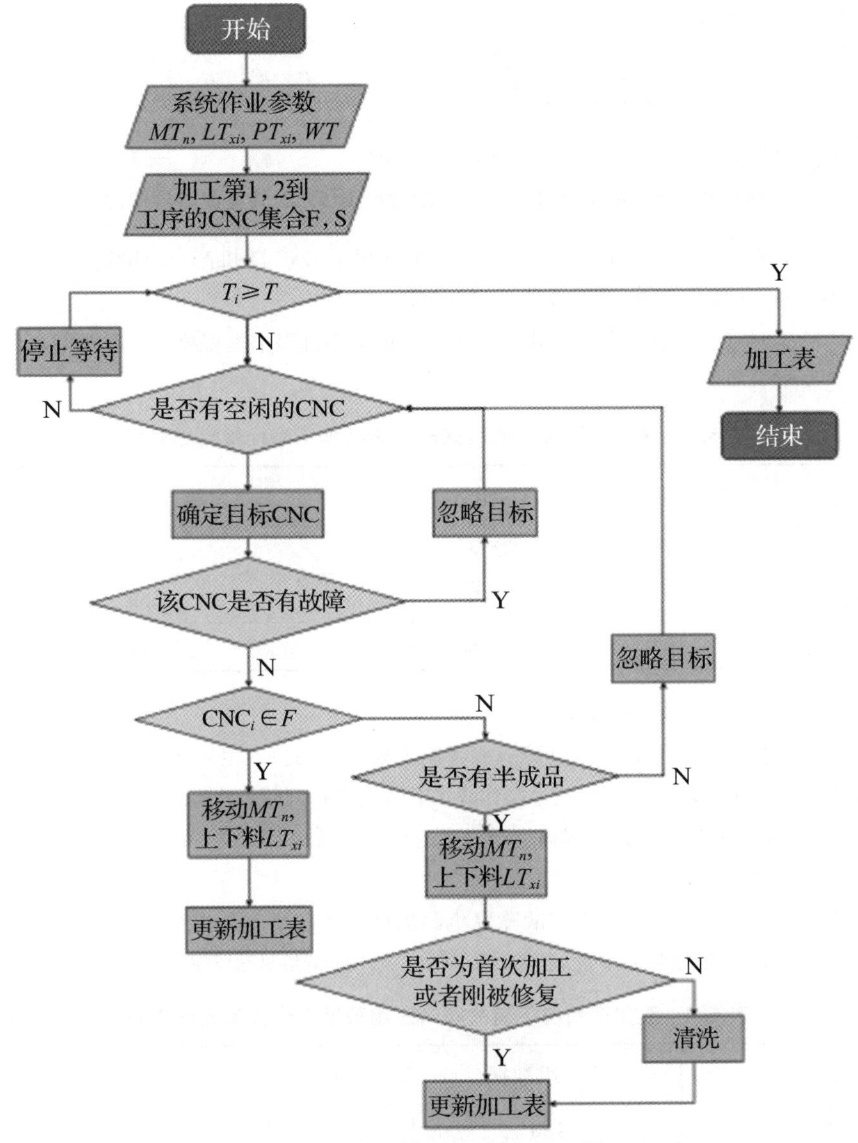

图 5.7　两道工序有故障情况下调度算法流程

5.4.2　有故障可能发生时两种情况模型的求解与检验

基于上述的动态调度算法，针对单道工序和双道工序两种情况，运用我们所建立的动态调度模型进行模拟仿真，分别得到了两种生产方式下的最优调度策略。然后，本文对最优调度策略结果进行分析，找出了一些具有实际意义的生产线 RGV 规律与方案。

单工序生产情况

对于单道工序，由本文情况一模型的结果可知，所有 CNC 都正常工作时，RGV 按照一定的规律周期性地服务每一台 CNC。通过本文求解结果可知，当某一台 CNC 出现故障时，当前的稳定状态便会打破，但是一段时间后，RGV 会动态地形成一个新的周期规律。之后我们基于上述模型随机模拟了某一台 CNC 出现故障后 RGV 产生的新的规律（图 5.8）。

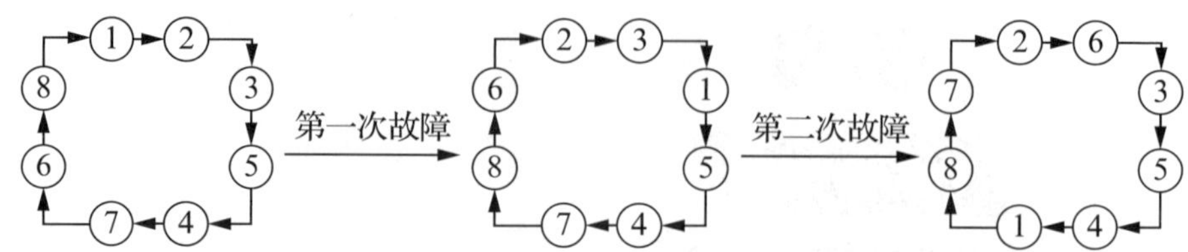

图 5.8 单工序生产情况下出现故障时 RGV 的调度策略规律图

上图是本文基于第一组数据,在遵循 1%的概率的前提下 CNC 随机产生故障时,各个生产阶段的 RGV 调度方案。对上图进行分析,满足本文前述猜想。

基于上述模型,本文通过模拟仿真得出三组数据下单工序过程中出现故障情况时的最优策略下完成产品情况见表 5.7。

表 5.7 单工序情况下有故障时三组数据下最优策略结果表 单位:件

产品数量	第一组数据	第二组数据	第三组数据
无故障	371	354	381
有故障	353	319	369
对比减少	18	35	12

基于上述规律本文给出如下建议:

由于在单工序生产情况下,在发生故障前或者发生故障后均会产生规律性调度方案,所以在实际的生产过程中,当有 CNC 发生故障时,通过操作人员介入或者将判断算法提前录入 RGV,对后续最优策略进行搜索,试图缩短波动时间,进而提高生产过程的稳定性以及生产效益的最大化。

双工序生产情况

在双工序生产情况下,本文基于上述故障发生的随机模型以及动态调度模型,通过仿真模拟得出在双工序生产前提下,出现故障后最优调度策略下的完成产品结果见表 5.8。

表 5.8 双工序情况下有故障时三组数据下最优策略结果表 单位:件

产品数量	第一组数据	第二组数据	第三组数据
无故障	186	159	188
有故障	177	153	182
对比减少	9	7	6

对比单双工序下有故障时,完成产品数量的减少量,可知在双工序生产过程中,机器发生故障对生产过程影响较小,这是因为双工序情况下 RGV 会产生较大的空闲时间,稀释了因为 CNC 的故障给生产系统效率带来的形象。这也验证了本文上述中,对 RGV 实行智能化预判功能建议的合理性,通过尽可能降低 RGV 的空闲时间,进而达到全局生产线的优化。

六、模型的灵敏度分析

在题目所给的系统作业参数中,大部分是 RGV 操作时间的技术系数,而现实中,往往一条生产线在不同的时间需要加工不同的产品，这就导致了在加工物料的时间上有很大的差异。所以，在有可能出现故障的情况下，我们对三组单工序加工时间进行波动范围为-10%~10%的灵敏度分析(图6.1)。

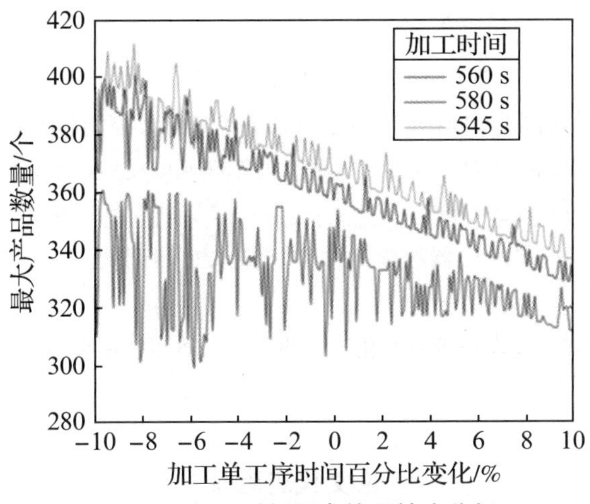

图 6.1　加工时间因素的灵敏度分析

分析上图可以看出，在加工时间较长的第二组数据，生产产品的数量对产品加工时间较为灵敏，而所需加工时间不长的第一、三组数据而言，加工时间的波动对结果灵敏度影响不大。由于机器故障的随机性，结果在局部有着小波动，但产品最优数量随加工时间的增大整体上呈下降趋势。

七、模型的评价与推广

7.1　本文模型的优点

(1) 利用计算机模拟仿真，使得结果更加符合实际；

(2) 定量的分析各个参数对仿真结果的影响，为实际生产提供了合理化建议；

(3) 考虑到了一道工序时 RGV 按照周期规律服务每台 CNC，以及各参数和 CNC 故障的影响，建立了单工序的周期调度模型；

(4) 考虑到了两道工序时 CNC 的排班对结果的影响，定量的求出各情况下最优的 CNC 排班策略；

(5) 分别建立了无预判和有预判 RGV 调度模型，当 RGV 技术提升后即可应用有预判的调度模型；

(6) 定量分析了周期调度对两道工序生产的影响，建立了两道工序时的周期调度模型；

(7) 算法时间复杂度较低，在出现故障后 RGV 能立即产生新的行动策略，实现了实时动态调度。

7.2　本文模型的缺点

第三种情况中，没有考虑到故障发生时的极端状态，在部分情况下，调度策略的效益率会受到影响。

7.3　模型的推广

随着人工智能的不断发展，对智能车的调度问题已经成为车间流水生产，物流运输等行业的核心问题。本文围绕 RGV 智能车的动态调度问题，深入讨论了针对不同情况，如何制定 RGV 的最优调度策略，制定出了周期调度模型、实时动态调度模型。

基于本文模型的适用场景以及功能特性，本文给出如下推广建议：

（1）这些模型可以有效地应用在自动化码头集装箱运输调度问题、智能流水车间原料运输调度问题中。

（2）此外，我们根据所建立的模型，对智能车间的生产安排，提出了一定的合理化建议。

参考文献

[1] 王凌，邓瑾，王圣尧.分布式车间调度优化算法研究综述[J].控制与决策，2016，31(1)：1-11.

[2] 刘晓平，徐本柱，彭军，等.工件工序可并行的作业车间调度模型与求解[J].计算机辅助设计与图形学学报，2012，24(1)：120-127.

[3] 周强.考虑随机加工时间和机器故障的多目标流水车间调度[J].计算机时代，2008(6)：9-10，18.

[4] 黄敏，付亚平，王洪峰，等.设备带有恶化特性的作业车间调度模型与算法[J].自动化学报，2015，41(3)：551-558.

论文代码附录

第一种情况无预判程序：

程序1：

```
N=8;
t=0;%开始时间
CNC_cdition=ones(N,1);%CNC空闲为0,忙碌为1事先确定了TSP,所以全为忙碌
RGV_lct=1;%RGV初始位置
List=[1,0,588,0; %List当前物料加工CNC编号,上料开始时间,加工预计完成时间,下料开始时间
2,28,619,0;
3,79,667,0;
4,107,698,0;
5,158,746,0;
6,186,777,0;
7,237,825,0;
8,256,856,0];
Result=[];
[opt_Result,Max_output]=simulation_single_noexpect(t,CNC_cdition,RGV_lct,List,Result);
```

程序2：

```
function [Is_odd,step_RGV2CNC]=Cal_step(Goal_CNC,RGV_lct)
Is_odd=(mod(Goal_CNC,2)==0);%是偶数1,是奇数0;
if Is_odd%偶数
step_RGV2CNC=abs(Goal_CNC/2-RGV_lct);
else
```

```
step_RGV2CNC=abs((Goal_CNC+1)/2-RGV_lct);
end
end
```

程序 3:

```
function [opt_Result,Max_output]=
simulation_single_noexpect(t,CNC_cdition,RGV_lct,List,Result)
% t=0;%开始时间
% CNC_cdition=zeros(N,1);%CNC 空闲为 0,忙碌为 1
% RGV_lct=1;%RGV 初始位置
% List=[];%当前物料加工 CNC 编号,上料开始时间,加工预计完成时间,下料开始时间
% Result=[];

N=8;
Move_t=[20,33,46];%RGV
Work_t=560;
Load_t=[28,31];%CNC 奇数、偶数上下料时间
Wash_t=25;%清洗时间
Total_t=8*60*60;%八小时转换为秒
Max_output=0;
for i=1:1000
while t<=Total_t
CNC_cdition(List(List(:,3)<=t,1))=0;
Goal_CNC=find(CNC_cdition==0);

if isempty(Goal_CNC)==0 %判断此时有无空闲机器

%策略
Goal_CNC=Goal_CNC(randperm(sum(CNC_cdition==0),1));

[Is_odd,step_RGV2CNC]=Cal_step(Goal_CNC,RGV_lct);
if step_RGV2CNC~=0
t=t+Move_t(step_RGV2CNC);%移动时间
end

if size(List,1)<N %生成当前加工表
List=[List;Goal_CNC,t,t+Work_t+Load_t(Is_odd+1),0];%记录加工 CNC 编号,上料开始时间,加工预计完成时间,下料开始时间
```

```
end
%是不是第一次上料,关系到是否有下料以及有无清洗时间
% if isempty(List)
% CNC_NoFst=0;
% elseif sum(List(:,1)==Goal_CNC)~=0
% CNC_NoFst=1;%是不是第一次上料,关系到清洗时间
% else
% CNC_NoFst=0;
% end
CNC_NoFst=1;
%如不是第一次上料,要记录物料下料时间
if CNC_NoFst==1
Result=[Result;List(List(:,1)==Goal_CNC,1:3),t];
%List(List(:,1)==Goal_CNC,2)=t+Load_t(Is_odd+1);
List(List(:,1)==Goal_CNC,2)=t;
List(List(:,1)==Goal_CNC,3)=t+Work_t+Load_t(Is_odd+1);
end

t=t+Load_t(Is_odd+1)+CNC_NoFst*Wash_t;%奇偶数上下料时间不同
RGV_lct=(Goal_CNC+(~Is_odd)*1)/2;%RGV 位置的变化
CNC_cdition(Goal_CNC)=1;%CNC 状态的转变

else%全部机器处于工作状态
t_forward=min(List(List(:,4)==0,3));%时间快进至最先完成加工的机器
Goal_CNC=List(List(:,3)==t_forward,1);
% [Is_odd,step_RGV2CNC]=Cal_step(Goal_CNC,RGV_lct);
% if step_RGV2CNC~=0
% if Move_t(step_RGV2CNC)<=(t_forward-t)%移动时间
% %状态更新
% t=t_forward;%时间更新
% else
% t=t+Move_t(step_RGV2CNC);
% end
% RGV_lct=(Goal_CNC+(~Is_odd)*1)/2;%RGV 位置更新
%
% else
% t=t_forward;%时间更新
% end
```

```
t=t_forward;
CNC_cdition(Goal_CNC)=0;%CNC 状态更新
% Result=[Result;List(List(:,1)==Goal_CNC,1:3),t];
end
end
if size(Result,1)>=Max_output
opt_Result=Result;
Max_output=size(opt_Result,1);
end
end
end
```

第一种情况有预判程序:

```
N=8;
Total_t=8*60*60;%八小时转换为秒
Move_t=[20,33,46];%RGV
Work_t=560;%加工时间
Load_t=[28,31];%CNC 奇数、偶数上下料时间
Wash_t=25;%清洗时间
Max_output=0;
for i=1:1000
t=0;%开始时间
CNC_cdition=zeros(N,1);%CNC 空闲为 0,忙碌为 1
RGV_lct=1;%RGV 初始位置
List=[];
%当前物料加工 CNC 编号,上料开始时间,加工预计完成时间,下料开始时间
Result=[];
while t<=Total_t

Goal_CNC=find(CNC_cdition==0);

if isempty(Goal_CNC)==0 %判断此时有无空闲机器

%策略
Goal_CNC=Goal_CNC(randperm(sum(CNC_cdition==0),1));

[Is_odd,step_RGV2CNC]=Cal_step(Goal_CNC,RGV_lct);
```

```
if step_RGV2CNC~=0
t=t+Move_t(step_RGV2CNC);%移动时间
end
%是不是第一次上料,关系到是否有下料以及有无清洗时间
if isempty(List)
CNC_NoFst=0;
elseif sum(List(:,1)==Goal_CNC)~=0
CNC_NoFst=1;
else
CNC_NoFst=0;
end

if isempty(List)
List=[List;Goal_CNC,t,t+Work_t+Load_t(Is_odd+1),0];
elseif sum(List(:,1)==Goal_CNC)==0 %生成当前加工表
List=[List;Goal_CNC,t,t+Work_t+Load_t(Is_odd+1),0];
%记录加工 CNC 编号,上料开始时间,加工预计完成时间,下料开始时间
else
List;
end

%如不是第一次上料,要记录物料下料时间
if CNC_NoFst==1
Result=[Result;List(List(:,1)==Goal_CNC,1:3),t];
List(List(:,1)==Goal_CNC,2)=t;
List(List(:,1)==Goal_CNC,3)=t+Work_t+Load_t(Is_odd+1);
end

t=t+Load_t(Is_odd+1)+CNC_NoFst*Wash_t;
%奇偶数上下料时间不同
RGV_lct=(Goal_CNC+(~Is_odd)*1)/2;%RGV 位置的变化
CNC_cdition(Goal_CNC)=1;%CNC 状态的转变

else%全部机器处于工作状态
t_forward=min(List(List(:,4)==0,3));
%时间快进至最先完成加工的机器
Goal_CNC=List(List(:,3)==t_forward,1);
%策略
```

```
Goal_CNC=Goal_CNC(randperm(size(Goal_CNC,2),1));

[Is_odd,step_RGV2CNC]=Cal_step(Goal_CNC,RGV_lct);
if step_RGV2CNC~=0
if Move_t(step_RGV2CNC)<=(t_forward-t)%移动时间
%状态更新
t=t_forward;%时间更新
else
t=t+Move_t(step_RGV2CNC);
end
RGV_lct=(Goal_CNC+(~Is_odd)*1)/2;%RGV 位置更新

else
t=t_forward;%时间更新
end
CNC_cdition(Goal_CNC)=0;%CNC 状态更新
Result=[Result;List(List(:,1)==Goal_CNC,1:3),t];
end


end
Result=Result(2:2:end,:);
if size(Result,1)>=Max_output
opt_Result=Result;
Max_output=size(opt_Result,1);
end
end
```

第一种情况灵敏度分析程序：

程序 1：

```
%对产品加工时间灵敏度分析
opt_change=[];
for Work_t=580*0.9:0.5:580*1.1
N=8;
t=0;%开始时间
CNC_cdition=ones(N,1);
%CNC 空闲为 0,忙碌为 1 事先确定了 TSP,所以全为忙碌
RGV_lct=1;%RGV 初始位置
List=[1,0,588,0;
```

```
%List 当前物料加工 CNC 编号,上料开始时间,加工预计完成时间,下料开始时间
2,28,619,0;
3,79,667,0;
4,107,698,0;
5,158,746,0;
6,186,777,0;
7,237,825,0;
8,256,856,0];
Result=[ ];
%对产品加工时间灵敏度分析,改变了 simulation_single_noexpect 输入参数(末尾多了产品加工
参数)
[opt_Result,Max_output]=simulation_single_noexpect(t,CNC_cdition,RGV_lct,List,Result,Work_t);
opt_change=[opt_change;Max_output];
end

%画三组灵敏图
% load('opt_change123.mat')
% plot(linspace(-10,10,size(opt_change1,1)),opt_change1);
% hold on
% plot(linspace(-10,10,size(opt_change2,1)),opt_change2);
% plot(linspace(-10,10,size(opt_change3,1)),opt_change3);
% xlabel('加工单工序时间百分比变化');
% ylabel('最大产品数量');

% plot(linspace(-10,10,size(opt_change1,1)),opt_change1);
% hold on
% plot(linspace(-10,10,size(opt_change,1)),opt_change);
% plot(linspace(-10,10,size(opt_change3,1)),opt_change3);
```

程序 2:

```
function [opt_Result,Max_output]=
simulation_single_noexpect(t,CNC_cdition,RGV_lct,List,Result,Work_t)

% t=0;%开始时间
% CNC_cdition=zeros(N,1);%CNC 空闲为 0,忙碌为 1
% RGV_lct=1;%RGV 初始位置
% List=[ ];
%当前物料加工 CNC 编号,上料开始时间,加工预计完成时间,下料开始时间
```

```
% Result=[ ];

N=8;
Total_t=8*60*60;%八小时转换为秒

Move_t=[20,33,46];%RGV
Work_t=560;
Load_t=[28,31];%CNC 奇数、偶数上下料时间
Wash_t=25;%清洗时间

Max_output=0;
for i=1:50000
while t<=Total_t
CNC_cdition(List(List(:,3)<=t,1))=0;
Goal_CNC=find(CNC_cdition==0);

if isempty(Goal_CNC)==0 %判断此时有无空闲机器

%策略
Goal_CNC=Goal_CNC(randperm(sum(CNC_cdition==0),1));

[Is_odd,step_RGV2CNC]=Cal_step(Goal_CNC,RGV_lct);
if step_RGV2CNC~=0
t=t+Move_t(step_RGV2CNC);%移动时间
end

if size(List,1)<N %生成当前加工表
List=[List;Goal_CNC,t,t+Work_t+Load_t(Is_odd+1),0];
%记录加工 CNC 编号,上料开始时间,加工预计完成时间,下料开始时间
end

%是不是第一次上料,关系到是否有下料以及有无清洗时间

CNC_NoFst=1;
%如不是第一次上料,要记录物料下料时间
if CNC_NoFst==1
Result=[Result;List(List(:,1)==Goal_CNC,1:3),t];
%List(List(:,1)==Goal_CNC,2)=t+Load_t(Is_odd+1);
```

```
List(List(:,1)==Goal_CNC,2)=t;
List(List(:,1)==Goal_CNC,3)=t+Work_t+Load_t(Is_odd+1);
end

t=t+Load_t(Is_odd+1)+CNC_NoFst*Wash_t;
%奇偶数上下料时间不同
RGV_lct=(Goal_CNC+(~Is_odd)*1)/2;%RGV 位置的变化
CNC_cdition(Goal_CNC)=1;%CNC 状态的转变

else%全部机器处于工作状态

t_forward=min(List(List(:,4)==0,3));
%时间快进至最先完成加工的机器
Goal_CNC=List(List(:,3)==t_forward,1);

t=t_forward;
CNC_cdition(Goal_CNC)=0;%CNC 状态更新
% Result=[Result;List(List(:,1)==Goal_CNC,1:3),t];
end
end
if size(Result,1)>=Max_output
opt_Result=Result;
Max_output=size(opt_Result,1);
end
end
end
```

第二种情况无预判程序：

程序 1：

```
N=8;
Max_output=0;
% for k=2:6
% for j=1:100
% CNC_fst=randperm(N,k)';%加工第一道工序的 CNC 编号
% CNC_scd=setdiff((1:8)',CNC_fst);%加工第二道工序的 CNC 编号

CNC_fst=[1;3;6;8];
CNC_scd=[2;4;5;7];
```

```
Max_output_covergence=[ ];
for i=1:1000000
t=0;%开始时间
semi_pdt=0;%半成品数量
CNC_cdition=zeros(N,1);%CNC 空闲为 0,忙碌为 1
RGV_lct=1;%RGV 初始位置
List=[ ];
%当前物料加工 CNC 编号,上料开始时间,加工预计完成时间,下料开始时间
Result=zeros(1,8);%结果
[t,semi_pdt,CNC_cdition,RGV_lct,List,Result]=
simulation_double_noexpect(t,semi_pdt,CNC_cdition,RGV_lct,List,Result,CNC_fst,CNC_scd);
Result1=Result(:,1:4);
Result1=Result1(Result1(:,1)~=0,:);
Result2=Result(:,5:8);
Result2=Result2(Result2(:,1)~=0,:);

if size(Result2,1)>=Max_output
opt_Result1=Result1;
opt_Result2=Result2;
Max_output=size(opt_Result2,1);
CNC_fst_opt=CNC_fst;%加工第一道工序的 CNC 编号
CNC_scd_opt=CNC_scd;%加工第二道工序的 CNC 编号
Max_output_covergence=[Max_output_covergence;Max_output];
end


end
% end
% end
plot(Max_output_covergence,'r.','markersize',13);
```

程序 2:

```
function [t,semi_pdt,CNC_cdition,RGV_lct,List,Result]=
simulation_double_noexpect(t,semi_pdt,CNC_cdition,RGV_lct,List,Result,CNC_fst,CNC_scd)

% t=0;%开始时间
% semi_pdt=0;%半成品数量
% CNC_cdition=zeros(N,1);%CNC 空闲为 0,忙碌为 1
% RGV_lct=1;%RGV 初始位置
```

```
% List=[ ];
%当前物料加工 CNC 编号,上料开始时间,加工预计完成时间,下料开始时间
% Result=zeros(1,8);%结果

N=8;
Total_t=8*60*60;%八小时转换为秒
Move_t=[20,33,46];%RGV
Work_t=[400,378];%加工第一道工序时间,加工第二道工序时间
Load_t=[28,31];%CNC 奇数、偶数上下料时间
Wash_t=25;%清洗时间
while t<=Total_t
%更新 CNC 状态
if isempty(List)==0
CNC_cdition(List(List(:,3)<=t,1))=0;
end

%机器可能出现等待
if isempty(List)==0
CNC_cdition(List(List(:,3)<t,1))=0;
end

if semi_pdt>0 %有半成品,八台机器任意
Goal_CNC=find(CNC_cdition==0);
if isempty(Goal_CNC)==0 %判断此时有无空闲机器
Goal_CNC=Goal_CNC(randperm(sum(CNC_cdition==0),1));

[Is_odd,step_RGV2CNC,prc_order]=
Cal_step(Goal_CNC,RGV_lct,CNC_fst);
%prc_order 为第几道工序加工(取 1,2)
if step_RGV2CNC~=0
t=t+Move_t(step_RGV2CNC);%移动时间
end

%是不是第一次上料,关系到是否有下料以及有无清洗时间
if sum(List(:,1)==Goal_CNC)~=0
CNC_NoFst=1;
else
CNC_NoFst=0;
```

```
end

if sum(List(:,1)==Goal_CNC)==0
%判断是否开始第一次加工,生成当前加工表
List=[List;Goal_CNC,t,t+Work_t(prc_order)+Load_t(Is_odd+1),0];
%记录加工 CNC 编号,上料开始时间,加工预计完成时间,下料开始时间
end

%根据加工工序输出结果的索引
if prc_order==1
idx_order=1;
else
idx_order=5;
end

%如不是第一次上料,要记录物料下料时间
if CNC_NoFst==1
Result(end+1,idx_order:(idx_order+3))=[List(List(:,1)==Goal_CNC,1:3),t];
List(List(:,1)==Goal_CNC,2)=t;
List(List(:,1)==Goal_CNC,3)=t+Work_t(prc_order)+Load_t(Is_odd+1);
end

t=t+Load_t(Is_odd+1)+CNC_NoFst*Wash_t;
%奇偶数上下料时间不同
RGV_lct=(Goal_CNC+(~Is_odd)*1)/2;%RGV 位置的变化
CNC_cdition(Goal_CNC)=1;%CNC 状态的转变

else%全部机器处于工作状态
t_forward=min(List(List(:,4)==0,3));
%时间快进至最先完成加工的机器
t=t_forward;

end
semi_pdt=sum(Result(:,1)~=0)-sum(Result(:,5)~=0)-sum(CNC_cdition(CNC_scd)==1);%
半成品数量的更新

else%没有半成品的情况
Goal_CNC=CNC_fst(find(CNC_cdition(CNC_fst)==0));
```

```
if isempty(Goal_CNC)==0 %判断此时有无空闲机器

Goal_CNC=Goal_CNC(randperm(sum(CNC_cdition(CNC_fst)==0),1));

[Is_odd,step_RGV2CNC,prc_order]=
Cal_step(Goal_CNC,RGV_lct,CNC_fst);
%prc_order 为第几道工序加工(取 1,2)
if step_RGV2CNC~=0
t=t+Move_t(step_RGV2CNC);%移动时间
end

%是不是第一次上料,关系到是否有下料以及有无清洗时间
if isempty(List)==1
CNC_NoFst=0;
elseif sum(List(:,1)==Goal_CNC)~=0
CNC_NoFst=1;
else
CNC_NoFst=0;
end

if isempty(List) %判断是否开始第一次加工,生成当前加工表
List=[List;Goal_CNC,t,t+Work_t(prc_order)+Load_t(Is_odd+1),0];%记录加工 CNC 编号,上料开始时间,加工预计完成时间,下料开始时间
elseif sum(List(:,1)==Goal_CNC)==0
List=[List;Goal_CNC,t,t+Work_t(prc_order)+Load_t(Is_odd+1),0];
end

%根据加工工序输出结果的索引
if prc_order==1
idx_order=1;
else
idx_order=5;
end

%如不是第一次上料,要记录物料下料时间
if CNC_NoFst==1
Result(end+1,idx_order:(idx_order+3))=[List(List(:,1)==Goal_CNC,1:3),t];
List(List(:,1)==Goal_CNC,2)=t;
```

```
List(List(:,1)==Goal_CNC,3)=t+Work_t(prc_order)+Load_t(Is_odd+1);
end

t=t+Load_t(Is_odd+1)+CNC_NoFst*Wash_t;
%奇偶数上下料时间不同
RGV_lct=(Goal_CNC+(~Is_odd)*1)/2;%RGV 位置的变化
CNC_cdition(Goal_CNC)=1;%CNC 状态的转变
% semi_pdt=
sum(Result(:,1)~=0)-sum(Result(:,5)~=0)-sum(CNC_cdition(CNC_scd)==1);
%半成品数量的更新

else%全部机器处于工作状态
List_temp=[];
for i1=1:size(CNC_fst,1)
List_temp=[List_temp;List(List(:,1)==CNC_fst(i1),:)];
end
t_forward=min(List_temp(:,3));
%时间快进至最先完成加工的机器
t=t_forward;


end
semi_pdt=sum(Result(:,1)~=0)-sum(Result(:,5)~=0)-sum(CNC_cdition(CNC_scd)==1);
%半成品数量的更新
%没有半成品的情况
end
end
end
```

第二种情况有预判程序:

```
N=8;
Total_t=8*60*60;%八小时转换为秒

Move_t=[20,33,46];%RGV
Work_t=[400,378];%加工第一道工序时间,加工第二道工序时间
Load_t=[28,31];%CNC 奇数、偶数上下料时间
Wash_t=25;%清洗时间
CNC_fst=[1;3;6;8];%加工第一道工序的 CNC 编号
CNC_scd=[2;4;5;7];%加工第二道工序的 CNC 编号
```

```
Max_output=0;
for i=1:1000
t=0;%开始时间
semi_pdt=0;%半成品数量
CNC_cdition=zeros(N,1);%CNC 空闲为 0,忙碌为 1
RGV_lct=1;%RGV 初始位置
List=[];%当前物料加工 CNC 编号,上料开始时间,加工预计完成时间,下料开始时间
Result=zeros(1,8);%工序 1 的 CNC 编号,上料开始时间,加工预计完成时间,下料开始时间工序 2 的 CNC 编号,上料开始时间,加工预计完成时间,下料开始时间
while t<=Total_t

%程序小 bug
if semi_pdt<-10
break;
end

%机器可能出现等待
if isempty(List)==0
CNC_cdition(List(List(:,3)<t,1))=0;
end

if semi_pdt>0 %有半成品,八台机器任意
Goal_CNC=find(CNC_cdition==0);
if isempty(Goal_CNC)==0 %判断此时有无空闲机器

%策略
Goal_CNC=Goal_CNC(randperm(sum(CNC_cdition==0),1));%随机选择目标空闲机器
[Is_odd,step_RGV2CNC,prc_order]=Cal_step(Goal_CNC,RGV_lct,CNC_fst);%prc_order 为第几道工序加工(取 1,2)
if step_RGV2CNC~=0
t=t+Move_t(step_RGV2CNC);%移动时间
end

%是不是第一次上料,关系到是否有下料以及有无清洗时间
if isempty(List)
CNC_NoFst=0;
elseif sum(List(:,1)==Goal_CNC)~=0
CNC_NoFst=1;
```

```
else
CNC_NoFst=0;
end

if isempty(List)==1
List=[List;Goal_CNC,t,t+Work_t(prc_order)+Load_t(Is_odd+1),0];
elseif sum(List(:,1)==Goal_CNC)==0 %判断是否开始第一次加工,生成当前加工表
List=[List;Goal_CNC,t,t+Work_t(prc_order)+Load_t(Is_odd+1),0];
%记录加工 CNC 编号,上料开始时间,加工预计完成时间,下料开始时间
else
List;
end

%根据加工工序输出结果的索引
if prc_order==1
idx_order=1;
else
idx_order=5;
end

%如不是第一次上料,要记录物料下料时间
if CNC_NoFst==1
Result(end+1,idx_order:(idx_order+3))=[List(List(:,
1)==Goal_CNC,1:3),t];
List(List(:,1)==Goal_CNC,2)=t;
List(List(:,1)==Goal_CNC,3)=t+Work_t(prc_order)+Load_t(Is_odd+1);
end

t=t+Load_t(Is_odd+1)+CNC_NoFst*(prc_order-1)*Wash_t;%奇偶数上下料时间不同
RGV_lct=(Goal_CNC+(~Is_odd)*1)/2;%RGV 位置的变化
CNC_cdition(Goal_CNC)=1;%CNC 状态的转变
% semi_pdt=sum(Result(:,1)~=0)-sum(Result(:,5)~=0)-sum(CNC_cdition(CNC_scd)==
1);%半成品数量的更新

else%全部机器处于工作状态
t_forward=min(List(List(:,4)==0,3));%时间快进至最先完成加工的机器
Goal_CNC=List(List(:,3)==t_forward,1);
%策略
```

```
Goal_CNC=Goal_CNC(randperm(size(Goal_CNC,2),1));

[Is_odd,step_RGV2CNC,prc_order]=Cal_step(Goal_CNC,RGV_lct,CNC_fst);

%根据加工工序输出结果的索引
if prc_order==1
idx_order=1;
else
idx_order=5;
end

if step_RGV2CNC~=0
if Move_t(step_RGV2CNC)<=(t_forward-t)%移动时间
%状态更新
t=t_forward;%时间更新
else
t=t+Move_t(step_RGV2CNC);
end
RGV_lct=(Goal_CNC+(~Is_odd)*1)/2;%RGV 位置更新
else
t=t_forward;%时间更新
end
CNC_cdition(Goal_CNC)=0;%CNC 状态更新
Result(end+1,idx_order:(idx_order+3))=[List(List(:,1)==Goal_CNC,1:3),t];
end
semi_pdt=sum(Result(:,1)~=0)-sum(Result(:,5)~=0)-sum(CNC_cdition(CNC_scd)==1);
%半成品数量的更新

else%没有半成品的情况
Goal_CNC=CNC_fst(find(CNC_cdition(CNC_fst)==0));
if isempty(Goal_CNC)==0 %判断此时有无空闲机器

%策略
Goal_CNC=Goal_CNC(randperm(sum(CNC_cdition(CNC_fst)==0),1));

[Is_odd,step_RGV2CNC,prc_order]=
Cal_step(Goal_CNC,RGV_lct,CNC_fst);%prc_order 为第几道工序加工(取 1,2)
if step_RGV2CNC~=0
```

```
t=t+Move_t(step_RGV2CNC);%移动时间
end
%是不是第一次上料,关系到是否有下料以及有无清洗时间
if isempty(List)
CNC_NoFst=0;
elseif sum(List(:,1)==Goal_CNC)~=0
CNC_NoFst=1;
else
CNC_NoFst=0;
end

if isempty(List) %判断是否开始第一次加工,生成当前加工表
List=[List;Goal_CNC,t,t+Work_t(prc_order)+Load_t(Is_odd+1),0];%记录加工 CNC 编号,上料开始时间,加工预计完成时间,下料开始时间
elseif sum(List(:,1)==Goal_CNC)==0
List=[List;Goal_CNC,t,t+Work_t(prc_order)+Load_t(Is_odd+1),0];
end

%根据加工工序输出结果的索引
if prc_order==1
idx_order=1;
else
idx_order=5;
end

%如不是第一次上料,要记录物料下料时间
if CNC_NoFst==1
Result(end+1,idx_order:(idx_order+3))=[List(List(:,
1)==Goal_CNC,1:3),t];
List(List(:,1)==Goal_CNC,2)=t;
List(List(:,1)==Goal_CNC,3)=t+Work_t(prc_order)+Load_t(Is_odd+1);
End

t=t+Load_t(Is_odd+1)+CNC_NoFst*(prc_order-1)*Wash_t;%奇偶数上下料时间不同
RGV_lct=(Goal_CNC+(~Is_odd)*1)/2;%RGV 位置的变化
CNC_cdition(Goal_CNC)=1;%CNC 状态的转变
%semi_pdt=
sum(Result(:,1)~=0)-sum(Result(:,5)~=0)-sum(CNC_cdition(CNC_scd)==1);
```

```
%半成品数量的更新

else%全部机器处于工作状态

t_forward=min(List(List(:,4)==0,3));%时间快进至最先完成加工的机器
Goal_CNC=List(List(:,3)==t_forward,1);
%策略
Goal_CNC=Goal_CNC(randperm(size(Goal_CNC,2),1));
[Is_odd,step_RGV2CNC,prc_order]=Cal_step(Goal_CNC,RGV_lct,CNC_fst);
%根据加工工序输出结果的索引
if prc_order==1
idx_order=1;
else
idx_order=5;
end

if step_RGV2CNC~=0
if Move_t(step_RGV2CNC)<=(t_forward-t)%移动时间
%状态更新
t=t_forward;%时间更新
else
t=t+Move_t(step_RGV2CNC);
end
RGV_lct=(Goal_CNC+(~Is_odd)*1)/2;%RGV 位置更新
else
t=t_forward;%时间更新
end
CNC_cdition(Goal_CNC)=0;%CNC 状态更新
Result(end+1,idx_order:(idx_order+3))=[List(List(:,1)==Goal_CNC,1:3),t];
end
semi_pdt=sum(Result(:,1)~=0)-sum(Result(:,5)~=0)-sum(CNC_cdition(CNC_scd)==1);%半成品数量的更新
%没有半成品的情况
end
end
Result1=Result(:,1:4);
Result1=Result1(Result1(:,1)~=0,:);
Result1=Result1(Result1(:,2)<Result1(:,4),:);
```

```
Result2=Result(:,5:8);
Result2=Result2(Result2(:,1)~=0,:);
Result2=Result2(Result2(:,2)<Result2(:,4),:);

if size(Result2,1)>=Max_output
opt_Result1=Result1;
opt_Result2=Result2;
Max_output=size(opt_Result2,1);
CNC_fst_opt=CNC_fst;%加工第一道工序的 CNC 编号
CNC_scd_opt=CNC_scd;%加工第二道工序的 CNC 编号
end
end
```

第三种情况单道工序程序:

程序 1:

```
function [t_pause,CNC_cdition_pause,RGV_lct_pause,List_pause,Result_pause]=
simulation_single(t,CNC_cdition,RGV_lct,List,Result,Total_t)
% t=0;%开始时间
% CNC_cdition=zeros(N,1);%CNC 空闲为 0,忙碌为 1
% RGV_lct=1;%RGV 初始位置
% List=[];%当前物料加工 CNC 编号,上料开始时间,加工预计完成时间,下料开始时间
% Result=[];

N=8;
Move_t=[20,33,46];%RGV
Work_t=560;
Load_t=[28,31];%CNC 奇数、偶数上下料时间
Wash_t=25;%清洗时间

%时间截断
% Total_t=8*60*60;%八小时转换为秒
Max_output=0;
for i=1:1000
while t<=Total_t
CNC_cdition(List(List(:,3)<=t,1))=0;
Goal_CNC=find(CNC_cdition==0);
if isempty(Goal_CNC)==0 %判断此时有无空闲机器
%策略
```

```
Goal_CNC=Goal_CNC(randperm(sum(CNC_cdition==0),1));

[Is_odd,step_RGV2CNC]=Cal_step(Goal_CNC,RGV_lct);
if step_RGV2CNC~=0
t=t+Move_t(step_RGV2CNC);%移动时间
end

if size(List,1)<N %生成当前加工表
List=[List;Goal_CNC,t,t+Work_t+Load_t(Is_odd+1),0];
%记录加工 CNC 编号,上料开始时间,加工预计完成时间,下料开始时间
end

%是不是第一次上料,关系到是否有下料以及有无清洗时间
% if isempty(List)
% CNC_NoFst=0;
% elseif sum(List(:,1)==Goal_CNC)~=0
% CNC_NoFst=1;%是不是第一次上料,关系到清洗时间
% else
% CNC_NoFst=0;
% end

CNC_NoFst=1;
%如不是第一次上料,要记录物料下料时间
if CNC_NoFst==1
Result=[Result;List(List(:,1)==Goal_CNC,1:3),t];
%List(List(:,1)==Goal_CNC,2)=t+Load_t(Is_odd+1);
List(List(:,1)==Goal_CNC,2)=t;
List(List(:,1)==Goal_CNC,3)=t+Work_t+Load_t(Is_odd+1);
End

t=t+Load_t(Is_odd+1)+CNC_NoFst*Wash_t;%奇偶数上下料时间不同
RGV_lct=(Goal_CNC+(~Is_odd)*1)/2;%RGV 位置的变化
CNC_cdition(Goal_CNC)=1;%CNC 状态的转变

else%全部机器处于工作状态

t_forward=min(List(List(:,4)==0,3));%时间快进至最先完成加工的机器
Goal_CNC=List(List(:,3)==t_forward,1);
```

```
% [Is_odd,step_RGV2CNC]=Cal_step(Goal_CNC,RGV_lct);
% if step_RGV2CNC~=0
% if Move_t(step_RGV2CNC)<=(t_forward-t)%移动时间
% %状态更新
% t=t_forward;%时间更新
% else
% t=t+Move_t(step_RGV2CNC);
% end
% RGV_lct=(Goal_CNC+(~Is_odd) * 1)/2;%RGV 位置更新
%
% else
% t=t_forward;%时间更新
% end

t=t_forward;
CNC_cdition(Goal_CNC)= 0;%CNC 状态更新
% Result=[Result;List(List(:,1)= =Goal_CNC,1:3),t];
end
end
if size(Result,1)>=Max_output
opt_Result=Result;
Max_output=size(opt_Result,1);
%最优解中断数据记录
t_pause=t;
CNC_cdition_pause=CNC_cdition;
RGV_lct_pause=RGV_lct;
List_pause=List;
Result_pause=Result;
end
end
end
```

程序 2:

```
function [t_pause,CNC_cdition_pause,RGV_lct_pause,List_pause,Result_pause] =
simulation_single_breakdown(t,CNC_cdition,RGV_lct,List,Result,Total_t,BD_end_time,BD_CNC)
%UNTITLED2 此处显示有关此函数的摘要
% t=0;%开始时间
% CNC_cdition=zeros(N,1);%CNC 空闲为 0,忙碌为 1
```

```
% RGV_lct=1;%RGV 初始位置
% List=[];%当前物料加工 CNC 编号,上料开始时间,加工预计完成时间,下料开始时间
% Result=[];

N=8;
Move_t=[20,33,46];%RGV
Work_t=560;
Load_t=[28,31];%CNC 奇数、偶数上下料时间
Wash_t=25;%清洗时间

%时间截断
% Total_t=8*60*60;%八小时转换为秒
Max_output=0;
for i=1:1000
while t<=Total_t
CNC_cdition(List(List(:,3)<=t,1))=0;
%故障结束,自动清除当前加工表中故障信息,将机器状态变为空闲
if t>=BD_end_time
if List(List(:,1)==BD_CNC,3)==BD_end_time
List(List(:,1)==BD_CNC,:)=[];
CNC_cdition(BD_CNC)=0;
end
end

Goal_CNC=find(CNC_cdition==0);
if isempty(Goal_CNC)==0 %判断此时有无空闲机器

%策略
Goal_CNC=Goal_CNC(randperm(sum(CNC_cdition==0),1));
[Is_odd,step_RGV2CNC]=Cal_step(Goal_CNC,RGV_lct);
if step_RGV2CNC~=0
t=t+Move_t(step_RGV2CNC);%移动时间
end

%是不是第一次上料,关系到是否有下料以及有无清洗时间
if sum(List(:,1)==Goal_CNC)~=0
CNC_NoFst=1;%是不是第一次上料,关系到清洗时间
else
```

```
CNC_NoFst=0;
end

if sum(List(:,1)==Goal_CNC)==0 %生成当前加工表
List=[List;Goal_CNC,t,t+Work_t+Load_t(Is_odd+1),0];
%记录加工 CNC 编号,上料开始时间,加工预计完成时间,下料开始时间
end

%CNC_NoFst=1;

%如不是第一次上料,要记录物料下料时间
if CNC_NoFst==1
Result=[Result;List(List(:,1)==Goal_CNC,1:3),t];
%List(List(:,1)==Goal_CNC,2)=t+Load_t(Is_odd+1);
List(List(:,1)==Goal_CNC,2)=t;
List(List(:,1)==Goal_CNC,3)=t+Work_t+Load_t(Is_odd+1);
end
%如不是第一次上料,要记录物料下料时间

t=t+Load_t(Is_odd+1)+CNC_NoFst*Wash_t;%奇偶数上下料时间不同
RGV_lct=(Goal_CNC+(~Is_odd)*1)/2;%RGV 位置的变化
CNC_cdition(Goal_CNC)=1;%CNC 状态的转变

else%全部机器处于工作状态

t_forward=min(List(List(:,4)==0,3));%时间快进至最先完成加工的机器
%Goal_CNC=List(List(:,3)==t_forward,1);
t=t_forward;
%CNC_cdition(Goal_CNC)=0;%CNC 状态更新

end
end
if size(Result,1)>=Max_output
opt_Result=Result;
Max_output=size(opt_Result,1);
%最优解中断数据记录
t_pause=t;
CNC_cdition_pause=CNC_cdition;
```

```
RGV_lct_pause=RGV_lct;
List_pause=List;
Result_pause=Result;

end
end
```

程序 3:

```
N=8;
%第一次故障前期
t=0;%开始时间
CNC_cdition=ones(N,1);%CNC 空闲为 0,忙碌为 1
RGV_lct=1;%RGV 初始位置
List=[1,0,588,0;
2,28,619,0;
3,79,667,0;
4,107,698,0;
5,158,746,0;
6,186,777,0;
7,237,825,0;
8,256,856,0];
Result=[];

Total_t=8573;%第一次发生故障的时间点设置

[t,CNC_cdition,RGV_lct,List,Result]=
simulation_single(t,CNC_cdition,RGV_lct,List,Result,Total_t);

List1=List;%第一次中断的当前工作表
Result(end,:)
%第一次故障至第二次故障之间
Total_t=15284;%第二次发生故障的时间点设置
FirstBD_end_time=9445;%第一次故障结束时间
BD_CNC=1;%第一次发生故障的 CNC 编号

List(List(:,1)==BD_CNC,3)=FirstBD_end_time;%修改当前加工表,加入故障结束时间
[t,CNC_cdition,RGV_lct,List,Result]=simulation_single_breakdown(t,CNC_cdition,RGV_lct,List,Result,Total_t,FirstBD_end_time,BD_CNC);
```

```
List2=List;%第二次中断的当前工作表
Result(end,:)
%第二次故障至结束
Total_t=8*3600;%终止时间

SecondBD_end_time=16203;%第二次故障结束时间
BD_CNC=6;%第二次发生故障的 CNC 编号

List(List(:,1)==BD_CNC,3)=SecondBD_end_time;%修改当前加工表,加入故障结束时间
[t,CNC_cdition,RGV_lct,List,Result]=simulation_single_breakdown(t,CNC_cdition,RGV_lct,List,
Result,Total_t,SecondBD_end_time,BD_CNC);
```

第三种情况两道工序程序：

程序 1：

```
function [t_pause,semi_pdt_pause,CNC_cdition_pause,RGV_lct_pause,List_pause,Result_pause]=
simulation_double(t,semi_pdt,CNC_cdition,RGV_lct,List,Result,CNC_fst,CNC_scd,Total_t)

% t=0;%开始时间
% semi_pdt=0;%半成品数量
% CNC_cdition=zeros(N,1);%CNC 空闲为 0,忙碌为 1
% RGV_lct=1;%RGV 初始位置
% List=[];%当前物料加工 CNC 编号,上料开始时间,加工预计完成时间,下料开始时间
% Result=zeros(1,8);%工序 1 的 CNC 编号,上料开始时间,加工预计完成时间,下料开始时间工
序 2 的 CNC 编号,上料开始时间,加工预计完成时间,下料开始时间
%Total_t %终止时间
Max_output=0;
N=8;
Move_t=[20,33,46];%RGV
Work_t=[400,378];%加工第一道工序时间,加工第二道工序时间
Load_t=[28,31];%CNC 奇数、偶数上下料时间
Wash_t=25;%清洗时间
% Total_t=8*60*60;%八小时转换为秒
for i=1:1000

while t<=Total_t
%更新 CNC 状态
if isempty(List)==0
CNC_cdition(List(List(:,3)<=t,1))=0;
```

```
end

%机器可能出现等待
if isempty(List)= =0
CNC_cdition(List(List(:,3)<t,1))= 0;
end
if semi_pdt>0 %有半成品,八台机器任意
Goal_CNC=find(CNC_cdition= =0);
if isempty(Goal_CNC)= =0 %判断此时有无空闲机器

%策略
Goal_CNC=Goal_CNC(randperm(sum(CNC_cdition= =0),1));

[Is_odd,step_RGV2CNC,prc_order]=Cal_step(Goal_CNC,RGV_lct,CNC_fst);%prc_order 为第几道工序加工(取 1,2)
if step_RGV2CNC~ =0
t=t+Move_t(step_RGV2CNC);%移动时间
end

%是不是第一次上料,关系到是否有下料以及有无清洗时间
if sum(List(:,1)= =Goal_CNC)~ =0
CNC_NoFst=1;
else
CNC_NoFst=0;
end

if sum(List(:,1)= =Goal_CNC)= =0 %判断是否开始第一次加工,生成当前加工表
List=[List;Goal_CNC,t,t+Work_t(prc_order)+Load_t(Is_odd+1),0];%记录加工 CNC 编号,上料开始时间,加工预计完成时间,下料开始时间
end

%根据加工工序输出结果的索引
if prc_order= =1
idx_order=1;
else
idx_order=5;
end
```

```
%如不是第一次上料,要记录物料下料时间
if CNC_NoFst==1
Result(end+1,idx_order:(idx_order+3))=[List(List(:,1)==Goal_CNC,1:3),t];
List(List(:,1)==Goal_CNC,2)=t;
List(List(:,1)==Goal_CNC,3)=t+Work_t(prc_order)+Load_t(Is_odd+1);
end

t=t+Load_t(Is_odd+1)+CNC_NoFst*Wash_t;%奇偶数上下料时间不同
RGV_lct=(Goal_CNC+(~Is_odd)*1)/2;%RGV 位置的变化
CNC_cdition(Goal_CNC)=1;%CNC 状态的转变
else%全部机器处于工作状态

t_forward=min(List(List(:,4)==0,3));%时间快进至最先完成加工的机器
t=t_forward;


end
semi_pdt=sum(Result(:,1)~=0)-sum(Result(:,5)~=0)-sum(CNC_cdition(CNC_scd)==1);
%半成品数量的更新

else%没有半成品的情况
Goal_CNC=CNC_fst(find(CNC_cdition(CNC_fst)==0));
if isempty(Goal_CNC)==0 %判断此时有无空闲机器

%策略
Goal_CNC=Goal_CNC(randperm(sum(CNC_cdition(CNC_fst)==0),1));

[Is_odd,step_RGV2CNC,prc_order]=Cal_step(Goal_CNC,RGV_lct,CNC_fst);%prc_order 为第几道
工序加工(取 1,2)
if step_RGV2CNC~=0
t=t+Move_t(step_RGV2CNC);%移动时间
end

%是不是第一次上料,关系到是否有下料以及有无清洗时间
if isempty(List)==1
CNC_NoFst=0;
elseif sum(List(:,1)==Goal_CNC)~=0
CNC_NoFst=1;
else
```

```
CNC_NoFst=0;
end

if isempty(List) %判断是否开始第一次加工,生成当前加工表
List=[List;Goal_CNC,t,t+Work_t(prc_order)+Load_t(Is_odd+1),0];
%记录加工 CNC 编号,上料开始时间,加工预计完成时间,下料开始时间
elseif sum(List(:,1)==Goal_CNC)==0
List=[List;Goal_CNC,t,t+Work_t(prc_order)+Load_t(Is_odd+1),0];
end

%根据加工工序输出结果的索引
if prc_order==1
idx_order=1;
else
idx_order=5;
end

%如不是第一次上料,要记录物料下料时间
if CNC_NoFst==1
Result(end+1,idx_order:(idx_order+3))=[List(List(:,1)==Goal_CNC,1:3),t];
List(List(:,1)==Goal_CNC,2)=t;
List(List(:,1)==Goal_CNC,3)=t+Work_t(prc_order)+Load_t(Is_odd+1);
end

t=t+Load_t(Is_odd+1)+CNC_NoFst * Wash_t;%奇偶数上下料时间不同
RGV_lct=(Goal_CNC+(~Is_odd) * 1)/2;%RGV 位置的变化
CNC_cdition(Goal_CNC)=1;%CNC 状态的转变
%semi_pdt=
sum(Result(:,1)~=0)-sum(Result(:,5)~=0)-sum(CNC_cdition(CNC_scd)==1);
%半成品数量的更新

else%全部机器处于工作状态
List_temp=[];
for i1=1:size(CNC_fst,1)
List_temp=[List_temp;List(List(:,1)==CNC_fst(i1),:)];
end
t_forward=min(List_temp(:,3));%时间快进至最先完成加工的机器
t=t_forward;
```

```
end
semi_pdt=sum(Result(:,1)~=0)-sum(Result(:,5)~=0)-sum(CNC_cdition(CNC_scd)==1);
%半成品数量的更新
end
end
[Result1,Result2]=Sort_Result(Result);

if size(Result2,1)>=Max_output
opt_Result1=Result1;
opt_Result2=Result2;
Max_output=size(opt_Result2,1);
CNC_fst_opt=CNC_fst;%加工第一道工序的 CNC 编号
CNC_scd_opt=CNC_scd;%加工第二道工序的 CNC 编号
%最优解中断数据记录
t_pause=t;
semi_pdt_pause=semi_pdt;
CNC_cdition_pause=CNC_cdition;
RGV_lct_pause=RGV_lct;
List_pause=List;
Result_pause=Result;
end
end
end
```

程序 2:

```
function [t_pause,semi_pdt_pause,CNC_cdition_pause,RGV_lct_pause,List_pause,Result_pause]=
simulation_double_breakdown(t,semi_pdt,CNC_cdition,RGV_lct,List,Result,CNC_fst,CNC_scd,Total_t,BD_end_time,BD_CNC)

% t=0;%开始时间
% semi_pdt=0;%半成品数量
% CNC_cdition=zeros(N,1);%CNC 空闲为 0,忙碌为 1
% RGV_lct=1;%RGV 初始位置
% List=[];%当前物料加工 CNC 编号,上料开始时间,加工预计完成时间,下料开始时间
% Result=zeros(1,8);%工序 1 的 CNC 编号,上料开始时间,加工预计完成时间,下料开始时间工序 2 的 CNC 编号,上料开始时间,加工预计完成时间,下料开始时间
%Total_t %终止时间
Max_output=0;
```

```
N=8;
Move_t=[20,33,46];%RGV
Work_t=[400,378];%加工第一道工序时间,加工第二道工序时间
Load_t=[28,31];%CNC 奇数、偶数上下料时间
Wash_t=25;%清洗时间
% Total_t=8*60*60;%八小时转换为秒
for i=1:1000

while t<=Total_t
%更新 CNC 状态
if isempty(List)==0
CNC_cdition(List(List(:,3)<=t,1))=0;
end

%故障结束,自动清除当前加工表中故障信息,将机器状态变为空闲
if t>=BD_end_time
if List(List(:,1)==BD_CNC,3)==BD_end_time
List(List(:,1)==BD_CNC,:)=[];
CNC_cdition(BD_CNC)=0;
end
end

if semi_pdt>0 %有半成品,八台机器任意
Goal_CNC=find(CNC_cdition==0);
if isempty(Goal_CNC)==0 %判断此时有无空闲机器
%策略
Goal_CNC=Goal_CNC(randperm(sum(CNC_cdition==0),1));

[Is_odd,step_RGV2CNC,prc_order]=Cal_step(Goal_CNC,RGV_lct,CNC_fst);%prc_order 为第几道工序加工(取 1,2)
if step_RGV2CNC~=0
t=t+Move_t(step_RGV2CNC);%移动时间
end

%是不是第一次上料,关系到是否有下料以及有无清洗时间
if sum(List(:,1)==Goal_CNC)~=0
CNC_NoFst=1;
else
```

```
CNC_NoFst=0;
end

if sum(List(:,1)= =Goal_CNC)= =0 %判断是否开始第一次加工,生成当前加工表
List=[List;Goal_CNC,t,t+Work_t(prc_order)+Load_t(Is_odd+1),0];
%记录加工 CNC 编号,上料开始时间,加工预计完成时间,下料开始时间
end

%根据加工工序输出结果的索引
if prc_order= =1
idx_order=1;
else
idx_order=5;
end

%如不是第一次上料,要记录物料下料时间
if CNC_NoFst= =1
Result(end+1,idx_order:(idx_order+3))=[List(List(:,1)= =Goal_CNC,1:3),t];
List(List(:,1)= =Goal_CNC,2)=t;
List(List(:,1)= =Goal_CNC,3)=t+Work_t(prc_order)+Load_t(Is_odd+1);
end

t=t+Load_t(Is_odd+1)+CNC_NoFst * Wash_t;%奇偶数上下料时间不同
RGV_lct=(Goal_CNC+(~Is_odd) * 1)/2;%RGV 位置的变化
CNC_cdition(Goal_CNC)=1;%CNC 状态的转变

else%全部机器处于工作状态
t_forward=min(List(List(:,4)= =0,3));%时间快进至最先完成加工的机器
t=t_forward;


end
semi_pdt=sum(Result(:,1)~=0)-sum(Result(:,5)~=0)-sum(CNC_cdition(CNC_scd)= =1);
%半成品数量的更新

else%没有半成品的情况
Goal_CNC=CNC_fst(find(CNC_cdition(CNC_fst)= =0));
if isempty(Goal_CNC)= =0 %判断此时有无空闲机器
```

```
%策略
Goal_CNC=Goal_CNC(randperm(sum(CNC_cdition(CNC_fst)==0),1));

[Is_odd,step_RGV2CNC,prc_order]=
Cal_step(Goal_CNC,RGV_lct,CNC_fst);
%prc_order 为第几道工序加工(取 1,2)
if step_RGV2CNC~=0
t=t+Move_t(step_RGV2CNC);%移动时间
end

%是不是第一次上料,关系到是否有下料以及有无清洗时间
if isempty(List)==1
CNC_NoFst=0;
elseif sum(List(:,1)==Goal_CNC)~=0
CNC_NoFst=1;
else
CNC_NoFst=0;
end

if isempty(List) %判断是否开始第一次加工,生成当前加工表
List=[List;Goal_CNC,t,t+Work_t(prc_order)+Load_t(Is_odd+1),0];%记录加工 CNC 编号,上料开始时间,加工预计完成时间,下料开始时间
elseif sum(List(:,1)==Goal_CNC)==0
List=[List;Goal_CNC,t,t+Work_t(prc_order)+Load_t(Is_odd+1),0];
end

%根据加工工序输出结果的索引
if prc_order==1
idx_order=1;
else
idx_order=5;
end

%如不是第一次上料,要记录物料下料时间
if CNC_NoFst==1
Result(end+1,idx_order:(idx_order+3))=[List(List(:,
1)==Goal_CNC,1:3),t];
List(List(:,1)==Goal_CNC,2)=t;
```

```
List(List(:,1)==Goal_CNC,3)=t+Work_t(prc_order)+Load_t(Is_odd+1);
end

t=t+Load_t(Is_odd+1)+CNC_NoFst*Wash_t;%奇偶数上下料时间不同
RGV_lct=(Goal_CNC+(~Is_odd)*1)/2;%RGV 位置的变化
CNC_cdition(Goal_CNC)=1;%CNC 状态的转变
% semi_pdt=
sum(Result(:,1)~=0)-sum(Result(:,5)~=0)-sum(CNC_cdition(CNC_scd)==1);
%半成品数量的更新

else%全部机器处于工作状态
List_temp=[];
for i1=1:size(CNC_fst,1)
List_temp=[List_temp;List(List(:,1)==CNC_fst(i1),:)];
end
t_forward=min(List_temp(:,3));%时间快进至最先完成加工的机器
t=t_forward;

end
semi_pdt=sum(Result(:,1)~=0)-sum(Result(:,5)~=0)-sum(CNC_cdition(CNC_scd)==1);%半成品数量的更新
%没有半成品的情况
end
end
[Result1,Result2]=Sort_Result(Result);
if size(Result2,1)>=Max_output
opt_Result1=Result1;
opt_Result2=Result2;
Max_output=size(opt_Result2,1);
CNC_fst_opt=CNC_fst;%加工第一道工序的 CNC 编号
CNC_scd_opt=CNC_scd;%加工第二道工序的 CNC 编号
%最优解中断数据记录
t_pause=t;
semi_pdt_pause=semi_pdt;
CNC_cdition_pause=CNC_cdition;
RGV_lct_pause=RGV_lct;
List_pause=List;
Result_pause=Result;
```

```
end
end
end
```

程序 3:

```
N=8;
%直接代入第二问的最优机器数量及位置分布
CNC_fst=[1;3;6;8];
CNC_scd=[2;4;5;7];

%第一次故障前期
t=0;%开始时间
semi_pdt=0;%半成品数量
CNC_cdition=zeros(N,1);%CNC 空闲为 0,忙碌为 1
RGV_lct=1;%RGV 初始位置
List=[];%当前物料加工 CNC 编号,上料开始时间,加工预计完成时间,下料开始时间
Result=zeros(1,8);%工序 1 的 CNC 编号,上料开始时间,加工预计完成时间,下料开始时间工序 2 的 CNC 编号,上料开始时间,加工预计完成时间,下料开始时间

Total_t=4358;%第一次发生故障的时间点设置

[t,semi_pdt,CNC_cdition,RGV_lct,List,Result]=
simulation_double(t,semi_pdt,CNC_cdition,RGV_lct,List,Result,CNC_fst,CNC_scd,Total_t);
List1=List %当前工作表输出
[Result1,Result2]=Sort_Result(Result);
Result1(end,:)
Result2(end,:)

%第一次故障至第二次故障之间
Total_t=18327;%第二次故障的时间点设置
FirstBD_end_time=5178;%第一次故障结束时间
BD_CNC=3;%第一次发生故障的 CNC 编号
List(List(:,1)==BD_CNC,3)=FirstBD_end_time;
[t,semi_pdt,CNC_cdition,RGV_lct,List,Result]=simulation_double_breakdown(t,semi_pdt,CNC_cdition,RGV_lct,List,Result,CNC_fst,CNC_scd,Total_t,FirstBD_end_time,BD_CNC);
List2=List %当前工作表输出
[Result1,Result2]=Sort_Result(Result);
Result1(end,:)
```

```
Result2(end,:)

%第二次故障至结束
Total_t=8*3600;%结束时间点
SecondBD_end_time=19273;%第二次故障结束时间
BD_CNC=5;%第二次发生故障的 CNC 编号
List(List(:,1)==BD_CNC,3)=SecondBD_end_time;
[t,semi_pdt,CNC_cdition,RGV_lct,List,Result]=simulation_double_breakdown(t,semi_pdt,CNC_cdition,RGV_lct,List,Result,CNC_fst,CNC_scd,Total_t,SecondBD_end_time,BD_CNC);
[Result1,Result2]=Sort_Result(Result);
```

参考文献

[1] 姜启源,谢金星,叶俊.数学模型[M].3版.北京：高等教育出版社,2003.

[2] 司守奎,孙玺菁.数学建模算法与应用[M].北京：国防工业出版社,2014.

[3] 韩中庚.数学建模方法及其应用[M].2版.北京：高等教育出版社,2009.

[4] 杜建卫,王若鹏.数学建模基础案例[M].2版.北京：化学工业出版社,2014.

[5] 周凯,宋军全,邬学军.数学建模竞赛入门与提高[M].杭州：浙江大学出版社,2012.

[6] 杨桂元,李天胜.数学建模入门——125个有趣的经济管理问题[M].合肥：中国科学技术大学出版社,2013.

[7] 张世斌.数学建模中的思想和方法[M].上海：上海交通大学出版社,2015.

[8] 梁进,陈雄达,张华隆,等.数学建模讲义[M].上海：上海科学技术出版社,2014.

[9] 赵静,但琦,严尚安,等.数学建模与数学实验[M].4版.北京：高等教育出版社,2014.

[10] 卓金武,魏永生,秦健,等.Matlab在数学建模中的应用[M].北京：北京航空航天大学出版社,2011.

[11] 袁新生,邵大宏,郁时炼.LINGO和Excel在数学建模中的应用[M].北京：科学出版社,2007.

[12] 张韵华,王新茂.Mathematica 7实用教程[M].2版.合肥：中国科学技术大学出版社,2014.

[13] 薛毅.数学建模基础[M].北京：北京工业大学出版社,2004.

[14] 黄世华.数学建模基础教程[M].兰州：甘肃教育出版社,2006.

[15] 袁震东.数学建模方法[M].上海：华东师范大学出版社,2003.

[16] 阮晓青,周义仓.数学建模引论[M].北京：高等教育出版社,2005.

[17] 黄忠裕.初等数学建模[M].成都：四川大学出版社,2004.

[18] 郑子苹.数学建模教程[M].沈阳：东北大学出版社,2013.

[19] 吴翊,吴孟达,成礼智.数学建模的理论与实践[M].长沙：国防科技大学出版社,2002.

[20] 杨静化,韩可勤.医药数学建模教程[M].北京：科学出版社,2004.

[21] 张兴永.数学建模简明教程[M].徐州：中国矿业大学出版社,2001.

[22] 刘来福,曾文艺.数学模型与数学建模[M].北京：北京师范大学出版社,2002.

[23] 边馥萍,侯文华,梁冯珍.数学模型方法与算法[M].北京:高等教育出版社,2005.

[24] 刘建慧,杜晓林.线性代数问题解析与模型分析[M].北京:中国农业出版社,2010.

[25] 雷功炎.数学模型讲义[M].北京:北京大学出版社,1999.

[26] 杨尚俊.数学建模简明教程[M].合肥:安徽大学出版社,2006.

[27] 刘振航.数学建模[M].北京:中国人民大学出版社,2004.